Report of International Science and Technology Development

2018

国际科学技术发展报告

中华人民共和国科学技术部

U0338066

科学技术文献出版社
SCIENTIFIC AND TECHNICAL DOCUMENTATION PRESS

·北京·

图书在版编目（CIP）数据

国际科学技术发展报告.2018 / 中华人民共和国科学技术部编著. —北京：科学技术文献出版社，2018.6（2019.4重印）
ISBN 978-7-5189-4597-9

Ⅰ.①国…　Ⅱ.①中…　Ⅲ.①科学发展—研究报告—世界—2018　Ⅳ.①N11

中国版本图书馆 CIP 数据核字（2018）第 139472 号

国际科学技术发展报告·2018

策划编辑：周国臻 张 丹　责任编辑：张 红 杨瑞萍　责任校对：文 浩　责任出版：张志平

出　版　者	科学技术文献出版社	
地　　　址	北京市复兴路15号　邮编　100038	
编　务　部	（010）58882938，58882087（传真）	
发　行　部	（010）58882868，58882870（传真）	
邮　购　部	（010）58882873	
官 方 网 址	www.stdp.com.cn	
发　行　者	科学技术文献出版社发行　全国各地新华书店经销	
印　刷　者	北京虎彩文化传播有限公司	
版　　　次	2018 年 6 月第 1 版　2019 年 4 月第 2 次印刷	
开　　　本	710×1000　1/16	
字　　　数	356千	
印　　　张	19.25　插页8面	
书　　　号	ISBN 978-7-5189-4597-9	
定　　　价	98.00元	

序

当今世界，人类正进入前所未有的创新时代，新一轮科技革命和产业变革蓬勃兴起，科技创新给经济社会带来巨大的颠覆效应，新产业、新模式、新业态层出不穷，新的增长动能不断积聚，科技创新已经成为增强国家核心竞争力的决定性因素。一个国家在 21 世纪全球竞争中能否获胜、经济能否繁荣日益取决于创新能力的高低和创新体系的效能。

为在未来竞争中占据优势，很多国家对科技创新开展了系统筹划和战略部署。一是各国普遍开展技术前瞻和技术预见研究，对未来有潜力和前景的技术方向进行前瞻性判断，对创新的不确定性和风险提前做出预警，从而为本国科技优先领域的选择提供支撑；二是很多国家都出台了科技创新战略，着力推进系统创新，致力于依靠科技创新打造和保持先发优势。从奥巴马政府的《美国创新战略》到特朗普政府的"美国第一"思想，虽然执政理念存在很大差异，但维护美国世界领先地位的战略意图并未改变；三是最新和最令人兴奋的突破性创新都离不开坚实的前沿科学基础，为此，发达国家不仅在基础研究上投入大量资源，而且不断探索新的机制以更好地激发原始创新和突破性创新，如多个国家在尝试仿效美国的 DARPA 模式，包括日本的颠覆性技术创新计划（ImPACT）、英国政府的"产业挑战基金"等；四是各国均重视企业在创新中的主体作用，运用多种手段尤其是无须政府增加额外开支的手段，如政府采购、研发税收优惠等，以及简化程序、环境优化等多种举措鼓励企业尤其是中小企业开展科技创新，在提升企业创新意愿和能力的同时，也希望能够在中小企业中培育出瞪羚企业、独角兽企业、隐形冠军等；五是科技发展在造福人类经济社会的同时，也对人力资源的技能提出了新要求和新挑战。为适应新技术、新产业的需求，各国政府均高度重视增加科学与工程相关的教育机会，提升人才的知识技能和创新创造力，同时重视在国际上吸引最优秀的人才，提升国家的人才竞争力。

以习近平同志为核心的党中央始终站在时代前沿、国家前途和民族命运的战略高度，把科技创新摆在了更加重要的位置，提出了一系列新理念新思想新战略，做出了一系列重大决策部署，形成了指导新时期科技工作的行动纲领，拓展了创新发展的新境界。习近平总书记强调指出，要坚持以全球视野谋划和推动科技创新，在更高起点上推进自主创新，主动布局和积极利用国际创新资源，积极主动融入全球科技创新网络。为此，科技部组织专题研究组对国际科技发展的动向、世界科技前沿领域的进展及主要国家科技创新情况进行了分析研究，形成了《国际科学技术发展报告·2018》，以期为我国科技管理部门和科技工作者提供参考。

科学技术部副部长 张建国

前　言

　　《国际科学技术发展报告》从 20 世纪 80 年代开始发布延续至今，已经有 30 多年的历史了。报告由科学技术部国际合作司与中国科学技术信息研究所共同组成专题研究组，在我国驻外使领馆科技处（组）的配合下，对当年世界各国科技发展的最新趋势和动向进行全面调研和分析，是国内介绍世界科技新发展的重要报告之一。

　　《国际科学技术发展报告·2018》共分 3 部分。第一部分主要对 2017 年的国际科学技术发展动向进行综述，包括世界科技创新的新态势和新格局，科技前瞻的新动向，主要经济体的科技创新战略布局，基础研究、中小企业创新及创新基础要素流动的新趋势；第二部分主要选择一些重点科技领域的国际发展状况进行较深入的综合介绍，包括清洁能源、信息技术、人工智能、生命科学和生物技术、先进制造和材料及航天等；第三部分介绍了美国、加拿大、智利、欧盟、英国、法国、西班牙、爱尔兰、德国、瑞士、意大利、奥地利、捷克、塞尔维亚、匈牙利、罗马尼亚、保加利亚、希腊、俄罗斯、乌克兰、日本、韩国、印度尼西亚、越南、泰国、马来西亚、印度、巴基斯坦、以色列、澳大利亚、新西兰等国家和地区 2017 年的科技发展概况。

在本书的撰写过程中，我们参阅了大量政府机构、国际组织及知名研究机构的公开报告，也引用了国内外许多期刊的资料。由于涉及资料很多，报告中未能一一列出被引用文献的名称，谨表歉意。

由于时间和编写人员水平所限，本书难免有疏漏之处，敬请读者批评指正。

《国际科学技术发展报告》课题组

目　录

第一部分　国际科学技术发展动向综述

第二部分　国际科技热点追踪与分析

第三部分　主要国家和地区科技发展概况

国际科学技术发展动向综述

本部分主要对2017年国际科学技术发展动向进行综述，包括科技创新发展态势的变化、全球化进程继续深入、科技创新战略布局持续深化、全球基础研究竞争加剧等。

科技创新呈现新的发展态势

一、全球科技快速发展

近年来，全球研发资金投入不断增加，论文、专利等科技产出快速增加，全球科技快速发展，重大科技成果和突破不断涌现。

全球研发经费投入继续增加。根据经合组织的统计数据，2006—2016年10年间，经合组织国家的研发经费总额增加了约50%，从0.85万亿元增加到1.27万亿元（购买力平价）。中国的增长速度最快，从1055亿美元增加到4512亿美元，10年间增加了300%以上。

论文、专利等科技产出也在不断增加。据SCI数据库的统计数据，世界科技论文数量在2006—2016年10年间增加了56%，2016年增加到190万篇[①]。按照经合组织的统计数据，经合组织国家PCT专利申请数量在2005—2015年10年间增加了28.6%，2015年增加到17.6万件。全球专利申请数量2016年为312.8万件，较2015年增加了8.3%。值得注意的是，在众多科技领域中，人工智能领域的发展速度超过了其他领域。据世界五大知识产权局（IP5）数据，2010—2015年，人工智能发明专利授权量年均增长了6%，是所有专利年均增长率的2倍。2015年，全球人工智能发明专利申请量达到1.8万件，其中日本、韩国和美国合计占比超过62%。

2017年，世界科技领域热点纷呈，取得众多科技成果和突破。在科学领域，人类首次探测到双中子星合并引发的引力波。在信息领域，算法程序演进取得阶段性重大突破，"阿尔法元"机器系统仅训练3天就战胜了"阿尔法狗"；量子技术取得重要突破，IBM研发出50个量子比特的量子计算机原型机，日本研发的超高性能新型量子计算机可瞬间解析复杂算法，英特尔推出17个量子位的超导量子

---

① 根据中国科技信息研究所每年发布的新闻稿计算得出。

芯片，中国"墨子号"卫星实现千公里级的星地双向量子纠缠分发；5G 商用步伐加快，全球首个 5G 新空口（NR）非独立建网（NSA）标准发布，窄带物联网等技术快速推进。在生物领域，脑机接口、基因编辑、合成生物学、生物计算等进一步发展，科学家绘制出首张人类脑电波连接全图，揭示记忆形成机制；"碱基编辑"新技术可以纠正 DNA 和 RNA 中的基因突变；全球首例人体内基因编辑试验成功。在材料领域，一些理论上推测的物质材料首次得以合成，如合成时间晶体、量子金属、金属氢。在能源领域，热点研究集中于气候变化、电动汽车、储能技术、智能电网。在航空领域，无人机技术发展加速，无人作战飞机、支援保障无人机、微小型无人机成为技术主流。航天领域技术创新主要在新型运载火箭技术、太空感知能力建设、低成本小卫星应用、商业航天拓展等方面。

值得注意的是，尽管全球科技快速发展，但发展并不均衡，研发资金、科研产出和成果主要集中于少数国家和少数企业中。世界研发投资排名前 2000 的企业，其总部主要位于美国、日本和中国等少数几个国家，而美国、日本、中国 3 国约 70% 的企业研发支出主要集中于排名前 200 的企业。加拿大和美国国内研发 50 强企业执行了 40% 的企业研发活动，德国和日本的这一比例更是高达 55%。

二、科技创新在全球价值链中日益重要

当前，科技创新在全球价值链中的作用越来越重要。随着时间的推移，全球价值链的微笑曲线的弧度进一步加深（图 1-1），反映了科学技术、研发设计和品牌等无形资产变得日渐重要。2000—2014 年，无形资产对收益的贡献所占份额为 30.4%，几乎是有形资本的 2 倍。

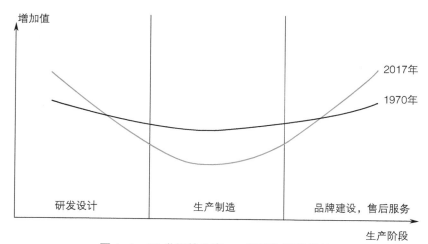

图 1-1　21 世纪的生产——逐渐加深的微笑

数据来源：世界知识产权组织。

当前，麦肯锡、经合组织等很多机构对新技术带来的经济收益进行了预测，其中，物联网的经济影响到 2025 年预计为每年 2.7 万亿～ 6.2 万亿美元；全球大数据市场规模到 2022 年市场规模将达到 805 亿美元，未来 5 年年均复合增长率约为 15.37%；全球增量制造市场在 2014—2020 年将以每年约 20% 的速度增长，增量制造系统与服务 2020 年将达到 210 亿美元；人工智能到 2035 年可使发达国家的经济增长率提升 1 倍；到 2030 年自动驾驶技术的普及将为汽车工业带来约 30% 的新增产值。

值得关注的是，尽管新技术理论上能够带来巨大的经济收益，各国近年来的研发投资也不断加大，但一些国家却出现生产率停滞甚至降低的局面。2005—2015 年，多个发达经济体的生产率增长已经放缓，如美国的增长率从 1995—2005 年的 2.5% 下降至 2005—2015 年的 1%。这主要是由于新技术向落后地方的扩散速度缓慢导致的。实际上，新技术在经济中的扩散和应用需要相当长的时间。当前，新技术主要用于较大的公司里，即使是这些公司对新技术的应用也十分不足。2015 年对德国 4500 个企业的调查表明，只有 4% 采用了或计划采用数字化、网络化的生产工艺。当前，很多国家已经或正在采取相关措施，制定相关制度，激励并赋予相关资源，促进新技术的扩散和应用。

三、数字技术催生数字经济和智能社会

科学技术对于经济和社会转型有重要作用，当前，数字技术对经济社会转型的作用最为明显。物联网、大数据分析系统、人工智能、区块链等的迅猛发展推动数字技术发展进入新的黄金时期，促进人类经济社会加快向数字化转型。

数字技术的快速发展催生了数字经济的产生。当前，数字经济占各国 GDP 的比重日益增加，美国为 58.3%，日本为 46.4%，英国为 58.6%，中国为 30.3%。与传统经济相比，数字经济的生产要素和基础设施发生了很大的改变，网络和云计算等成为必要的信息基础设施，数据则成为核心生产要素。数字经济具有几个特征：一是规模与有形资产无关。数字产品和服务主要依托软件、数据和标准等数字要素，其固定成本却非常高，而边际成本却非常低，甚至近乎为零，这使得企业和平台能够快速地扩大规模，但其员工、有形资产等却很少。二是标准在整合数字资源中发挥着至关重要的作用。通过标准，不同来源的组件和产品能够配合工作，从而在全球层面上实现对数字资源的整合。三是"软资产"的价值日益提高。在数字经济中，除了数据及软件等无形资产外，有形商品能生成并返回数据，成为商品和服务的混合体。此外众多平台使得企业和人们可以方便地共享自己的实物资产。四是价值创造与地理位置相关性小。软件和数据不仅无形而且可

以由机器来编码，因此可以在任何地方存储和使用它们，从而使价值不再固定在特定的地理位置，这让价值创造、交易不受限于地理位置和疆界。五是大规模量身定制成为可能。在传统经济中，大众化的商品总是千篇一律，而量身定制的商品只有少数人能够享用。但数字技术能让企业以极低的成本收集、分析不同客户的资料和需求，通过灵活、柔性的生产系统分别定制。六是带来行业断层和价值链重构。在信息技术的冲击下，许多行业出现了大的断层，产业的游戏规则在变化、新的对手来自四面八方、新的供应商随时产生。各个行业都不同程度地存在行业重新洗牌的机会。许多中间环节面临消除的危险，许多企业进入价值链的其他环节（上游或下游）；制造业向服务业转型或在价值链中重新定位（如从品牌制造商转为 OEM 制造商）等。

同时，数字技术也为智能社会的形成奠定了基础。智能社会将万物赋予"智能"，通过最大限度地利用信息通信技术、融合网络世界和现实世界，在适合的时间里，将适合的事务和服务准确提供给适合的人，精准应对各种社会需求，跨越年龄、性别、区域、语言等界限，使所有人都能享受高品质服务的社会。据预测，到 2030 年，估计有 80 亿人的"智能"设备将相互联通并进入一个巨大的信息网络中。智能社会的目标是"实现个人的真正需要"。在移动领域，自动驾驶、高精度立体地图等技术可以提供自律性的移动手段，实现人类安全、多种多样的移动服务；在生产领域，智能供应链等技术可以根据每个人的真正需求，生产新的产品，提供新的服务，使每个人可以轻松获得产品与服务；在医疗领域，现代生命科学手段可以收集个人的基因组、蛋白质组、代谢组等信息，为患者量身设计出最佳治疗方案，以期达到治疗效果最大化和副作用最小化，从而实现对每个人的精准医疗；在能源领域，智能电网使能源消费者与能源网络之间的双向交流成为可能，帮助消费者获取能源使用方面的实时信息，鼓励他们基于智能定价计划管理自己的消费额，鼓励消费者在需求高峰时段节约使用能源。当前，日本政府在第五期科学技术基本计划中明确提出要打造"超智能社会——社会 5.0"的目标。

尽管数字技术对经济社会有重大的促进作用，但同时对就业带来了巨大的冲击。随着数字技术的快速发展，劳动者技能"半衰期"不断缩短，许多简单、重复、危险的岗位将被取代。传统工业、服务业的某些工作岗位面临较大冲击，但依靠人工智能无法完成工作内容的高技能岗位和使用人工智能不经济的低技能工作短期内受影响较小。随着数字技术的加快发展并持续进入各产业领域，人工智能和机器人技术在淘汰一些传统劳动力岗位的同时，也相应地会创造高端的新型劳动力岗位，从而带来传统产业的智能化转型升级，并将催生更多的技术革新要求和岗位需求。为减少数字技术升级带来的技能不匹配问题，一些国家的政府正在采取措施，通过培训计划、就业辅导等帮助人员转型。

四、科技创新蕴含潜在风险

科学技术在给人类社会带来巨大收益的同时，也蕴含着潜在风险，世界经济论坛发布的《2017 全球风险报告》对多种技术的风险进行了分析（图 1-2），指出人工智能和机器人、生物技术、新计算技术具有巨大的潜在利益和较高风险。

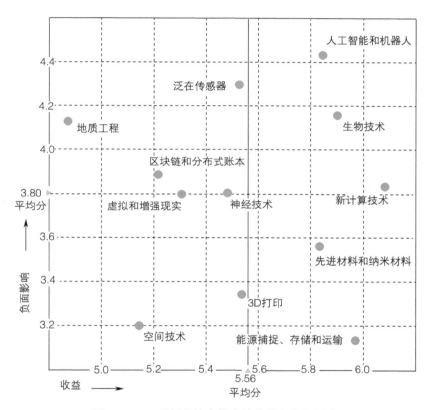

图 1-2　12 项新兴技术带来的收益和负面影响

数据来源：世界经济论坛。

随着科技发展不断突破人类认识边界，科技创新正在制造更多乱象和战略风险，主要体现在国家安全、军事安全、隐私和伦理等方面。

（一）科技创新正在重塑国际安全态势

对实体国家带来虚拟威胁。互联网等技术的广泛应用将增强非国家行为体的实力，虚拟国家威胁开始显现。当前电子公民概念还仅限于一些特定产业，但互联网有可能催生新形态的政府，在虚拟世界向其公民提供货币交易，甚至医疗保健服务。在此模式下，公民身份将不仅由地域范围确定，多种公民成为可能，这将造成社会混乱、无序，并对政府治理带来巨大冲击。

对政治稳定带来威胁。人工智能将大幅提升数据收集和分析能力、文本和多媒体数据的生成能力，对政治宣传、战略欺诈等产生重大影响。伪造信息广泛存在将侵蚀社会信任体系，虚假新闻有可能变得更加令人信服，伪造信息与网络攻击、社交媒体机器人网络相结合将严重威胁政治经济稳定。

对国家防护体系带来"降维打击"。信息网络、新型武器等会降低大规模恐怖活动和激烈地区冲突的门槛，对国家安全构成难以预测的影响。量子通信、仿生技术、空天技术、新材料技术、无人智能技术在国防领域中的广泛应用将给国家安全防护带来新的挑战。

对人类健康带来生物威胁。盖茨预言恶意传播的传染病将成为人类健康的最大威胁，"未来 10 ~ 15 年恶意传播的传染病暴发可在一年之内导致 3300 万人死亡"。生物技术被恶意使用的例子包括：利用合成生物学和"基因魔剪"所产生的表型的可遗传性改变和"基因驱动"作用，产生一系列"超级细菌""超级病毒"等；对病原体进行修改，突破现有的免疫力，或者对现有的药物产生耐药性；使用 CRISPR 创建可以切割、修饰、抑制或者激活宿主基因的病毒，破坏重要的细胞功能。

（二）对军事和战争格局带来重大影响

短期来看，技术进步很可能会催生更多可直接参与战争的自主智能机器人，并加速有人作战模式向无人作战模式的转变。现在越来越多的军事战略家认为"未来 10 ~ 15 年内，战斗机器人将迅速成为美国战斗部队固有（内在）的组成部分，2025 年美国军队在战场上拥有的机器人士兵将多于人类士兵"。长远来看，这些能力将为军事领域和战争格局带来革命性变化。例如，致命自主武器成为军事主力，军事实力不再与人口规模、经济实力相匹配，无人系统集群作战技术改变作战模式，机器人暗杀成为寻常行动却难究真凶，移动机器人携带简易爆炸装置使恐怖分子获得低成本恐怖袭击能力，自主系统之间的非常规交互可能导致不可预测的后果，网络武器更加频繁地用于作战，在军事系统中应用机器学习产生新型漏洞并催生新型网络攻击手段，人工智能军事系统一旦被盗或者非法复制将使 AI 网络武器被恶意使用。

（三）对伦理道德和个人隐私带来潜在冲击

科技创新发展对于社会现有伦理道德标准有着潜在的冲击作用。智能手机和智能娱乐的快速发展，虚拟现实和增强现实技术的普及应用，智能助手、情感陪护机器人、人机混合体等的出现与渗透，可能深刻改变传统的人际关系、家庭理念、道德观念等。克隆人和干细胞技术的发展对生命伦理中不伤害人和尊重人等重要准则带来较大挑战。利用基因编辑技术操控细胞和组织的研究不断增加，许多人不可避免地要在人类卵细胞、精子或者胚胎上试验这一技术，将带来诸如生命伦理、代际伦理等方面新的问题。

现代技术的发展带来了个人隐私泄露问题。基因组、蛋白质组等组学技术和医学前沿技术，能够对大样本人群与特定疾病类型进行生物标记物的分析与鉴定、验证与应用，从而精确得到每个人的疾病信息；指纹识别、虹膜识别、声纹识别、人脸识别、眼纹识别、掌纹识别、指静脉识别等生物识别技术的发展，能够收集个人越来越多的生物特征信息；网站能够收集个人的喜好和习惯信息，如搜索引擎网站拥有每个人的关注热点和内容，在线购物网站拥有每个人的购物偏好和信息，社区网站拥有每个人的观点和价值观信息等，这为不法分子窃取个人隐私创造了条件。近年来，信息泄露事件频发，Equifax 发生 1.455 亿消费者数据泄露，雅虎有 30 亿账户信息被泄露，优步有 570 万账户信息遭到泄漏。

（四）挑战现有法律法规

科技发展对现有法律法规也带来了冲击和挑战。人工智能、无人驾驶、人造生命、人体再生等对传统法律主体及相关权利、义务和责任等产生影响。以人工智能为例，人工智能可能犯错，会导致潜在的严重损坏，如错误的疾病诊断等，这将对现有法律法规造成挑战，如法律责任应如何在人工智能，人工智能构建人员、程序员和所有者之间分配；人工智能带来的另一个问题是人工智能驱动的发明的知识产权问题，如知识产权与收益应当如何分配等。

五、各国重视对风险的防控

针对科技创新可能带来的风险问题，世界主要国家都给予了高度关注，从立法、监管、行业自律、公众参与等多角度展开密集研究和讨论，并通过构建法律 / 行政监管、行业自律和公众监督参与等多维度风险治理体系，在以促进科技快速、健康发展的同时，确保国家安全和社会稳定。

（一）立法强化监管

很多国家已经开始关注人工智能伦理和安全相关的法律问题，考虑针对机器人和人工智能出台民事法律规则，为人工智能研发和审查人员制定伦理守则，确保在研发和审查等环节将人类价值加以考虑，使最终面向消费者和社会的机器人能够符合人类利益。2017 年 1 月，欧盟议会法律事务委员会提出立法建议，包括成立人工智能监管机构、制定人工智能伦理准则、建立强制保险机制和赔偿基金、考虑赋予资助机器人法律地位的可能性、明确人工智能的"独立智力创造"、隐私和数据保护、人工智能的社会影响等 10 个类别内容。2017 年 2 月，欧盟议会通过该项决议。

目前，全球已有 16 个国家出台关于基因组技术纲要和立法文件，美国人类基因编辑研究委员会在 2017 年明确提出技术"底线"，提出在现有的管理框架下严格监管体系，允许临床研究试验。美国、英国、瑞典对于医学研究的伦理监管均实现有法可依。例如，美国联邦法律 45CFR46（美国联邦法律标题 45 第 46 部分）关于"人类受试者保护联邦政策"的相关规定，以及 21CFR56 对于监管程序的规定，已经成为美国医学研究伦理监管的最主要的法律依据。英国颁布的《人体医学临床试验法规》，明确规定了英国伦理委员会的具体管理部门、认可或废止程序、申请与审评程序等内容。瑞典颁布的《涉及人的研究伦理审查法案》也对于伦理监管和处置权利进行了明确规定。

（二）完善监管体系

主要发达国家还构建了相应的监管体系，明确了监管主体及其责任分工。例如，美国伦理监管由美国卫生与人类服务部（DHHS）所属的食品与药品管理局（FDA）和人体研究保护办公室（OHRP）负责监管，OHRP 和 FDA 分别依据 45CFR461RB 和 21CFR56 法律进行监管。同时由美国医学与研究公共责任组织（PRIM&R）、美国医学院协会、美国大学联合会、国际实验生物学协会、社会科学协会联盟 5 家机构共同组成的美国机构伦理审查委员会认证体系有效协助政府对于医学伦理的监管。英国卫生部成立"全国伦理研究服务体系"（NRES），负责监督英国人类组织管理局（HTA）和伦理委员会，共同对医学伦理进行审批和监督。瑞典通过中央伦理审查委员会和地方伦理审查委员会，共同进行医学伦理审批、监管和裁定。

（三）加强行业自律

行业自律是科技风险治理体系的重要组成部分，可以有效弥补法律 / 行政监管的不足和空白。美国电气和电子工程师协会（IEEE）发布了《人工智能设计的伦理准则（第 2 版）》，对合乎伦理的设计、开发和应用人工智能技术进行了界定和规范。欧洲科学与新技术伦理组织于 2018 年发布《关于人工智能、机器人及"自主"系统的声明》，呼吁为人工智能、机器人和"自主"系统的设计、生产、使用和治理制定共同的、国际公认的道德和法律框架。美国人类基因编辑研究委员会于 2017 年发布报告，对于基因编辑的基础研究、体细胞基因编辑及生殖（可遗传）基因编辑的科学技术、伦理和监管提出了要遵循的原则。联合国教科文组织的世界科学知识和技术伦理委员会（COMEST）则围绕重点高新技术，制定相关的行业标准、发布技术伦理报告和行业宣言，如《国际基因组数据宣言》《生物伦理学和人权宣言》《大数据与健康伦理报告》等，为相关技术领域的伦理问题和行业准则制定相应标准。

（执笔人：程如烟）

科技创新全球化进程继续深入

一、科技创新的全球化发展面临新机遇

21 世纪以来，科技创新活动从高度集中在美欧日等西方发达国家，开始向更多发展中经济体扩散，科技创新的全球化发展面临新机遇。从世界范围看，虽然有逆全球化苗头的出现，但这难以阻挡科技创新全球化的势头。经济全球化进程面临的不确定性因素近年有所增加，贸易保护主义加剧，内顾倾向抬头，多边贸易体制受到冲击。美国正当特朗普新政，英国脱欧磋商艰难推进，欧洲经济一体化进程遭遇挫折，使得全球化进程面临前所未有的挑战。但是，科技创新全球化的势头有增无减，科技创新对经济社会发展的作用获得国际社会的普遍认可，科技创新也日益成为全球普遍关注的重大议题。

通过创新提升中长期增长潜力，努力从根本上寻找世界经济持续健康增长之道已经成为世界各国的共同选择。无论是在国家层面，还是国际层面，对科技创新的重视程度总体都呈上升趋势，科技创新已成为世界各国共同关注的重要议题。从 2017 年举办的重大全球性会议看，不论是 2017 年 1 月在瑞士达沃斯举办的世界经济论坛年会，5 月在中国召开的"一带一路"国际合作高峰论坛，7 月在德国召开的 G20 峰会，还是 11 月在越南召开的亚太经合组织第二十五次领导人非正式会议，都把创新放到了空前重要的位置，强调要促进科技创新，促进创新成果的共享，依靠创新实现可持续发展和包容性增长。

科技创新成为应对全球性挑战和发展难题的重要手段，科技创新也开始加快进入数字化、共享化、普惠、包容的新阶段。世界主要经济体支持联合国 2030 可持续发展议程，将其作为促进经济社会可持续发展和包容性增长的框架。G20 峰会提出要重构经济韧性，改善可持续性，塑造"联通的世界"。继 2016 年中国 G20 峰会通过《G20 数字经济发展与合作倡议》之后，2017 年数字经济再次引起 G20 国家关注，各国就如何促进数字经济发展进行了更加深入的探讨，包括

如何推动创新，发展智能制造、工业互联网等创新实践，推动传统产业数字化转型；如何制定国际标准，加快网络基础设施的建设，使各国的不同系统能够实现互通；如何构建安全的网络环境，发展安全的信息基础设施建设，增强各国在数字经济发展中的信任；各国还提出要完善数字经济对话协商机制，包括促进政府和业界的有效对话和合作，支持数字普惠金融创新的同时要严格防范风险，加强数字环境下金融监管，帮助提升弱势群体的数字技能等。另外，提高经济可持续性、社会可持续性、环境可持续性都对科技创新提出了新挑战，G20 国家承诺要落实联合国 2030 可持续发展议程，高度重视气候变化问题，寻求推动巴黎协定实施的具体"有效的气候和环境政策"，并强调要促进技术创新，加强水资源管理、农业创新、"互联网 + 现代农业"等。亚太经合组织第二十五次领导人非正式会议强调科技创新之于亚太经济增长的重要推动作用，并提出要持续推进高质量和公平教育，促进科学、技术、工程和数学（STEM）教育，并鼓励创业。同时，亚太经济体一致同意要发展可持续、高效和清洁能源，减少全球温室气体排放。

二、全球性科技创新网络不断扩大

随着世界各国为应对经济社会挑战所做的一致努力，科技创新国际合作进一步扩大，科技创新活动越来越成为一项全球性的活动。科技创新的全球化发展符合科技创新活动自身发展的规律，同时也是由于世界各国越来越注重在全球范围部署和组织科技创新活动。很多国家，如澳大利亚、韩国等国出台了专门的面向全球的科技创新战略，使得科技创新在全球的活跃度进一步提高，全球科技创新网络正在形成。

一些国家出台了专门的科技创新全球化战略，还有一些国家将科技创新合作和科技外交作为国家创新战略的重要内容。欧盟、日本、韩国、中国等国家和地区强调在全球层次推进开放创新合作，全球多元化创新版图不断扩展。欧盟主张要开放科学、开放创新，通过向世界开放，将欧洲的科技领先优势转化为其在全球事务中的主导力。欧盟与拉美、加勒比国家共建合作研究区，与成员国及伙伴国政府共同开展联合研究计划，应对食物、水等全球性挑战。欧盟还致力于为科学家们创建云平台，以利于更广泛的研究成果和基础数据的开放获取。日本重视与国际社会共同应对全球挑战，提出要抢先把握国际需求，在追求世界共同利益的过程中占据主导地位，拓宽国际创新创造与商业发展的机会。日本还提出要一体化推进科技创新国际合作和科技外交，提高日本在国际社会的显示度。中国将科技外交视为国家总体外交战略的重要组成，积极推动创新开放合作，启动实施"一带一路"科技创新行动计划，强调要深度融入全球创新网络，全方位提升科技创新的国际化水平。

澳大利亚是在世界上率先明确提出全球创新战略的国家。2016 年 10 月起，澳大利亚启动和实施了《全球创新战略》。该战略是澳大利亚政府配合其《国家创新和科学议程》而采取的全方位战略，旨在推进国际合作，利用海外网络和国际计划，支持本国经济发展。澳大利亚《全球创新战略》强调以下 5 个方面：一是政府各部门都要积极参与国际合作；二是要加强企业研究合作；三是把人才和投资吸引到澳大利亚来；四是增强与全球价值链的联系；五是促进创新、开放的市场环境，以利于澳大利亚企业和研究人员参与亚太创新合作。

三、科技创新全球化活力凸显

科技创新的全球化程度日益加剧，全球范围创新活力进一步凸显。科技创新从原来高度集中在西方发达国家，开始向更多国家和地区扩散。创新要素在全球加速流动，人才、技术、资金、产品等跨境流动带来了跨国贸易、外来直接投资及知识产权国际许可等知识和技术溢出效应。科技创新活动和创新成果的全球分布都在发生变化，越来越多的国家的科技创新活动向境外发展，科技创新合作继续深入，科技创新全球化发展的影响遍及世界更多国家和地区。

由于科技合作和资源共享的激励机制增加，通信手段不断进步，世界各国科学家在共同关心的气候变化、传染病、自然资源短缺等全球性科学问题上开展了越来越多的科研合作，国际合作论文的数量逐年增加。根据美国《2018 年科学与工程指标》，近 10 年全球科技论文的合作性显著增加，而且作者身份日益国际化。2016 年全球科学与工程论文中有 64.7% 以上的拥有多位作者，而 2006 年这类出版物的出版率约为 60.1%。国际合著论文增加尤为显著，表明各国科学家之间、科研机构之间的知识共享、联系及合作增加。2006—2016 年，国际合作（即至少有 2 个国家的机构地址的作者）的全球科学与工程论文的比例从 16.7% 上升至 21.7%。而且在这 10 年间，所有科学领域的国际合作都有增长，尤以国际天文学合作的比例最高。2016 年英国科学与工程论文的国际合作率最高，占比为 57.1%。2016 年美国有 37.0% 的科学与工程论文是与其他国家机构的研究人员合著的，比 2006 年的 25.2% 增长了近 12 个百分点。法国、德国、日本、中国和印度也是国际合著论文的主要来源国。据中国科学技术信息研究所统计，在 2016 年中国发表的国际论文中，国际合著论文占的比例达到 25.8%；其中，中国作者为第一作者的国际合著论文占 71.6%，中国作者合作伙伴涉及 155 个国家（地区），合作伙伴排名前 6 位的分别是美国、澳大利亚、英国、加拿大、日本和德国，其中与美国合著论文占中国全部国际合著论文的 44.0%。科学与研究出版物的影响也变得更加全球化。科技论文的跨国引用显著增加，多数国家的科学与工程论文越来越多地引用了来自外国作者的论文，并越来越多地被外国作者的论文引用。美国《2018年科学与工程指标》显示，2004—2014年，美国科技论文的世界引用率从47.0%上升至55.7%；同期欧盟28国中有3/4的国家（21个国家）的国际被引率增加，欧盟作为一个整体，其科技论文被其他国家和地区作者引用的比例从43.7%提高到48.1%。

跨国专利活动趋于活跃，发展中国家的创新者越来越注重PCT国际专利申请。根据世界知识产权组织数据，全世界PCT国际专利申请量迅猛增加，2001—2016年的15年间增长了1倍多。2016年PCT国际专利申请量比上一年增长了7.3%，创造了2011年以来的最大增幅。从创新资金的流动来看，2015年全球创新1000强企业研发支出高达6800亿美元，其中94%的是企业在母国之外开展研发活动。

国际贸易和相互关联的全球供应链将知识密集型产业与全球联系起来，全球生产过程的相互依赖和全球化程度日益增强。技术密集型制造业是知识密集型产业中全球化程度最高的。例如，通信、半导体和计算机等高技术制造业有着复杂的全球价值链，其生产制造地点通常远离最终市场。根据美国《2018年科学与工程指标》数据，全球高技术制造业2016年总增加值为1.6万亿美元，其中美国和中国是全球最大的高技术制造供应商，分别占全球份额的31%和24%。由于劳动力成本低等因素，越南等国家正在承接越来越多的高技术产品制造。全球知识密集型商业服务的一半以上来自美国（31%）和欧盟（21%）。其次在全球比较大的是中国（17%）和日本（6%）。中国、印度、印尼等国家知识密集型商业服务领域正在取得快速发展，在全球知识密集型商业服务中的份额不断增加。印度该份额的增长是由于企业向发达国家提供商业和计算机服务（如IT和会计）。印尼在金融服务和商业服务方面增长强劲。知识密集型商业服务的全球化正不断呈上升趋势。

（执笔人：黄军英）

前瞻性预见成为各国科技决策的基础

与以往相比，当今世界充满了不确定性、新奇性和模糊性。频发的意想不到的危机，使得政策决策面临了前所未有的挑战。科技创新作为实现未来社会和经济目标的重要手段，需要对未来趋势和不确定性做出更快速、更准确的响应。因此，前瞻性预见是各国实施主动、知情活动的先决条件，是实现研究与创新卓越的必要手段。

一、世界主要国家越来越重视前瞻性预见活动

对长期科技发展的预见活动可以追溯到 20 世纪 50 年代，从那时起，世界各国实施了数百个项目以评估未来科技，而在最近 10 ～ 15 年，这些预见活动正以前所未有的规模迅速扩大。

（一）日本和韩国

日本是第一个在国家层面开展科技预见活动的国家。日本的技术预测始于 1971 年，每 5 年一次，2015 年进行了第 10 次。日本政府根据技术预测的结果，制定科学技术基本计划等科技政策。

韩国也是政府组织大规模技术预测调查的典型国家。韩国在 1993 年完成了第 1 次技术预测，之后每 5 年开展一次，2017 年第 5 次技术预测发布。根据技术预测确定的未来核心关键技术，韩国政府确定了国家中长期科技发展战略，并最终反映在科学技术基本计划的技术领域、攻关项目和重点举措中。

（二）欧盟

欧盟资助了一系列前瞻研究活动，为欧盟、各成员国、地区等不同层面的主体提供问题解决方案，研究主题涉及区域前瞻、关键技术和融合技术，以及欧盟

和全球范围内的农业、环境和气候变化、城市等。

自 2000 年以来，前瞻性预见项目开始得到框架计划的支持。最初是第 5 框架下的 STRATA 项目，主要资助欧盟正式成员国开展前瞻研究。近些年来，包括战略研究议程、联合行动计划、蓝天项目及第 7 框架计划等欧盟行动，推动了地平线扫描、微弱信号发现、不可预见因素确认、重大挑战预见等活动的开展。在"地平线 2020"中，前瞻性预见研究在应对重大社会挑战中发挥了强大的作用，通过识别一系列新兴趋势及其驱动因素，探索改变现有系统的未来方案。

欧委会相继发布了《面向"地平线 2020"第三阶段（2018—2020 年）规划的战略前瞻》《欧盟研究与创新政策中的战略预见——更广的使用，更大的影响》等报告，并执行了"波希米亚计划[①]"。可以说，前瞻性预见活动使得欧洲重新确认研究优先领域，实现了研究和创新向社会挑战领域及使命导向方法的转变，这些重大变化在"地平线 2020"及下一代框架计划中尤为明显。

（三）英国

英国政府很早就开始预见工作，并经历了不同的发展阶段。第一阶段是探索不同经济领域的新机遇，重视特定主题的趋势与预测；第二阶段转移到科学和商业对话，成立专题小组以解决广泛的对跨部门科技政策有影响的问题；第三阶段则是预知政策相关变化和风险，将预见项目的重点从覆盖整个新兴技术领域缩小到一些特定领域。

英国从 21 世纪初开始实施"预见项目"，项目团队与政府部门、专家和学者合作，确定新兴科学，从而为决策提供信息支撑。10 多年来，预见项目相继资助了认知系统（2003）、网络信任与犯罪制止（2004）、可持续能源管理和建筑环境（2008）、金融市场计算机交易的未来（2012）、未来城市系列（2016）、未来海洋（2018）等多方面的研究。

英国还特别重视地平线扫描方法，从 20 世纪 90 年代起，即开始了不断的探索和使用。2004 年，英国政府在"2004—2014 年科技与创新投资框架"中指出，要建立地平线扫描中心，更好地实现政府科学办公室的前瞻性职责；2008 年，英国政府成立了地平线扫描单元[②]和地平线扫描论坛[③]；2014 年，英国建立了新的"地平线扫描团队"。英国政府也发布了一系列报告，包括"跨部门地平线扫描评议""管理未来""政府地平线扫描"等。地平线扫描被英国政府广泛应用于

---

① "地平线"以外：支持欧盟未来研究与创新政策的前瞻，简称 BOHEMIA。
② 隶属于政府内阁办公室，其职责是协调地平线扫描活动。
③ 是国家安全领域地平线扫描工作的主要办事和协调团体。

战略发展和政策制定进程中，通过系统、严密的方法预测潜在风险和中长期机遇，使得政府可以采取更具弹性的政策应对未来。

（四）俄罗斯

俄罗斯科技预测可以追溯到 20 世纪 90 年代，当时编制了首个国家关键技术清单。但是，在当时使用的方法非常有限，取得的成果并未用于实际政策制定中。后来俄罗斯开始了系统的预测工作，经总统批准，其研发结果作为俄罗斯联邦的优先科研领域和关键技术。

俄罗斯国家层面的首次大规模预测研究为"科技预测 2025"，由俄罗斯教育科学部在 2007 年发起。2011 年俄罗斯又启动了"科技预测 2030"，并在 2014 年发布了《俄罗斯联邦至 2030 年科技发展预测》报告。根据研究结果，未来俄罗斯科技发展的优先领域为信息通信技术、生物技术、医学和健康、新材料和纳米技术、自然资源合理利用、运输和空间系统、能效提高与节能。

（五）德国

预见活动是德国联邦教育与研究部（BMBF）进行技术预测的战略性流程，是现有研究与创新政策的决策基础。德国早期开展了不同规模的面向产业信息的德尔菲调研，当前正在进行"BMBF 预见过程"研究，预测年限是未来 15 年。2007—2010 年，"BMBF 预见过程"针对德国高技术战略领域开展了跨学科预见研究。2012 年年初，第二轮"BMBF 预见过程"启动，其基本前提是，创新来自于技术发展和社会需求的两方面作用。因此，研究团队一开始就分别对技术发展和社会挑战进行研究，最后再把"两条线"合并在一起，以便找到解决社会挑战的方法。

（六）巴西

巴西预见研究从 20 世纪 80 年代开始，在 20 世纪 90 年代经历了推广阶段。"巴西 2020"项目旨在构建国家未来愿景并将其转为现实，为此，巴西开展了预测活动以解决重大挑战和相关政策需求，聚焦于各个领域和价值链，主要方法包括情境分析、对话、案头调研 ①、文本挖掘、专家小组及网络德尔菲调查等。

---

① 案头调研（Desk Research）是市场调研术语，对已经存在并已为某种目的而收集起来的信息进行的调研活动，也就是对二手资料进行搜集、筛选，并据以判断他们的问题是否已局部或全部解决。案头调研是相对于实地调研而言的，通常是市场调研的第一步，为开始进一步调研先行收集已经存在的市场数据。

二、前瞻性预见活动经典案例剖析

（一）欧盟"波希米亚计划"

"波希米亚计划"旨在为欧盟未来的研究与创新政策提供前瞻性预见支持，其研究过程分为 3 个阶段。第一阶段是勾画系列情境，旨在确定未来研发创新的政策、资助的环境和边界条件。第二阶段是开展面向专家的德尔菲调查，以获得对未来技术、社会问题和研究与创新实践的新见解。第三阶段将在未来情境和德尔菲调查，以及公众调查和咨询的基础上，开展研究分析并提出政策建议。

"波希米亚计划"在探索面向未来机遇与挑战的管理方法时，明确了创新加速和快速城市化是具有极其重要影响的 2 个宏观趋势，探索了趋于悲观和乐观的 2 个波希米亚情境。

情境一：动荡的明天——"坚忍"情境。到 2030 年，欧洲人口进一步老化和减少，移民压力不断上升。健康问题成倍出现，更多的人涌入庞大的污染严重的城市。政府无法阻止气候变化，造成了严重的资源短缺并由此引发了冲突。

情境二：跃迁至更好的时代——"改变"情境。到 2030 年，整个世界朝着可持续发展目标更进一步。快速切换到低碳生活模式，降低了气候变化的风险，实现了循环经济。健康活到 100 岁越来越常见，全世界更加安全。

在以上或积极或消极的情境中，研究与创新能够为很多既有挑战提供新的解决方案。例如，移民危机，社会科学将基于实证，告知我们整合新人口的最佳政策；如金融市场危机，数据分析和经济建模可能找到更好的方法来管理经济；如污染导致的海洋生物窒息，可能发现一种廉价的安全的方式来清洁海水；如气候变暖，可能实现智能电网，加大太阳能和风能的利用，让核能更安全；如人口老龄化危机大爆发，可能发现让人类保持健康、预防疾病、工作时间更长的技术；如失业，可能利用互联网将工作岗位与人群匹配，使得自动化模式可以创造而不是消灭工作。

（二）韩国技术预测

韩国的技术预测方法在不断创新和拓展中。第 1 次和第 2 次预测主要使用头脑风暴法和德尔菲法，第 3 次和第 4 次为地平线扫描法、德尔菲法和情境分析法，到了第 5 次使用的主要方法包括 5 种。

（1）通过地平线扫描法，分析宏观环境，预见韩国的机遇和威胁。（2）利用情境分析法，以插画方式直接展现新技术和先进技术带来的日常生产、生活的变化。（3）通过德尔菲法，对韩国国内的产业界、大学、科研院所专家开展调查，明确未来技术的实现时间和实现方案、确定技术扩散点。（4）通过网络分析法，吸纳社会公众的基本意见，分析未来经济社会存在的重大问题。（5）使用复杂网络分析法，以大数据为基础，通过定量的网络分析，详细分析热点问题。以科技为依据，分析热点间的关系并对主要热点进行分类。

韩国技术预测的内容和应用也在不断发展中。第 5 次技术预测的主要研究成果包括：一是识别了至 2040 年，为满足未来社会需求和社会发展，需要开发的 6 类[①]267 项技术，分析了 267 项技术可能的实现时间。二是在此基础上，确定了对韩国重要程度最高的 24 项创新技术，并对其创新拐点进行了预测，包括可能的实现时间和实现国家。

（三）俄罗斯技术预测

俄罗斯《科技预测 2030》研究由俄罗斯教育科研部于 2011 年发起，在俄罗斯国立高等经济大学的综合协调下开展工作。项目设计和实施的主要阶段包括以下方面。

一是前期准备，基于先期经验对整个活动进行更为综合、更为复杂的设计；二是人才招募，确定不同研究领域的专家，确保关键利益相关者参与早期阶段的讨论；三是具体研究，《科技预测 2030》确定了影响俄罗斯经济社会和科技长期发展的关键领域、俄罗斯创新技术和产品的市场前景及各领域的研发重点。

《科技预测 2030》的主要研究方法和目的包括：（1）以文献计量和专利分析法，确认研究前沿。（2）通过统计数据分析，评估俄罗斯某个科技领域的水平。（3）利用定量模型和情境法，确认俄罗斯的宏观经济前景。（4）通过制定路线图，建立优先科技领域和经济领域中初级市场、产品、技术和管理方案之间的联系。（5）通过延伸访谈、专家小组、专业调查等方式，从不同的专家处获取知识，收集情境构建的信息，确认未来的突破性技术和突破性创新，评估研究前沿及其对经济和社会的潜在影响。（6）召开研讨会和会议，对中间和最终研究成果进行讨论和验证。

三、各国前瞻性预见活动的主要特点

（一）立足于全球，聚焦于国情

各国为融入全球创新网络，需要考虑重大的全球挑战和机遇，契合新技术、新产品、新服务的全球发展态势，因此，各国的战略前瞻和技术预测活动普遍立足于全球背景。

欧盟在开展《面向"地平线 2020"第三阶段（2018—2020 年）规划的战略

---

① 6 类分别是信息通信、生命与医疗、生态环保、运输机器人、制造融合和社会基础设施。

前瞻》工作时，基于全球性变化确定未来变革驱动力。前瞻项目专家对《世界经济论坛全球战略前瞻委员会报告（2015）》中提出的"28 个全球性转变"进行了研讨与分析，认为关乎"地平线 2020"计划的未来变革驱动力共计 12 个[①]。在此基础上聚焦欧洲社会维度，确定次一级动力因素。欧洲的 4 个目标优先维度分别是"创新与竞争力""可持续性""社会变革与社会问题""重大机遇"，从中确定了 15 个最具影响力且不确定性最强的次一级动力因素。

韩国也在中长期的时间维度上，关注全世界的未来社会发展趋势。主要做法是以第 4 次预测调查（2011 年）之后发布的国内外未来前景报告书、动向分析、网页等为对象，进行文献分析。使用宏观的环境分析模型 STEEP（社会、技术、经济、环境、政治 5 个方面），对环境进行扫描，得出发展趋势模型。通过未来社会发展趋势间的相关性分析，探索全球发展趋势。第 5 次技术预测共得到 5 个全球发展趋势和 40 个未来社会发展趋势。

日本在第 10 次科学技术预测调查时，以之前实施的"未来社会愿景研讨""各领域科学技术预测"的结果为基础，从"领导力""国际协调与协作""自律性"3 个国际视角，进行情景规划。

（二）重视能力建设，建立开放独立的网络

为了在不断变化和复杂的环境中为政府提供有效的决策支持，各国政府高度重视前瞻能力建设，致力于建立一个开放的、灵活的、独立的前瞻性网络，重塑相关问题，破译未来挑战，并提供适当的解决方案。

欧盟的前瞻性网络采取独立智囊团的形式，以一批专注于前瞻性预见和战略发展的独立专业人才为核心。智囊团下设小而专的专案小组，由前瞻性预见专家和领域专家参加。智囊团与委员会合作，可以专注于快速响应行动，不仅关注技术事实和数据，而且重点关注感应到的社会变化和未来趋势。

韩国科技预测的促进体系包括 3 个委员会：预测调查综合委员会，由科技和社会学专家组成，主要负责对科技预测调查的所有主要事项进行探讨和调整；未来预测委员会，共有 3 个小组，人类组、社会经济组及地球组，每个小组 12 人，由科技和社会学专家组成，主要负责发现未来社会的主要问题和需求；未来技术委员会，共有 6 个小组，社会基础设施技术、生态系统和环境友好技术、交通和机器人技术、医疗和生命技术、制造和会聚技术及信息和通信技术，每个小组12 人，由科技专家组成，主要负责以未来需求和科技趋势为基础，明确未来技

---

① 12 个未来变革驱动力分别是全球化、人口统计变化、环境与生物圈、人口流动、城镇化、气候变化、不平等现象、资源能源极限、数字革命、生物技术和医疗突破、就业和技能与人工智能、个体意志与赋权。

术。3 个委员会的直接领导是未来创造科学部，是韩国当时的科技创新主管部门。

俄罗斯的科技预测中心网络包括：专家小组，由 120 余名顶级研究人员组成；延伸工作小组，包括来自政府、工商企业、专家社区的 800 余名代表；成果验证小组，由 30 多位科技创新政策领域和前瞻领域的知名国外专家组成。

（三）推动预见活动长期化、制度化、法律化

前瞻性预见活动作为科技规划的固定活动之一，得到了各国政府的重视，从法律和制度方面予以保证，以实现活动的长期性、系统性和可持续性。

科技预测已经成为俄罗斯政府的一项"滚动任务"。2013 年 4 月，俄罗斯成立了科技预测跨部门委员会。2014 年 6 月，通过了《俄罗斯联邦战略规划》的新联邦法案，科技预测成为国家远景研究体系的关键内容之一。

韩国在 2004 年第 3 次技术预测开始时将技术预测写入了《科学技术基本法》。其中明确规定，政府应对科学技术的发展趋势及其带来的未来社会的变化进行周期性预测，并将结果反映到科技政策中。韩国每 5 年开展一次技术预测，为《科学技术基本计划》的制定提供依据。

欧盟则成立了欧洲前瞻性活动论坛（EFFLA），其使命是加强收集前瞻性情报，帮助欧盟应对即将到来的社会挑战，制定全面和积极的欧洲研究与创新政策。EFFLA 汇集了来自学术界、产业界、政府、欧洲和国际组织、非政府组织及智库的高级专家和决策者，由 15 名正式成员组成。

（四）推动研究成果在现实决策中的使用

一般来说，预测研究的主要成果包括情境、技术路线图和技术预测、趋势分析、关键技术清单、研发优先领域、政策建议等。各国通过适当的战略流程，在制定国家科技政策和确定研究重点时，系统地整合这些前瞻性预见成果，重点解决破坏性和突发性挑战，实现科技的转变和进步，以及资助那些对政策、社会、市场和基础设施具有较强影响的项目。

《俄罗斯联邦至 2030 年科技发展预测》的成果使用范围十分广泛，其受益者包括：负责制定科学技术创新政策的政府机构，从事高新技术的大型国有企业和私营企业，支持创新的研发研究院所，致力于制定地区创新战略和发展区域性创新集群的地区机关等。

具体来说，《俄罗斯联邦至 2030 年科技发展预测》的研究成果，作为《俄罗斯国家科技发展规划（2013—2020 年）》的背景材料。依托研究成果，能源部和卫生部确定了行业关键技术；工业贸易部开展了行业远景研究，制定了飞机制造业战略；许多公司调整了公司战略和技术现代化投资项目，如俄罗斯国家原子能公司确定了技术组合的未来市场；俄罗斯航天局确定了技术研发重点等。

四、前瞻性预见活动的未来发展方向

未来世界愈加复杂，利用前瞻性试验、加强研究和创新以应对重大社会挑战，是人类面向新的社会、经济和管理过程转变的重要选择。但是，前瞻性试验和预测过程本身就异常复杂和具有风险性。决策者的政策视角应从短期转向长期，要建立必要的创新生态系统实施转型。

（一）在危机爆发之前而不是之后提供可选择的方案

由于气候和安全危机，人类将面临更加困难的政策选择：用核与否？集体安全还是保全个人隐私？在技术发展的历史进程中，有一些思想经过尝试后被拒绝，但经过改进后又投入使用去解决一些紧急的、意想不到的危机。无论今天做出何种政策选择，有一点必须明确：这些政策不应该切断或以其他方式限制那些可以为我们的未来提供解决方案、可以让我们更有能力抵御危机的研究和创新内容。

（二）在现实环境中开展试验和测试

人类所面临挑战之重大，所需转变之复杂，创新速度之快，这一切都迫使领导者在很少的信息获取和极大的不确定下，迅速做出重大决定。如何才能知道哪个方案奏效或无效？试验、快速原型和方案测试，将成为各国政策的重要组成部分。

（三）学习最佳经验

现今，从农业到安全的各个政策领域，都有数以百计的社会和技术试验正在全球各个国家和城市开展。要通过系统研究确认最佳经验，并发现其中可以被其他地方借鉴的内容。其他国家可以学习那些已经实现了最佳经验的案例。

（四）实现善政，把包容和公平作为政策原则

当前正在进行的前瞻性预见活动大部分是自上而下的，主要以专家为主开展分析性的前瞻性研究，没有或者较少强调公民的作用。但是，如果各国政府想在全社会范围内取得对未来优先事项的理解和共鸣，则需要公民更广范围、更深程度的参与。因此，当前的前瞻性预见活动出现了新的趋势，那就是向着更为公平和包容的方向转变，让公民、当地社区与其他行动者有广泛的参与性。包容性前瞻预测允许公民共同设计和共同实施一些项目，反映他们在国家和全球性的挑战和机遇中的优先关切。

（执笔人：张翼燕）

主要经济体政府强化科技创新战略布局

一、为争取全球创新领导者地位加强科技创新战略布局

随着新一轮科技和产业革命浪潮的掀起，新产业、新模式、新业态层出不穷，新的增长动能不断积聚。世界各国政府普遍认识到，科技创新已经成为经济长期增长和生产率提高的关键推动力，因此，普遍加强了科技创新前瞻性和战略性布局。

许多国家启动实施了科技创新战略，着力推进系统创新，致力于依靠科技创新打造和保持先发优势，向创新强国、全球创新领导者的目标努力。从奥巴马政府的《美国创新战略》到特朗普政府的"美国第一"思想，虽然执政理念存在很大差异，但维护美国世界领先地位的战略意图并未改变。而从科技创新的各方面表现看，美国仍然以其雄厚的科技实力保持科技创新领域的领先地位。加拿大 2017 年雄心勃勃提出要成为全球创新中心，在全世界争夺最顶尖的人才、最先进的技术和发展最快的企业。欧盟致力于打造创新型联盟，保持欧盟既有优势地位，并将低碳和气候适应、循环经济、数字经济、安全等领域的研究和创新确立为优先领域，并在颠覆性创新、信息技术、纳米技术、生物技术等新兴技术领域尝试新的资助方式，继续推进创新快车道机制，努力形成科技创新的新优势。日本《第五期科技基本计划（2016—2020 年）》提出要把日本建设成为"世界上最适宜创新的国家"，通过进一步提高科技创新能力，保障国家安全和人民福祉、提升国际竞争力。爱尔兰《创新 2020》战略确立了要成为全球创新领导者的目标。英国强调巩固其科技在世界的领先优势，并将科技优势转化为经济优势，以支撑经济增长及社会可持续发展。2017 年 11 月，英国发布了旗舰性的工

业战略,确立了到 2030 年建成世界第一的创新型国家的宏伟目标。俄罗斯加强中长期科技发展战略的落实,在 2016 年年底出台《俄罗斯联邦科技发展战略》之后,2017 年又发布了《俄罗斯联邦科技发展战略实施计划》,旨在通过加强科技创新高效管理,为科技创新活动提供有利条件,依靠科技创新提高国家竞争力,实现长期可持续、快速和均衡发展。

二、注重实施针对弱势群体和地区的包容性创新政策

新一轮技术变革对新技能提出了新要求,给拥有技能的人群带来新的就业和创业机会,同时也给其他很多人带来了挑战。科技创新飞速发展引发的这种创新能力和机遇不均衡,呼唤相应的创新政策、手段和措施的调整,以促进社会包容,实现包容性创新和包容性增长。包容性创新经济建设注重挖掘全部的创新潜力,让全民参与创新,让创新惠及所有人,因此,包容性创新更有利于民生福祉和社会可持续发展。美国奥巴马政府在 2015 年《美国创新战略》中首次提出包容性创新经济理念,将美国创新的参与者和受益者扩大到前所未有的范围,也使得美国政府对科技创新的重视达到了空前的水平。《欧洲 2020 战略》强调智慧型、可持续和包容性增长,依靠科技创新支撑经济社会可持续发展。很多欧盟成员国实施了智慧专业化战略,积极推动研究卓越和智慧专业化,促进包容性增长。

包容性创新政策强调创新的包容性、普惠性、普遍参与和成果共享。经合组织对中国、美国、德国、印度、以色列、爱尔兰、日本、韩国、新西兰、南非等 15 个国家的 33 个具体案例表明,包容性创新政策手段有助于促进包容性增长。这些政策手段主要包括 4 类:一是对公共和私营部门创新活动的适当激励,如研发税收减免、研究资助、风险资本计划等;二是对公共研发基础设施的投资,如对公共研究实验室的支持;三是致力于消除创新和创业的障碍,如防止市场准入的反竞争措施、不利于初创企业的条件;四是改进创新的框架条件,如加强科技教育,促进创新体系各参与主体的互动机制,促进公立机构研究人员的流动等。

事实上,包容性创新政策手段并不是全新的政策手段,之所以现在强调包容性创新,关键在于其新的视角、出发点和目标。包容性创新政策旨在促进目前缺乏能力和机遇的群体更多地参与研究、创新和创业。包容性创新政策明确指向以下一个或多个目标:一是促进社会包容;二是促进产业包容;三是促进地域包容。以促进社会包容为目的的政策强调扩大创新者群体,注重提高弱势群体的能力,增加其参与研究、创新和创业活动的机会。这方面的例子包括日本的女性科研人员研究支持计划,南非面向弱势群体科研人员的发展计划(Thuthuka

Programme）等。以促进产业包容为目的的政策强调对创新性低的企业（如微小创业企业、中小企业和新创企业）及传统产业的支持，其重点是提升这些企业的创新能力，并营造有利的企业创新环境。例如，以色列传统产业鼓励性研发计划通过与以色列制造商协会（MAI）（所有工业部门的代表机构）的密切合作，以便联系目标公司并提高其对该计划的参与度。该计划注重向传统产业管理者宣传研发的重要性和好处，以提高他们开展研发的积极性。欧盟"地平线2020"框架计划下的中小企业工具是促进中小企业广泛参与创新的典型政策工具。以促进地域包容为目的的政策手段瞄准的是创新能力差的落后地区，强调要缩小这些地区与创新领先地区的差距，提升偏僻地区及大城市周围落后地区的个人和企业的创新能力。

三、促进经济的数字化转型和智慧社会的发展

全球数字化的浪潮进入一个新阶段，移动技术、云计算、物联网、大数据、人工智能等的迅猛发展推动数字技术发展进入新的黄金时期，并促进人类社会加快向数字经济转型，"智能万物"时代正在向人们走来。数字经济的典型特征是用户之间、仪器之间，以及以前截然分开的通信系统之间的关联与融合，互联网和互联仪器已经成为人们日常生活的重要组成部分。2005—2016年，经合组织成员国互联网用户的比例已经从56%增长到85%，增长了近30个百分点。希腊、墨西哥和土耳其的互联网用户增长更加迅猛，十年间翻了一番。一些经济体互联网用户接近饱和（互联网渗透率接近100%）。巴西、中国、南非等国家16～74岁的人群中有超过50%的人都在使用互联网，缩小了与经合组织国家的差距。

各国加大了对数字化、智能化技术的支持，推动经济社会的数字化和智慧转型。数字经济转型和智慧社会发展对加强智能基础设施和智能系统建设提出新要求，智慧社会基础条件迎来快速跃升期。日本在全球率先提出打造"超智能"社会思路，强调要深化科技创新与社会的关系，提出要在合适的时间将合适的产品和服务准确地提供给合适的人，精确应对各种社会需求。美国将先进制造、智能交通、精准医疗、自动与互联汽车等确立为优先领域，希望借助新兴技术推动人们生活的智能化、便利化，助力智慧社会发展，增进民生福祉。欧盟以智慧专业化战略为引领，推动区域内部的包容性增长。为促进工业和服务的数字化和转型，欧洲大力发展5G、高性能计算、人工智能、机器人、大数据和物联网等数字技术。德国政府将数字化确立为核心要务，继2015年启动《智能网络化战略》后，2017年又出台了《数字化战略》，明确德国数字化转型的基本指导原则和重点举措，同时为顺利实现转型创造全面的、以对话为基础的、轻松开放的外部发展环境。德国加大力度

推行工业数字化，即工业4.0平台，联合经济界、科学界和全社会力量，开展跨行业、跨领域的创新和研发合作，共同迎接新技术机遇并应对挑战。法国明确将大数据开发、人机协作和物联网作为三大重点领域。英国《数字战略》提出在利用现有优势的同时支持发展新技术，力争在人工智能、网络安全、联网和智能设备、自动汽车等领域取得全球领先地位。俄罗斯在2017年7月发布的《数字经济计划》描绘了向数字经济转型的路线图，强调要加强技术、人才和信息基础设施，利用现代数字技术提高数字商品和服务的质和量。另外，2017年5月出台的《俄罗斯联邦2017—2030年信息社会发展战略》强调对俄罗斯联邦信息基础设施的全面保护，确保网络和信息安全。该战略对俄罗斯未来信息社会的安全保障有望发挥至关重要的作用。

四、提升制造业竞争力和促进工业复兴

美国、欧盟等发达经济体在高技术和中高技术制造方面一直占据优势地位，它们是较高附加值产品的生产地。中国、印度等国在高技术制造方面也迅速发展，并成为越来越重要的高技术产品生产国和出口国。随着新一轮工业革命的兴起，世界各国越来越认识到，先进制造业技术是提升未来竞争力的关键，发展高价值先进制造是构建新优势、增强经济活力的重要途径。

世界主要国家都在抢抓新兴产业技术，以振兴制造业和工业复兴为主旨的战略和政策成为支撑各国经济增长的新动力。先进制造技术的发展已经很大程度上促进了美国制造业的复兴。欧洲的德国、亚洲的日本和韩国在制造业创新上都已实施了强有力的举措。美欧日等国成立了各种形式的先进制造研发中心，调动产学研各方力量共同推进先进制造研发，为制造业振兴提供有力的技术支撑。美国的国家制造业创新研究网络建设实施5年并已初见成效。日韩的智能工厂模式有望深刻影响和促进工业标准的变革。2017年欧洲国家密集出台的政策，有望进一步推动制造业创新和新兴产业发展。2017年8月德国发布的《工业4.0：未来生产的创新》、10月法国发起的"法国制造"倡议、11月英国发布的《工业战略白皮书》，显示了各国希望推动制造业转型升级，引领未来技术和产业发展的战略意图。中国发布《增强制造业核心竞争力三年行动计划（2018—2020年）》和该计划重点领域关键技术产业化实施方案，旨在加快推进制造业的智能化、绿色化、服务化，增强制造业核心竞争力，推动中国制造业加快迈向全球价值链中高端。

从重点技术领域看，各国振兴制造业和发展先进产业，瞄准的是先进制造技术和颠覆性技术。各国面向未来，围绕工业4.0加强了技术部署，纳米技术等新材料技术、3D打印、智能制造等新兴制造技术是各国普遍重视的先进制造技术

重点领域。另外，信息通信技术与其他技术的融合正在催生新一代制造技术，传感技术、机器人技术、人工智能、信息物理系统等代表未来技术的发展方向。中国为提升制造业竞争力重点部署了轨道交通装备、高端船舶和海洋工程装备、智能机器人、智能汽车、现代农业机械、高端医疗器械和药品、新材料、制造业智能化、重大技术装备九大重点领域。

（执笔人：黄军英）

全球基础研究竞争加剧

当前，国际科技竞争日益加剧，新一轮科技革命和产业变革蓄势待发，知识创新、技术创新和产业创新深度融合，基础研究日益成为推动科技革命和产业变革的重要源泉和动力。为保障科技经济长期可持续发展，世界主要国家纷纷加强基础研究战略部署，全球科技竞争不断向基础研究前移。

一、主要国家基础研究投入持续增长

根据经合组织的统计数据，美国是世界上第一大基础研究投入国。2015年，美国基础研究总投入为835亿美元，遥遥领先于世界其他国家，相当于中国（207亿美元）、日本（203亿美元）、法国（146亿美元）、韩国（128亿美元）、英国（76亿美元）、俄罗斯（2013年为61亿美元）6国的投入总和。中国基础研究投入虽然已居世界第二，但投入总量却不及美国的1/4。

就基础研究投入增长速度而言，中国、韩国和俄罗斯3个赶超型国家投入增速最为突出。2005—2015年10年间，中国基础研究投入从47亿美元增长到207亿美元，10年增长了近3.5倍，年均增速高达16.0%，是增长速度最快的国家。同期，韩国和俄罗斯的投入年均增速也比较快，分别为11.5%和9.2%，其次是法国的4.9%和英国的4.4%。基础研究投入规模本身较大的美国和日本增速相对较慢，分别为3.5%和2.8%。

就基础研究投入占研发总投入的比重而言，自20世纪80年代以来上述各国均在10%以上，基本处于10%～25%，其中法国最高，一直超过20%。2015年，法国基础研究投入占研发总投入的比重为24.4%，韩国为17.2%，美国为16.9%，英国为16.9%，印度为16.0%，日本为11.9%，中国最低，只有5.1%。

二、各国政府为夯实科技创新实力加强基础研究

强大的基础科学研究是建设科技创新强国的基石。为了更有力地促进基础研究发展，世界主要国家均在加强基础研究战略部署，增加基础研究投入，培养和凝聚优秀人才，强化科技创新实力，力求以科学研究的新突破带动科技、经济实力的新提升。

（一）保证并增加基础研究投入

加强基础研究投入是各国储备科技力量、夯实科技创新基础实力的首要举措。美国早在 2007 年颁布的《竞争力法》中就提出增加基础研究投入，力争 10 年内达到使美国国家科学基金会、能源部科学办公室和国家标准技术研究院联邦三大基础科学资助机构的经费预算翻番的目标，尽管金融危机等各种因素致使该目标未能实现，但美国基础研究投入始终遥遥领先于世界其他国家。已经获批的《美国 2018 财年综合拨款法》将美国联邦研发经费预算较 2017 财年增加12.8%，增幅创近 10 年之最，上述联邦三大基础科学资助机构的经费增幅更是高达 16%，一批重大研发项目和大科学工程及设施获得充足资金保障。韩国政府每 5 年发布一次《基础研究振兴综合计划》，不断扩大基础研究经费投入；2005—2015 年 10 年间韩国基础研究投入年均增速高达 10.5%，基础研究投入占其 GDP 的比重是所有国家中最高的。日本提出要推进产生卓越知识的学术研究和基础研究，加大对各种研发活动的资助力度，《第五期科学技术基本计划（2016—2020）》提出，未来 5 年日本政府研发总投入为 26 万亿日元，将达到 GDP 的 1%，并力争使全社会研发投入达到 GDP 的 4% 以上。欧盟"地平线 2020（2014—2020）"计划更加强调基础科学研究，该计划总预算的 30% 以上（244 亿欧元）用于实现"科学卓越"目标，从前沿研究、未来新兴技术、人才培养和科研基础设施等方面全方位促进基础科学研究发展。英国政府承诺要逐年增加政府科学与创新投入，使其从 2016 年的 95 亿英镑增长到 2021 年的 125 亿英镑；英国政府2017 年年底还宣布将加强与产业界及社会各界的合作，未来 10 年内使英国全社会研发投入增加 800 亿英镑，到 2027 年将全社会研发投入占 GDP 的比重提高到2.4%（2015 年为 1.68%），并最终实现 3% 的长期目标。德国政府更加重视基础研究，2017 年联邦政府支持用于购置开展基础研究所需大型仪器的经费较 2016年增加 2.3%，达到 12.8 亿欧元。2017 年德国国家财政支持高校的研发总经费中用于基础研究的经费为 110.9 亿欧元，支持高校外其他来源的研发经费中基础研究经费为 46.9 亿欧元，两者均较上年增多。2017 年法国政府发布《高等教育与科研白皮书》，提出未来 10 年将法国高等教育经费投入占 GDP 的比重从目前的

1.4% 增加到 2%，将科研经费投入占 GDP 的比重从目前的 2.23% 增加到 3%；未来法国将在高等教育与科研领域增加 100 亿欧元的财政支出。加快推动基础研究发展是中国当前实施创新驱动发展战略的重中之重，中国《"十三五"国家基础研究专项规划》提出要持续稳定支持基础研究，到 2020 年使基础研究占全社会研发投入的比例大幅度提高，显著提升基础研究的原始创新能力和国际竞争力，为中国到 2020 年进入创新型国家行列奠定坚实基础。

（二）面向科学前沿和国家战略需求加强基础研究战略部署

基础研究具有战略性、先导性、公益性的特点，对科学发展和现实生产力有着深远的影响和不可估量的渗透力。世界主要国家在加强科学前沿探索，大力支持好奇心驱动的自由探索研究，培育人才、巩固学科基础和探索未知的重要领域的同时，越来越重视目标导向的基础研究，即围绕世界科学前沿的重点方向，着眼重大经济社会挑战和国家战略需求，凝练战略性、基础性、前瞻性重大科学问题，对科学和技术发展有很强带动作用的基础研究进行重点部署，为创新驱动发展提供源头供给。为资助能够对未来的技术创新和商业开发产生革命性影响的交叉科学研究，通过科学突破为解决经济社会重大挑战做出贡献，欧盟 2013 年启动了"人脑计划"和"石墨烯" 2 个未来新兴技术（FET）旗舰计划项目，每个项目经费 10 亿欧元，实施周期长达 10 年，这是欧盟有史以来最大规模的基础研究项目。未来新兴技术旗舰计划还着眼于欧洲未来长远发展目标，专门把信息通信技术作为未来新兴技术前沿基础研究的关键着力点，加强欧洲在信息通信技术前沿领域的研发创新，促进信息科学与脑科学、纳米科学、生物化学和医学等学科领域的交叉研究。为确保美国科学研究的全球领先地位，美国政府近年陆续推出了脑科学研究、精准医学、全球变化研究、抗癌"登月"、微生物组学、先进制造、人工智能等重大研究计划，抢占未来科技竞争制高点。日本政府提出日本将加强战略性和目标性基础研究，特别是解决社会重点挑战所需的跨学科、跨领域、跨部门研究，并推出人工智能大数据、元素战略工程、量子科学研究、新材料研究开发、科研数据平台基地等战略专项。英国则将在人工智能、清洁增长、未来交通运输、应对老龄化社会需求等英国未来面临的四大挑战领域进行重点研究部署。法国政府 2017 年 1 月发布的首份《国家科研战略》提出，法国将确定有限的科学技术重点行动目标，以应对法国在未来几十年内将面临的科学、技术、环境和社会挑战，并围绕十大社会挑战确定了 41 个重要的科学发展方向和 14 个行动计划，其中大数据、地球系统、系统生物学及其应用等 5 个计划为优先行动计划。

（三）积极培育颠覆性技术和突破性创新

为抓住新一轮科技革命的机遇和应对激烈的国际科技竞争及严峻的经济社会挑战，主要创新大国都在积极培育和发展颠覆性技术创新。欧盟委员会认为，现在创新的速度和方式已经改变，从渐进性的增量创新变为速度惊人的突破性创新，甚至是颠覆性创新。为推进欧洲的突破性创新和颠覆性创新，欧盟采取了一系列行动，包括设立欧洲创新理事会，为突破性技术及扩张潜力大的创新企业提供一站式支持。目前，欧洲创新理事会试点已经启动，2018—2020 年预算为 27 亿欧元。正式的欧洲创新理事会将考虑支持风险更高的项目，将把卓越和巨大影响摆在首要位置，并将加快初创企业的创新商业化和扩张速度。鉴于突破性创新往往需要大量的投资，而且在投资之初技术路线的正确性和市场化前途并不明朗，法国政府将专门设立创新与产业基金，以资助和适应突破性创新的需要，在给予创新极大自由度的同时，密切关注创新进展，以便及时放弃没有前途的项目并从中吸取教训。目前创新与产业基金选定的资助项目包括人工智能和"2022 纳米计划"。为了支持高风险、高回报的颠覆性能源技术研究，美国国会不仅拒绝了特朗普总统关于撤销能源部先进能源研究计划局（ARPA-E）的提议，反将其 2018 财年经费增加 4700 万美元，达到 3.53 亿美元。2017 年，美国国家科学基金会还首次在小企业创新研究计划项目征募方案中，着重提出支持初创企业和小型企业研发新的颠覆性技术，推动科研成果从实验室走向市场。日本政府为实现有望对经济社会产生重大影响的高风险、高回报、非连续性的创新，专门设立了"颠覆性技术创新推进计划（ImPACT）"，日本《第五期科学技术基本计划（2016—2020）》将 ImPACT 计划支持的领域从最初的 12 个扩大到 16 个。

（四）加强科研资助的统筹协调和一体化管理

在努力增加科学研究与创新投入的同时，各国政府也非常重视完善科研资助的管理和统筹协调，改革和创新体制机制，推动基础研究、应用研究与产业化对接融通，提高整个创新生态系统的资助效率。为了加强英国研究与创新资助机构间的统筹协调，英国政府将原来 7 个研究理事会、英国创新署和高等教育拨款委员会进行整合，组建新的研究与创新署（UKRI），负责确定英国研发总体战略方向、综合交叉领域的统筹协调及研究与创新之间的融通发展，确保英国处于世界科学与创新的前沿。针对科研资助机构协调性不够、经费使用灵活性差等问题，加拿大政府成立了研究协调委员会（CRCC），以加强自然科学与工程研究理事会、卫生研究院、社会科学和人文科学研究理事会联邦三大科研资助机构及加拿大创新基金会之间的协调合作，并研究制定跨部门的资助战略。欧盟非常重视创新生态系统建设，从确保创新投资、优化创新环境、加强颠覆性创新、设定重大科研创新任务、加快创新扩散等多方面提出一系列强化欧洲创新生态系统的重要举措，并专门成立创新理事会，为推动创意从科研走向商业化的道路提供支持，提高整个创新链的资助绩效。为加强科研资助的顶层设计和统筹协调，中国政府 2014 年启动中央财政科技计划管理改革，将原来由 40 个部门分散管理的近百项科技计划优化整合为新的五大类科技计划，从源头上解决科研资助分散重复、封闭低效问题；通过遴选设立项目管理专业机构，改变政府以往直接管理项目和资金的模式，提高科技计划项目管理的专业化水平；将国家自然科学基金委员会纳入科技部的管理，由科技部统一负责拟订国家创新驱动发展战略方针及科技发展、基础研究规划和政策并组织实施，组织协调国家重大基础研究和应用基础研究，编制国家重大科技项目规划并监督实施等。

（执笔人：姜桂兴）

🔵 大力扶持中小企业创新成长

中小企业面大量广，在国民经济中的作用举足轻重，特别是在提升经济活力、塑造未来竞争力、提高生产力、创造就业机会、支撑社区发展、完善供应链等方面具有重要作用。如果支持得当，其中也能孕育出"瞪羚""独角兽""隐形冠军"和打败歌利亚巨人的"牧童大卫"。但是，中小企业不仅面临融资难难题，有的还缺乏技术储备、商业运营知识和合作伙伴。为了培育更多的科技型、高增长、高潜力、有雄心的中小企业、初创企业成长壮大，各国已经采取了不同的政策组合，包括在各类群体和机构中营造创新创业氛围、培养企业家精神与创业能力、营造有利于创业的商业环境，尤其是近年来在提高创新能力、培育耐心资本和完善创新服务方面的政策更加显著。

一、强化中小企业扶持职能

在新一轮创新浪潮下，中心企业面临着新的形势和挑战，为此，各国政府加大了对中小企业的扶持力度，以支持雄心勃勃且具高增长潜力、高影响力的创新型中小企业成长。

（一）积极制定发展规划

从高技术战略层面，德国的创新支持更加面向中小企业需求，并形成了清晰、连贯的创意市场化支持措施链。德国联邦经济部 2016 年出台《中小企业未来行动计划》，把改善德国中小企业发展的框架条件作为长期任务，并采取相应措施。德国联邦教研部推出"中小企业先行"10 点计划，针对关键经济领域、伙伴合作、专业人才和框架条件提出多样性措施，鼓励中小企业加强创新。日本《科技创新综合战略 2017》提出，对中小企业、风险企业加强支持力度，使政府采购政策适当向其倾斜，并培养学生的创业精神和才能。英国 2017 年发布的《产业发展战略》白皮书要求评估可能有效提高中小企业生产率、促进企业增长的行动。韩国希望通过《支持中小企业技术创新中长期规划 (2014—2018)》使本国中小企业的技术竞争力达到世界最高水平企业的 90%，2017 年又出台了《活跃创业方案》。美国小企业管理局出台了 4 年战略规划，注重完善创新创业生态。欧盟 2016 年推出创业与成长计划，重点解决融资难、合规成本高和合作对接难三大障碍。

（二）着力优化监管环境

法律和行政规章是国家经济社会运行的框架，高效的管理和现代有效的监管是维护竞争的市场经济秩序的重要前提，但中小企业面临的监管负担要比大企业重。目前，一些国家正从以下方面解决该问题。一是削减繁文缛节，确保规制首先考虑中小企业；二是针对新技术、新产品、新服务和新业态，降低初创企业将创新成果推向市场时面临的监管障碍或不确定性；三是制定和建立有利于创业者东山再起的政策和制度，注重培育宽容失败的文化和氛围。

欧盟委员会在其《关于完善规制监管的指导方针》中规定，在所有政策领域的规制制定和审查过程中都必须考虑规制监管对研究和创新的影响；使减负目标聚焦重点行业和重点监管领域，特别是行政负担繁重、攸关中小企业发展、创新潜力巨大的领域；在欧盟政策全周期内，严格采用"首先考虑小企业"原则，并开展中小企业测试，在所有的规制监管影响评估中评估对中小企业的影响。德国颁布《消除官僚主义法》，引入监管规则"一进一出"制，以长久抑制监管负担上升。为尽可能避免给中小企业造成官僚负担，德国对新规制加强中小企业测试，《中小企业测试指南》自 2016 年起适用于所有联邦法律草案。此外，还通过修订《公共采购法》，使公共采购程序更高效、更简单、更灵活，要求不得从经济业绩等方面对中小企业设置不合理的准入障碍，公共采购订单原则上要分成小订单，促进中小企业获得公共采购合同。意大利设立"快速失败"程序，避免创业者在创业失败后被清算程序卡太长时间，使其能够在不遭受声誉和财产损失的情况下，尽快启动新业务。

（三）强化组织管理体系

为支持中小企业科技创新和创业，很多国家设立了专门的组织管理机构，如小企业管理局、中小企业厅及创新署、创新局、创新理事会等，英国创新署 60% 的资助给予了中小企业，芬兰创新署 2015 年将其 70% 的资金投向了中小企业。

近年来，以色列、新加坡、欧盟均设立了创新署，法国、瑞士、韩国进行了机构重组。特别是，欧盟设立了欧洲创新理事会，韩国政府成立了中小风险企业部。2017 年，韩国文在寅政府把中小企业厅升级为中小风险企业部，将产业资源部的产业支援部分工作、未来创造科学部的创业支援职能、金融委员会的技术保证基金管理功能移交给中小风险企业部，加强中小企业政策。为解决"地平线2020"科技创新计划不善于支持在新市场或技术融合领域创新的初创企业的问题，欧盟委员会新设专业资助机构——欧洲创新理事会，在 2018—2020 年试点期间拿出 16 亿欧元支持初创企业，完全采用自下而上的方式，瞄准能够占领、创造新市场的突破性创新。2016 年，新加坡政府首次宣布将设立新加坡创新机构。英国创新署由理事会设定目标和方向，由 300 名成员构成的执行管理团队负责具体业务运营。除了进行机构改革外，加强机构间协调也很重要，如在瑞典国家创新署的协调下，瑞典其他政府部门、研发机构协会等纷纷推出针对科技创新型中小企业的扶持政策和特别渠道。

（四）健全创新服务体系

创新型初创企业不仅需要技术创新、产品创新、商业模式创新和营销创新，还需要提高管理能力。诸多国家注重整合政府、企业和社会资源，通过"政府支持中介，中介服务企业"的形式，建设创新创业服务载体与平台，满足技术交流、市场开拓、人才培养、融资服务、管理提升、政策咨询等多方面的服务需求。

美国联邦小企业管理局（SBA）成立了包括小企业发展中心（SBDC）和创业加速器在内的一系列为创新企业提供服务的创业服务机构。小企业发展中心由 63 个主网络和 900 多个服务点构成，其中有 48 个主网络由大学主办。加拿大政府推出的"加速成长服务"在整个联邦政府范围内协调企业扶持措施，汇聚关键的政府支持措施，如不同的融资解决方案、咨询服务和出口及创新支持。为确保企业扶持措施更加简单、更加连贯、更易享受，在英国商业部的资助下，企业成长中心网络（Growth Hub Network）覆盖英格兰全境，由 38 家企业成长中心组成。企业成长中心由地方推动成立、由地方所有，与商会、小企业联合会、大学、企业区和银行等伙伴合作，面向地方协调各类企业扶持工作。以色列中小企业管理局的 35 家企业发展服务中心由 5 家私营公司运营，为中小企业客户提供诊断分析服务，帮助确定发展需求，并能够为其从企业发展服务中心认可的外部顾问中找到政府提供补贴的合适的顾问服务。

二、政策工具更加丰富多样

企业创新能力的强弱和创新型中小企业的不断成长是决定一个国家创新能力和竞争力的关键。各国政府运用多种政策工具，为提高中小企业创新能力提供更多机会，促进创新资源向中小企业流动，并营造开放互动的良好创新生态。

（一）拓展中小企业融资渠道

由于科技型中小微企业普遍具有"轻资产、少信用"的特点，经营风险高、有效抵（质）押物不足，极易陷入融资难的窘境。为降低中小企业运营压力，各国除了对中小企业普遍采取税务征管轻化、简化的政策外，还专门针对创新活动加大财税政策支持及其综合平衡应用，以鼓励中小企业加快技术进步，提高中小企业投资创新的积极性，促进创业投资和其他融资渠道发展，使创业资本更充足。

（1）直接提供技术种子资金。科技型初创企业虽然在就业和收入方面都有很高的增长潜力，但是由于要进行大量的初始研发、原型开发和测试投资，在若干年之后才会实现收入，一般会先经历数年的亏损。针对研发风险高、风险资本尚不愿介入、难以享受税收优惠的早期阶段，不少国家对初创企业和小企业加强研发资助，主要瞄准创新含量高、研究风险大的前沿研究、产业共性技术研究和突破性技术研究。美国小企业创新研究计划和小企业技术转移计划在 2015 年年底经法律重新授权长期有效，这 2 项计划每年向科技型初创企业和小企业提供联邦研发资金超过 25 亿美元，每年支持约 5000 家企业。韩国政府 2018 年将提供 10 亿美元中小企业研发支持，较 2017 年增长 13.7%。英国创新署至今已支持 37.5 亿英镑，共 1.1 万个项目。德国将限定技术领域的中小企业创新计划（KMU-innovative）资金提高至每年 3.2 亿欧元；将不限定技术领域的中小企业创新核心计划（ZIM）资金逐步提高至每年最低 7 亿欧元；将支持产业共性技术开发的工业共同研究计划（IGF）资金提高至每年至少 2 亿欧元；还简化准入条件和流程，实现项目启动更快捷、中小企业获得资助更轻松、资助信息更透明。

（2）通过税收优惠激励中小企业投资创新。越来越多的国家采用税收优惠政策激励研发投入，并与直接资助手段配合使用。英国的研发支出税收优惠政策明显向中小企业倾斜，自 2015 年将中小企业研发支出税前加计扣除比例由 125% 提高至 130%。美国《2015 年保护美国人免于高税法》（PATH Act）使研究与实验税收抵免政策自 20 世纪 80 年代初颁布以来首次永久化，并扩大了税收抵免范围，准许初创企业和小企业在 5 年时间内每年最多抵扣工资税 25 万美元。韩国对于中小企业购买专利等特许权支出给予高于一般企业的税收抵免；对技术密集型中小企业与创业企业给予企业所得税 5 年减半优惠；允许中小企业按研发费用 25% 的扣除率减免法人税额；将未来增长动力产业中中小企业的研发费用扣除率提高至 30%。法国已把可享受税收优惠的研发费用范围扩大至某些新产品的原型制作、设计、中试工厂等中小企业发生的创新支出，并允许创建时间少于 8 年、研发投入比例不低于 15% 的年轻创新型企业享受以下待遇：从盈利年度开始，企业所得税前 3 年全免后 2 年减半；免征地方经济捐税和不动产税 7 年；研究人员免缴社会保险金 8 年；利润未超过 38 120 欧元的部分按优惠税率 15% 征收，其余部分按标准税率征税。目前，这项优惠政策已延伸到大学生创办的初创公司。

（3）通过公私合作放大创业投资。政府投资风险基金成为初创企业重要的资金渠道，也为科研成果商业化提供了催化剂。为填补创业者的资本需求与传统融资渠道之间的缺口，美国小企业管理局实施的小企业投资公司计划（SBIC）是美国最大的创业投资母基金，每年可投资 40 亿美元，目前共有在册小企业投资公司 300 多家。它曾成功培育了苹果、惠普、英特尔等一大批创新型跨国企业，至今投资了 16.6 万个小企业创新项目，累计投资 670 亿美元。为克服创业投资供应不足问题，并应对数字化和颠覆性创新时代，德国政府提供 20 亿欧元用于加强创业投资。加拿大 2017 年启动"风险投资催化剂计划"，3 年内向加拿大商业发展银行注资 4 亿加元，预计带动风险投资资本 15 亿加元，为极具潜力的创新型企业提供融资。英国政府宣布通过英国商业银行向"创业投资催化基金"追加 4 亿英镑，为高增长企业增加后期创业投资资金。为了解决欧盟可用创业投资少、创业投资基金平均规模小的问题，欧盟委员会正通过一系列政策解决这些问题，包括提出支持风险创业资本融资的综合性一揽子措施；提议设立泛欧创业投资母基金；拟修订欧洲创业投资基金管理条例和欧洲社会创业基金管理条例。

（4）通过税收政策鼓励创业投资。为了引导大量社会资金支持中小微企业发展，一些国家实行投资小企业可享受个人所得税抵免、资本利得税递延纳税、资本利得税免税、小企业股权收入再投资小企业免征资本利得税、投资损失可享税收优惠的政策，与投资者分担投资风险。2015 年 12 月，美国国会首次针对某些小企业股权转让永久取消资本利得税，这为私营部门投资高成长创业企业提供了很大激励。英国政府 2012 年推出的种子企业投资计划减税方案鼓励私营部门向规模更小、风险更高的企业投资，10 万英镑投资即可为投资者带来最多高达 50% 的一般所得税减免，投资持股满 3 年的还不需要缴纳资本利得税。法国年轻创新型企业（JEI）政策规定，出售持有年轻创新型企业股份 3 年或 3 年以上时，免征资本利得税。比利时政策规定，自然人投资设立的微型企业并持有股份至少 4 年，投资额的 45% 可抵消个人所得税；自然人投资中小企业的，投资额的 30% 可抵税；对于投入中小企业的资金，可视同银行贷款，允许每年税前扣除虚拟利息，2015 年虚拟利息率为 3%。

（5）使政策性金融机构发挥作用。德国复兴信贷银行采取贷款扶持、出口信贷等大力支持中小企业创新发展，可向中小企业贷款银行提供 2%～3% 的利息补贴，作为风险投资直接进入小企业，或以信贷担保方式扶持风险投资公司支持新技术小企业发展，为企业并购提供中期财务支持。法国公共投资银行拥有 420

亿欧元资金用于中小企业融资，其中贷款 200 亿欧元，担保 120 亿欧元，参股 120 亿欧元。英国商业银行和加拿大商业发展银行的重点任务也是促进金融市场更好地支持中小企业创新。为了使创业者能够实现理想，日本政府通过日本政策金融公库、信用保证协会等支持实施补助、融资制度和担保制度。

（二）多种途径促进创新合作

中小企业往往因缺乏获取知识渠道和合作伙伴而创新受阻。为了使初创企业兴旺发展和成长型企业走向成熟，需要更好地把高增长企业与科学研究底蕴相结合，同各类合作伙伴加强合作，更好地融入创新网络和产业链。

（1）促进科研界同中小企业加强合作。德国的科研创新特色是中小企业同科研界合作良好，这使双方能够直接沟通、使成果快速转化。德国联邦教研部还将通过"应用型大学科研"项目和"使应用型大学成为地区发展的强劲推动力"新举措，提高大学同中小企业的科研合作潜力。根据《政府资助研究机构支持中小中坚企业实效方案》，韩国 2017 年总共投入 1683 亿韩元促进公立科研机构支持中小、中坚企业发展，通过在各技术领域组成"技术支援协商会"定期发掘产业界需求，并选定成长潜力大的 170 余家公立科研机构从属企业，从联合研究、技术转移、样品制造和商业化应用、公用基础设施、人力培训、技术咨询等方面集中扶持。美国国家标准技术研究院 2016 年发布《技术创新人员交流最终条例》，方便联邦实验室通过合作研发协议、离岗创业、创业者入驻、设施使用协议、公私创业合作、战略伙伴计划、教育合作协议等方式，与私营部门开展人员交流，推进研发成果商业化。日本将注重发挥国立研究法人机构技术转移转化的桥梁作用，并向企业开放研究设备和设施。法国注重提高卡诺研究所对中小企业的经济影响，在公共研究机构与中小企业之间建立联合实验室，面向中小企业开放科研基础设施，并改善公共科研成果知识产权管理及转移。

（2）通过创新券撬动创新服务。越来越多的国家提供创新券，鼓励知识或技术的需求方与供应方建立联系，使中小企业能够获取外部的创新资源和服务。德国新推出的创新券计划支持提供有利于中小企业的创新管理咨询服务。爱尔兰企业局发放面值 5000 欧元的创新券，帮助小企业从高校或研究机构那里获取知识服务。美国能源部于 2015 年开始试点价值达 5 万～ 30 万美元的小企业券，通过竞争性遴选方式至今支持了 114 家小企业，使小企业能够利用能源部国家实验室中的世界一流研究人才和尖端工具，进而推动清洁能源新产品开发。

（3）持续资助产学合作专项。始自 1994 年的美国小企业技术转移计划（STTR）实现了促进小企业与非营利性研究机构合作，促进先进技术更好地向中小企业转移的预定目标。参与该计划的联邦机构的经费预留比例目前已由最初的不少于 0.15% 提高至 0.3%。已实施 40 余年的英国知识转移伙伴计划（KTP）支持新毕业生带着新技术进入企业发展，也获得了更多预算，2017 年支持了 630 名毕业生和博士后在企业开展技术创新项目，每个项目平均每年资助 6 万英镑。该计划下每个项目的申请须由一个中小企业领导，且至少要有一个中小企业或科研机构作为合作伙伴。超过 80% 的参与研究机构和大学表示，该计划帮助其加强了与企业的合作关系。

（4）加强对接和网络化活动。加强合作对接活动，可使中小企业在创新网络中增强影响力，获得更多机遇，更多接触最新科研成果和专业人才。美国商务部的制造业扩展伙伴计划是包括 55 个区域中心、具有 3 万个小企业的网络，已开发出能够帮助制造商解决技术风险、提升知名度、提升自身能力的系统方法，正在扩大其供应链优化服务。欧盟委员会和欧盟成员国支持建立一些创新共同体，通过举办活动、构建平台、发展企业集群、构建合作网络和形成区域"生态系统"，帮助初创企业与潜在合作伙伴建立联系。德国政府计划在全国支持组织创新论坛，鼓励中小企业同科研机构共商并落实跨行业、跨专业的新创意；将推广成功的专业对话方法，商讨跨行业议题，寻求新伙伴，激发新创意，并形成新型创新组织结构；将充分利用区域创新网络、区域创新集群及其在战略和组织上的优势，加强中小企业融入区域网络，加强中小企业在创新联盟中的平等地位，催生更多高水平的联合项目。日本为中小企业和科技型企业提供新产品、新技术展示机会，举办洽谈会；通过展会帮助企业开拓销售渠道；为协助科技型企业融资举办面向风险投资公司的项目说明会。

（三）促进知识产权保护利用

知识产权是企业最有价值的资产之一，对于创新型小企业扩张十分关键。欧盟的研究报告显示，积极使用知识产权的中小企业在员工平均营业收入方面可高出 32%，能够提供更有吸引力的工资，更快地扩大员工规模。但是，中小初创企业很难保护并实现知识产权的价值，这要求政府帮助其提高知识产权与标准意识，加强中小初创企业的知识产权力量，降低中小企业知识产权申请、保护、维权成本，支持中小企业参与标准制定，推动中小企业知识产权转化。

欧盟拟采取一系列措施支持中小企业利用知识产权，包括简化现有知识产权支持方案，建立中小企业知识产权调解与仲裁网络，鼓励设立知识产权诉讼与窃取保险，加强知识产权扶持资助计划的协调性。日本政府制定的《地方知识产权活性化行动计划》要求，特许厅与中小企业厅及其他中小企业支援机构加强合作，针对中小企业知识产权的取得、应用与保护开展支援。英国知识产权局与英国工业联合会、银行及知识产权专业人士合作，填补小企业和潜在投资者之间的信息和认识差距；通过在线培训工具为商业顾问提供企业所需的知识产权保护技能；启动知识产权企业法庭小额诉讼程序，以降低诉讼成本，避免中小企业因高昂的法院费用而放弃实施其权利的问题。美国专利商标局加快审查速度，并使初创企业和小企业的专利申请成本下降了50%～75%。美国国家航空航天局（NASA）还为有明确意图将NASA专利技术商业化的初创企业提供获得非排他性专利许可的机会，不收取最初的专利许可使用费，且前3年无最低收费，以减轻初创企业资金压力。德国的"通过专利和标准促进知识与技术转移计划"促进中小企业申请专利，加强年轻企业的知识产权保护。不少国家通过发放创新券或专利券，方便中小企业获取知识产权咨询服务。韩国注重完善知识产权咨询体系；支持知识产权诉讼保险，并引入专利互助制度，以减轻中小企业的专利纠纷相关费用；针对地位优越者侵犯专利、恶意侵犯商业机密等，引入惩罚性损害赔偿制度，并放宽知识产权侵犯与损害赔偿证明；将商务及交易关系、征集赛等活动中的"夺取和使用创意的行为"新增为不正当竞争行为，完善民事救济措施。

三、支持方式更加强调精准

要使高科技、高增长、高潜力、有雄心的初创企业跨过"死亡之谷"和"达尔文之海"，政府政策不能一刀切，很多国家针对不同类型、不同发展阶段、不同行业的中小企业提供了有针对性的支持措施。

（一）针对不同创业群体需求

创业者群体的多元性需要根据不同群体的背景、资源和能力采取有针对性的措施，既营造创业氛围，又要精准支持高潜力创业者的发展。大学与科研机构衍生创业是各国创业行动的重点。美国国家科学基金会推出创新团队（I-Corps），计划将科学家、工程师与商业导师对接，开展创新创业集训。已有来自190所大学的800多支团队完成了该课程。德国将增加EXIST创业计划资金，以加强高校创业文化。韩国对大学衍生创业加大扶持，加大各部门创业扶持项目之间的联系，认定特殊型创业先导大学；根据研究所企业成长各阶段给予定制化扶持。法国自2014年实施"大学生创业者"计划，在高校成立学生创新工作点，计划扶持2万家大学生初创企业，创业的年轻毕业生只要在大学文凭里注册一项"开创创新型企业及企业创新活动"，就可在创业期间继续享受大学生地位和相应的社会保险，并可参加企业创新及管理培训。许多国家为女性、少数民族等特殊人群参与创业创造条件，提高其在创业领域的能见度，体现包容性创新。

为诚实的创业失败者再挑战、再创业建立保障机制，营造鼓励创业、宽容失败的氛围越发受到重视。"快失败，常失败"是硅谷人的口头禅，创业者反而会因为失败的经历在再创业时获得更多信任和机会及更高的成功率。但在欧洲，失败却会带来沉重的负担，因为欧洲的破产法更具惩罚性，欧洲主要国家对创业者和高管设定了诸多法律限制。欧盟委员会已认识到这一严重问题，在法律提案中提出，实行有效的清算破产程序，对诚实的创业者建立给予第 2 次机会机制。为提高再创业成功率，韩国通过开设"再创业士官学校"，帮助创业者分析失败原因，提供再创业教育；分地区设立 12 个"再挑战综合支持中心"，向再创业企业加强咨询及金融支持；在给予再创业资金支持前，帮助企业完善再创业计划；在资金支持后，帮助企业加强管理、建立销售渠道等支持体系。为了给再创业企业提供便利条件，韩国还将继续扩大法人连带担保免除制度的范围。针对有创业失败经验的人，开始新业务在 5 年以内、只要是负债不会影响新业务的，日本的再挑战支持融资制度则提供偿还期最长 20 年最高 7.2 亿日元的融资。

（二）针对不同发展阶段需求

分阶段提供支持体现于项目层面和企业层面。在支持研发项目时，考虑技术成熟度，在概念验证阶段与原型验证阶段之间提供不同规模的资金支持，帮助中小企业分担技术风险。从企业层面来看，种子期、初创期、成长期、成熟期等阶段的技术成熟度、市场开拓力、人才吸引力、财务特征和管理能力各异，融资需求、规模、结构、能力和成本也不相同，政府需要采用不同的有效促进措施，融资支持政策逐渐从财政工具向财政、税收与金融工具的综合性运用过渡。

从项目技术成熟度来看，美国、欧盟、英国、德国、澳大利亚、加拿大等许多国家和地区的小企业研究计划采取分阶段递进式支持方式，撒播技术种子，遴选优秀项目，在提高资金利用效率和风险容忍之间寻求平衡。美国小企业创新研究计划第一阶段广泛"撒网"，支持概念验证与可行性研究，支持金额偏小，每个项目半年 15 万美元；第二阶段基于第一阶段实施成果"重点培养"，2 年支持 100 万美元，这不仅大幅降低了成果转化风险，大额资金注入也为重点成果实施提供了保障；第三阶段是将成果项目推向市场化，通过市场化机制实现"优胜劣汰"，有利于提升竞争能力和规范运作水平。法国高等教育和科研部举办的国家级创新创业大赛也按项目成熟程度对优秀创新项目给予不同程度的项目与资金支持。

从企业发展阶段来看，各国政府在掀起创业热潮并使创业环境得以优化后，特别关注使有雄心、潜力大的创新型初创企业渡过初创期并尽快成长壮大。成长扩张和耐心投资问题备受重视，需要资本能够对风险有更高承受力、对资本回报有较长展望期，而非规避风险，追求立竿见影的效果。耐心资本的增加需要金融体系的不断完善和改革，特别是私募基金、养老金、主权财富基金、开发性银行等机构投资者的发展。欧盟企业在初创期面临的问题并不比美国企业严重，但在成长期面临的问题却有实质性区别，原因是可用创业投资和创业投资基金平均规模小。欧盟委员会正通过一系列政策解决成长资金不足问题：提议加强现有金融工具，为初创期和成长期的中小企业调动更多资金；制定支持风险创业资本融资综合性一揽子措施；提议设立泛欧创业投资母基金，吸引更多民间资本进入创业投资领域；拟通过"攀升"计划调动养老基金、保险基金等大型基金，更快扩大创业投资规模；将针对创业投资基金募集与管理，简化监管框架。德国政府指出，提高年轻创新型企业在增长阶段的成功率对于增强德国经济区位、长期保障高质量就业具有重要意义。加拿大政府指出，目前迫切需要耐心资本，目前的关键不是带领创业者渡过初创期，而是在他们扩大规模时仍与他们并肩作战。韩国政府指出，与创业初期相比，政府对企业在成长阶段的支持存在不足。韩国对创业后经历持续增长困难的初创企业，加大成长扶持力度：扩大创业起飞一揽子项目，扶持创业 3 ～ 7 年的企业成长，集中扶持高附加值技术领域；为打造世界级"独角兽"企业，为发展潜力已经得到证实的优秀创业企业提供集中式扶持。

（三）针对不同行业领域需求

信息技术、新能源、健康医疗、先进制造等不同行业领域有不同的创新发展特点，这就需要把握不同新兴技术领域的不同业态属性，在一般性支持的基础上，又要采取定制化支持方式，包括设立契合不同行业特点的专业化、特色化的技术创新中心、孵化器、加速器和创新集群。截至 2017 年，欧洲空间局已与 15 个欧洲国家合作建立了 18 个空间技术企业孵化中心，为空间技术相关领域的初创企业提供经费、经营及技术开发方面的支持。认识到生物技术产品监管流程对小企业来说可能挑战过大，美国政府正努力提高生物技术产品监管体系的透明度和可预期性。美国联邦机构还创建支持商业航天业发展的监管环境，使创业者能够在商业发射、遥感、卫星服务、小行星采矿、小卫星等领域寻求投资机会。美国航天业 2015 年获得的创业投资比之前 15 年之和还要多。印度生物技术产业研究支持委员会 5 年来支持了 20 个孵化器，印度农业创业扶持项目支持智能农业、食品创新技术、农业物联网技术等领域创新创业企业。法国生态部资助了 3 个绿色科技孵化器。德国在数字经济、健康生活、可持续经济、"工业 4.0"等关键领域加强中小企业创新，根据中小企业在创新链和价值链中的特殊定位，有针对性地加强中小企业发展。

（四）支持融入全球创新网络

科技型初创企业较一般的初创企业更加面向国际市场，主要发达国家不仅推进公平、竞争、开放的国际市场准入制度，还发挥创新促进机构、对外贸易投资促进机构、政策性金融机构、知识产权部门等各自职能，并与行业协会和海外商会网络等合作，从研发合作、投资、市场营销、知识产权、融资、保险等方面扶持中小企业进军外国市场。

一是加强中小企业创新合作。与外国伙伴合作可让企业在成本更低和风险共担的情况下获得更广泛的资源和知识。欧洲国家更倾向于把中小企业创新合作作为多双边科技创新合作的重要内容。德国鼓励中小企业更多同欧盟及国际伙伴合作，建立经济联系，发挥价值创造潜力。德国联邦教研部推行"中小企业国际化"资助计划，扶持研发密集型制造业中小企业与欧盟及国际伙伴开展研发合作，推行双方各有一个学术界伙伴和一个工业生产伙伴参与的"2+2项目"模式，并为中小企业提供信息咨询服务，挖掘国际合作潜力。

二是协助进军外国市场。法国企业国际发展局助力更多中小企业在海外成功发展，有67家海外分支机构和雇员1400名，其中80%是通晓当地情况、掌握大量人脉的本地人。英国贸易投资署通过与科技孵化器合作，对园区内创新企业提供人员培训、市场咨询、融资促进、出口市场开拓等方面服务。意大利贸易促进委员会在法律、资金、社团活动、信贷等方面为创新型初创企业国际化提供针对性支持。德国联邦教研部和联邦外贸与投资署开展战略合作，为研发密集型制造业中小企业提供额外的咨询服务。德国联邦经济部以联合展台形式资助年轻的创新型企业参加重要国际展会，向国外市场推介自有创意。

三是强化海外知识产权援助。为支持中小企业国际化发展，很多国家积极为企业提供知识产权公共服务，包括针对海外市场拓展主要目的国制定知识产权工作指南，开发在线培训教材与课程。欧洲委员会资助设立了中国知识产权中小企业服务台，由其为在中国运营或联营的欧洲中小企业提供侧重商业的实用咨询。英国知识产权局帮助企业应对海外知识产权保护问题，向中国、印度等新兴市场派驻知识产权专员。韩国对海外主要市场加大知识产权保护力度，深入分析海外知识产权纠纷信息，建立涉外专利纠纷应对体系，设立一站式知识产权服务台，开展知识产权诉讼保险。日本建立"知识产权安全网"，协助中小企业处理海外知识产权相关纠纷，以商业协会团体等组织为运营主体设立海外知识产权诉讼费用保险制度，并通过提供一定补助方式鼓励中小企业加入保险。

四是开展离岸孵化加速工作。澳大利亚在全球创新热点地区设立了创新着陆点（Landing Pad），为澳大利亚初创企业提供短期运营基地，帮助其培养国际思维，获取创业人才、专家指导和投资人脉，开拓国际新市场。"德国硅谷加速器"计划已经成为支持德国初创企业国际化的工具，德国还将在成长型市场认真研究选择更多的海外加速器地点。爱尔兰、丹麦、瑞士、芬兰、韩国等国家也积极在全球创新热点城市举办离岸孵化器，提供项目对接、入驻团队孵化等服务，灵活运用全球资源。

（执笔人：刘润生）

◉ 创新基础要素受到高度重视

一、全球研发投入持续上升

2017 年的科技界可以说是一波未平，一波又起，先有美国总统特朗普大幅削减科技预算引起强烈争议和担忧，后有全球范围的"为科学游行"运动。其他个别国家，如巴西政府也猛砍科技预算，引起科技界不满。但从总体上看，依靠科技创新促进经济增长和应对各种挑战是世界各国政策的重心，世界各国普遍重视对知识和技术的投资，全球研发投入持续上升的趋势预计不会改变。根据美国国家科学基金会《2018 年科学与工程指标》，2000—2015 年的 15 年间，全球研发投入总额增长了 1 倍多，2015 年达到 1.918 万亿美元。美欧研发投入之和仍占全球的一半左右。各国研发强度（研发占 GDP 的比例）总体也呈上升趋势。美国和欧洲的研发投入总额增长，但由于亚洲经济体研发投入的增长迅速，美欧占世界研发投入总量的份额相对下降，美国占比从 2000 年的 37% 下降到 2015 年的 26%，欧洲同期从 27% 下降到 22%。而包括中国、日本、韩国、印度、马来西亚和中国台湾在内的亚洲经济体研发投入占世界的份额从 2000 年的 25% 增长到 40%，已经超过美国和欧洲各自的份额。就单个国家而言，美国、中国、日本是全世界研发投入最多的 3 个国家，接下来是德国、韩国、法国等（图 1-3）。从研发强度看，以色列和韩国研发强度是全世界最高的，2015 年分别为 4.25% 和 4.23%。经合组织成员的平均研发强度 2015 年达到 2.4%。欧洲的研发强度逐渐增加。亚洲经济体，中国、韩国等过去十年来研发强度增加明显。

美国强调科技领先地位对于国家安全、经济增长和就业岗位创造这 3 个方面的重要性。在 2019 财年预算指南中，美国提出研发优先领域的选择要有助于实现军事优势、国家安全、经济繁荣、能源主导和人民健康。美国政府重视对新兴技术开发和新产业发展的支持，特别强调的新兴技术包括自动系统、生物计量、能源存储、基因编辑、机器学习、量子计算等。美国政府继续把投资的重点放在基础研究及早期的创新技术研究上。白宫要求各联邦政府部门避免在后期研究、开发和示范方面与产业界重复投资。

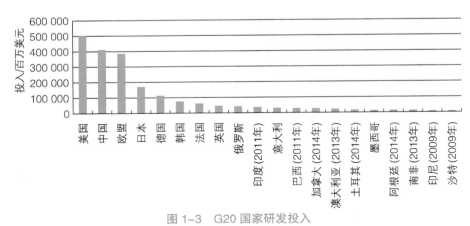

图 1-3 G20 国家研发投入

注：图中数据是以购买力平价计算的最新可比数据，多数国家的是 2015 年数据，个别的是往年数据，已在图中注明。数据来源于经合组织和美国国家科学基金会。

欧盟正在执行有史以来规模最大的研究与创新计划，欧盟"地平线 2020"（2014—2020 年）7 年间的投资额接近 800 亿欧元。2017 年欧盟发布了"地平线 2020"计划 2018—2020 年阶段的研发计划，这是该计划自 2014 年实施以来的第三期，也是最后一期计划项目。根据本期计划，未来 3 年欧盟将投入 300 亿欧元用于创新和技术研发。英国脱欧使得科学家对从欧盟获得科研资助失去信心，但所幸英国政府有加大研发预算的计划，这多多少少可以弥补一些从欧盟研究计划损失的研发资金。预计到 2020 年或 2021 年，英国政府将追加研发资金 47 亿英镑，这是自 1979 年以来议会预算增加最大的一次。英国政府重点支持的是具有地方优势的科研创新项目、加大科研成果转化和对未来科研人才的培养等。研发资金优先支持的技术包括：智慧和清洁能源技术（如储存和需求响应网格技术）、机器人和人工智能（包括无人车和无人机）、卫星和空间技术、领先的医疗保健和医学、制造工艺和新型材料、生物技术和合成量子生物学技术，以及超级计算、高级建模和 5G 移动网络等革命性数字技术。此外，政府还将重点支持汽车行业的一系列新技术，并考虑成立新的研究机构重点研究电池技术、能量存储和网格技术，希望在电池科技方面成为全球领军者。

日本注重投资研发平台型基础支撑技术，特别强调人工智能、网络技术、大数据分析等与虚拟空间相关的基础技术研发。2017 年 11 月，英国发布了旗舰性的工业战略，确立了雄心勃勃的发展目标，提出到 2027 年要使研发占 GDP 的比例从目前的 1.7% 增加到 2.4%，长远来讲还希望进一步提升到 3%。未来 5 年要投入 70 亿欧元研发资金，重点用于应对人工智能、清洁增长、老龄化社会等"大挑战"。

澳大利亚政府提出要确保科研投资聚焦高水平研究、澳大利亚的优势领域，以及公认的科学和研究重点领域。特别是，政府投资要用到那些给国家带来最大影响的领域，既包括目前的优势领域，也包括潜在的优势领域。另外，澳大利亚强调研发投入要注重基础和应用研究之间及各学科之间的平衡。2017 年发布的《澳大利亚国家科学声明》提出要确保对各类基础和应用研究给予稳定的可预测的支持，研究时限和资助周期可以比较长。因为资助的不确定性可能带来不尽如人意的效果，造成资源浪费，不利于给处于职业生涯早期的研究人员描绘明确的职业道路。

二、注重科研基础设施建设和有效利用

世界各国重视调动有关各方的力量，保持和加大对科研基础设施的投入，注重管理、维护和更新科研基础设施。美国特朗普政府发布的首份（2019 财年）研发预算指南，在强调联邦政府投入的同时，提出要注重经济性和节约，避免科研设施丢弃不用而造成浪费。美国特别强调要依靠创新伙伴模式，联邦各部门与州和地方政府、私营部门、大学及国际伙伴一道，促进科研设施的充分利用，分担新研发设施的成本。日本在《第五期科学技术基本计划》中提出要战略性地加强支撑研发活动的共性技术和设施设备，产学官合作建设科研设施，并不断完善运营和共用机制等，促进科研设施的共享共用和网络化。欧盟 2016 年发布了《研究基础设施战略报告》，对研究基础设施的未来发展制定了路线图，提出要通过欧盟"地平线 2020"计划、欧洲结构投资基金及欧洲战略投资基金等对研究基础设施给予资金支持。欧盟还特别强调要对研究基础设施实行全生命周期管理。俄罗斯于 2017 年 6 月发布《俄罗斯联邦科学技术发展战略实施计划》，提出要为科技创新创造必要条件，包括要发展独特的科学装置网络和共享中心，并制定旨在建造和发展大科学装置的计划。俄罗斯在 2017 年 7 月发布的《数字经济计划》中提出要发展支撑数字经济的数字平台研究基础设施，到 2024 年至少建立 10 个"端到端"技术数字平台，以提升本国数字技术的全球竞争力，并确保国家安全。为此俄罗斯强调要投资参与国际科技合作项目。澳大利亚《2016 年国家研究基础设施路线图》的制定于 2017 年 2 月完成，并提交给政府。该路线图明确了澳大利亚未来 10 年所需的研究基础设施，提出在数字数据和电子研究平台、高等物理和天文学、地球和环境系统、生物安全、复杂生物学等 9 个重点领域要继续给予大力支持。路线图特别提出亟须重点考虑的是两大科研设施，一个是国家高

性能计算，另一个是澳大利亚动物健康实验室。前者对于确保澳大利亚国际科技竞争力至关重要，后者因生物安全问题而应给予高度重视。

很多国家和地区支持建设大型科研基础设施，积极参加国际大科学计划和工程。日本政府重视核聚变、加速器、宇宙开发利用等大科学项目，强调要建立灵活机制，以有效利用国内外设施，积极参与国际合作研究。俄罗斯在《俄罗斯联邦科学技术发展战略实施计划》中明确要参与国外的大科学项目。澳大利亚强调在国家研究基础设施发展中加强国际大科学工程和科学合作，提出要支持类似 SKA 的大科学计划，并重视更多大科学装置方面的国际合作。澳大利亚依据《国家合作研究基础设施战略》来运营和管理合作基础设施，如国家计算基础设施、综合海洋观测系统等。美国国内对支持国际大科学装置和设施一直是有反对声音的，从美国对国际热核聚变实验堆（ITER）计划的支持上的摇摆态度就可见一斑。不过，美国仍然拥有大量大型科研设施，并在很多大科学装置的发展方面继续发挥着引领作用。例如，2017 年 7 月，在美国南达科他州开始建设一个大型粒子物理实验项目——长基线中微子设施（Long-Baseline Neutrino Facility, LBNF），以后深地中微子试验设施（Deep Underground Neutrino Experiment, DUNE）也将在此处选址建设。这个新的大型科研设施将由来自 30 多个国家的 1000 多位科学家和工程师来建设和运营，建成后将成为美国历史上最大的中微子科研设施。

三、强化未来劳动力培养和科技人才良性循环

新技术发展创造大量就业岗位，同时也给劳动力供应带来了新要求和新挑战。为适应新技术、新产业的需求，提升人才的创新创造力并提高国际竞争力，世界各国提出了面向未来、面向企业的科技人力资源发展、使用及劳动力培养思路。许多国家的政府高度重视增加科学与工程相关的高等教育机会。同时，各国竞相吸引最优秀的人才，导致高技能工人的流动性增加。

一是注重理工科学生和技能人才的培养，加强未来科技人力资源的储备。根据美国《2018 年科学与工程指标》的最新数据，全球科学与工程领域的第 1 个大学学位（大致相当于学士学位）授予量总计超过 750 万。这些学位中几乎一半是在 2 个亚洲国家授予的：印度（25%）和中国（22%）。欧盟（12%）和美国（10%）的占比之和是 22%，与中国相当。中国的大学学位授予量的增长速度高于主要发达国家和地区。2000—2014 年，中国授予的科学与工程学士学位数量增长超过 350%，明显快于美国和欧洲及亚洲地区和其他经济体。与本科教育相比，欧美国家的研究生教育对国际学生的吸引力更大。欧盟和美国授予的科学与工程博士学位在全世界是最多的。中国科学与工程博士学位授予量也有明显增加。

　　近年来，美国、日本、澳大利亚等国均把加强理工科教育作为提高人才竞争力和创新能力的重要途径。美国把加强科学、技术、工程和数学（STEM）教育作为研发投入的重点方向，提出要扩大 STEM 劳动力，特别是注重城乡平衡，弱势群体等广泛参与 STEM 领域的学习。特朗普政府延续了奥巴马政府对 STEM 教育和计算机科学教育的支持，为此 2017 年 9 月签署备忘录，每年拟投入 2 亿美元的公共资金，并希望借此撬动私营部门 3 亿美元的投入来共同开展相关工作。澳大利亚联邦政府与州政府共同推动实施《2016—2026 年国家 STEM 学校教育战略》。英国在 2017 年 1 月发表的《工业发展战略绿皮书》中强调要创建新的技术教育系统，在所有地区提供便捷优质的技术教育课程，让更多未能接受大学教育的年轻人受益；另外要全面提高 STEM 教育，包括进一步扩大大学 STEM 相关专业的招生规模，特别是要扩大全英数学专业学校的数量。

　　二是大力支持科技人力资源发展，推动实现科技人才良性循环。科技人力资源被很多国家视为创新的重要资源，也是体现各国创新创造力和竞争力的重要指标。近年来，全球研究人员总数持续迅猛增长，亚洲部分地区，如中国和韩国的增长尤为强劲。根据最新统计数据，美国和欧盟仍然是全世界研究人员最为集中的地方，其研究人员数量及科技人力资本的供应都占优势，不过，随着亚洲科技人力资源的增加，美欧的科研人员数量优势趋于减弱。韩国研究人员数量增长非常迅速，2000—2006 年，其研究人员数量几乎增加了 1 倍，此后继续强劲增长，美国和欧盟研究人员数量也经历了平稳增长，只是增长速度比较慢。全球范围研究人员数量未见增长的例子包括日本（研究人员数量保持相对平稳）和俄罗斯（研究人员数量减少）。

　　世界各国普遍重视科技人力资源发展，并努力推动知识、资金和人才的良性循环。日本《第五期科技基本计划》强调大企业、中小企业和风险投资企业，以及大学、公共研究机构的人才要能够实现跨部门、跨机构、跨领域的交流，使人才在全社会良性循环，实现人尽其才。为此，日本主张在以大学和公共研究机构为主的组织内部实行兼职、实习、派遣等制度，同时建立积极评价企业经历的机制。《2017 年科学技术创新综合战略》提出要高效推进专业人才的培育。该战略提出要引入促进人才在产业界、学术界和政府部门之间流动的机制，特别强调国立大学和国立科研机构要改进人事管理政策，促进年轻研究人员的流动，以利于保持本机构的活力。德国鼓励国内外青年在德国从事与科研和创新相关的工作。俄罗斯科技发展战略实施过程中特别注重发展科学家、工程师和科技创业人才队伍，强调重点人才和专业人才的培养。俄罗斯还采取简化国外专家入境许可等措施吸引世界级的科学家和工程师及科技创业者到俄罗斯来工作。美日欧等发达国家继续成为全球科技人才的流入地区，以其优越的科研条件和创新环境吸引了外国优秀研究人员。

三是针对新兴技术和新兴产业对技术劳动力的新要求，各国面向未来产业需求加强技术劳动力培养。新技术和新产业不断涌现，尤其是数字技术正在使人们工作、生活及通信方式发生根本性改变。新技术正在使旧的工作岗位受到威胁，同时又不断创造新的工作岗位。随着技术迅猛发展，互联网经济、数字经济等对掌握新技术、新技能的劳动力产生旺盛需求。据估计，未来几十年由于新技术的出现，欧盟28国54%的劳动力将受到影响，但同时又会有大量新的工作岗位出现。仅互联网经济有望为欧盟创造40万～150万个新的工作岗位。在法国，过去15年互联网毁掉了50万个就业岗位，同时创造了120万个新工作岗位。技术进步创造的新工作岗位的数量相当于它所破坏的工作岗位数量的2倍多。欧洲国家普遍重视数字劳动力培养，强调针对先进制造产业、健康产业、文化创意产业及教育产业的新需求，使劳动力掌握发展欧盟数字单一市场所需的技术技能，并培养领军型人才。加拿大政府2017年提出"创新和技能提升计划"，目标是创造和抓住更好的创新机会，将加拿大打造成世界领先的创新中心。加拿大联邦政府致力于与省和地方政府及企业一道寻找技能缺口，探索创新方式提升人们的技能，以确保加拿大人能够抓住新经济的新就业机会。日本围绕超智能社会建设，重点培养计算科学、数据科学及物联网等领域的人才。俄罗斯提出每年要培养12万ICT领域的高校毕业生，每年培养80万中高等职业教育毕业生，储备发展数字经济所需的优秀人才。俄罗斯提出，到2024年俄罗斯掌握数字技能的人口比例要达到40%。

四是强调终身学习理念，着力构建适合终身学习的有效系统。终身学习和培训已经成为科技和经济社会发展的必然要求，加强现有劳动力的在职培训和技能是世界各国共同面临的课题。随着科技和产业的不断发展，劳动力供应与各行各业对新技能的需求不相匹配的情况将成为普遍现象，加强劳动力和技能需求监测，建立适用于终身学习和在职培训的有效系统，是促进技能不断升级、使劳动力供应跟上技术变革步伐的必然途径。美国劳工部组织实施的学徒计划是对学徒和雇主都有利的一种在职培训的制度。该计划得到美国政府的长期持续支持。奥巴马政府于2014年提出注册学徒数量翻番的目标。特朗普政府的预算编制指南继续将学徒计划作为重点投资领域。2017年6月特朗普签署行政令，提出要扩大学徒计划和就业培训计划。近3年美国的注册学徒数量增长是近10年中最快的。有研究表明，学徒计划在提高生产率、减少浪费和促进创新方面效果显著，学徒计划每投入1美元，雇主平均可以产生1.47美元的回报。学徒在学习期间可以参加在职培训，做生产性工作并可拿到一定的工资，同时也开办课程，完成学徒计划的人可以获得宝贵的工作经验和公认的行业资格证书。学徒的时间通常持续1～4年，但有时最多可达6年。加拿大支持工学结合型学习，以利于学生获得工作经验，并建立职业联系网络。加拿大2017财年预算提出每年为受高等教育的学生和毕业生提供 1 万个参与工学结合型学习的名额，这与目前每年的 3750 人相比增加了 2 倍多。新预算案提出从 2017—2018 学年起 5 年投入 2.21 亿加元来实现上述目标。另外，加拿大还为在职学习提供经济援助，支持成年人重返学校学习。日本也在探索为人才提供实习机会的方式，以便通过实习和培训促进人才流动。俄罗斯注重公共教育、职业教育和继续教育的统筹协调。各国还鼓励弱势群体更多参与职业和技术教育，以扩大技能人才的队伍。英国提出要努力确保人们掌握适应现代经济的基本技术，同时提倡终身学习理念，帮助更多人获得重新学习新技能的能力，特别要提高落后地区人员的技术水平。德国鼓励难民和移民人员参与职业教育或高等教育，帮助他们就业和融入德国社会，这不仅有助于高质量就业，也有利于促进社会稳定。面向各类人群的终身教育系统成为各国职业教育的重要发展方向。

（执笔人：黄军英）

第二部分

国际科技热点追踪与分析

本部分主要选择一些重点科技领域近几年尤其是2017年的国际发展状况进行较深入的综合分析与阐述，包括能源、生命科学与生物技术、信息通信技术、人工智能、航天和先进制造。

世界能源迈向新秩序

当前，随着世界人口总量的增加和经济的缓慢复苏，全球能源需求预计将持续稳步增长。根据英国石油公司（BP）发布的《BP 世界能源展望 2017》报告，2015—2035 年，全球能源需求预计将增长约 30%，年均增长率为 1.3%；其间，化石燃料仍将是主要能源资源，可满足 50% 的一次能源供应增量，到 2035 年占到能源供应总量的 77%；到 2035 年，可再生能源将成为增长最快的燃料来源，其在一次能源供应量中的占比将达到 23%。另据埃克森美孚公司发布的《能源展望 2017：通向 2040》报告，到 2040 年，能源需求预计将增长约 25%，石油和天然气将占全球供应量的近 60%，而核能和可再生能源占比将接近 25%。石油将在 2040 年提供约 1/3 的世界能源，仍然是第一大燃料来源，主要需求来自商业运输和化学品需求；天然气需求将大幅增长，预计 2040 年将占全球能源需求增量的 40%；核能和包括生物质能、水能、地热、风能及太阳能在内的可再生能源也将占到全球能源需求增量的 40%。此外，国际能源署（IEA）2017 年 11 月发布的《2017 年世界能源展望》报告指出，到 2040 年，全球能源需求将增加 30%，相当于中国和印度的能源消费总量，其中，天然气将占全球能源需求量的 1/4，成为全球能源结构中仅次于石油的第二大燃料。

一、全球能源投资格局悄然改变

全球能源转型虽然已拉开帷幕，但以石油和天然气为代表的化石能源仍将在相当长的一段时间内扮演主角，可再生能源或将逐渐代替化石能源成为市场"新宠"，世界能源投资格局正在悄然发生变化。世界能源市场需求正在向亚洲快速增长的发展经济体转移，中国、印度等国家的能源投资不断提升。据国际能源署统计，2016 年全球能源总投资为 1.7 万亿美元，占全球国内生产总值（GDP）的 2.2%。从地域上看，中国仍是全球最大的能源投资对象，占全球总投资的 21%，其中燃煤电力投资减少 25%，但清洁能源发电、电网建设及能效投资日益增加；美国能源投资占全球总投资的 16%，美国已是天然气净出口国，到 21 世纪 20 年代后期将成为石油净出口国；印度能源投资增加 7%，稳居全球第三大能源投资市场，印度正在走向全球能源事务的核心舞台。伴随能源需求与成本的持续增长，印度正加速向太阳能发电、风电等可再生能源转型，尤其是其太阳能发电装机容量呈现指数级增长态势。相形之下，中国的能源政策目前更加注重电力、天然气和清洁高效的数字化技术，其政策选择将在决定全球能源发展趋势中发挥巨大作用。国际能源署《世界能源展望 2017 中国特别报告》指出，中国能源结构将逐步转换到清洁发电，太阳能发电将成为中国最经济的发电方式，以水力、风能和太阳能引领的低碳装机容量将迅速增长。报告预测，到 2040 年，煤炭在中国一次能源结构中的占比将增至 45% 左右，中国天然气需求量将增至 6000 亿立方米以上，天然气在中国能源结构中的占比将从不足 6% 上升至 12% 以上。

值得关注的是，电力行业发展突飞猛进，其引领能源行业发展的趋势越来越明显。国际能源署的统计数据显示，2016 年，电力行业首次超过石油、天然气和煤等化石燃料供应行业，成为能源投资最大的行业，占到能源供给投资总额的43%。全球电网和储能投资保持过去 5 年的稳定增长势头，2016 年达到 2770 亿美元，其中 30% 的增长受中国配电系统投资驱动，另有 15% 投向印度和东南亚，这些国家和地区正在大规模扩建电网，以满足日益增长的需求。美国和欧洲也在增加输配电资产投资，置换老化设备。随着数字信息和通信技术的快速发展，全球电网进入现代化改革阶段，并从单纯的输电业务向一体化数据和服务平台转型。

二、各国能源政策呈现多元化取向

全球能源秩序正处于新一轮调整转型期，向绿色、多元、安全、高效、低碳的可持续能源体系转型成为大势所趋。推动能源与信息技术的深度融合、建立能源网络、加快提升可再生能源占比、统筹优化电网布局和储用等都是各国政府推动能源革命的战略举措。国际能源署 2017 年 7 月发布的《能源技术展望 2017：加速能源技术变革》报告指出，能源技术创新是推动全球能源系统转型和应对气候变化问题的核心所在，同时也是实现经济可持续发展和能源安全目标的重要支撑。各国政府应制定可持续能源未来发展愿景，了解日益普及的数字化技术给能源领域带来的机遇和挑战，应对多重能源政策目标，并对能源措施进展情况进行跟踪。各国政府还应调整政策、金融和市场机制，支持发展由不断变化的技术环境衍生而来的新商业模式。面对全球日益加快的能源转型进程和纷繁复杂的能源技术发展路径，世界主要国家政府选择了不同的政策突破口和立足点。

（一）美国主张开发传统能源实现能源独立

与世界多数国家选择大力发展可再生能源不同，美国特朗普政府选择了截然不同的能源发展路径，即重振煤炭和油气等传统能源行业，实现美国能源独立，促进经济发展。2017 年 1 月，特朗普就任美国总统伊始，就将能源作为改革突破口，公布了《美国优先能源计划》，声称将进一步放宽能源监管政策，加大石油生产，发展清洁煤技术，复兴"伤害已久"的美国煤炭业。该计划强调，美国必须最大限度地开发和利用国内页岩油等石油和天然气能源储备，降低能源成本，促进国内能源生产，免于依赖外国石油，同时，利用能源生产收入来重建道路、学校、桥梁等公共基础设施，利用更便宜的能源推动美国农业生产。

未来几年，特朗普政府作为煤炭行业的重要推崇者，将通过重建基础设施、加大资金投入、提供优惠政策和税收减免等措施振兴煤炭行业，支持发展高效、可持续的清洁煤，通过二氧化碳捕获和封存技术（CCS）的广泛运用，提高能效，减少污染，大力振兴煤炭相关工业，创造更多的就业机会。特朗普政府还将进一步推进页岩油气技术创新，降低油气开发成本。据特朗普政府估算，2018 年美国将成为天然气净出口国，到 2020 年将成为能源净出口国。

（二）日本加快建设"氢能社会"

氢能因来源广泛、可储存运输、燃烧热值高、清洁无污染和适用范围广等优点，被视为 21 世纪最具发展潜力的清洁能源之一。为此，日本政府将利用氢能作为其促进能源结构转型、保障能源安全、实现低碳社会发展目标和寻求日本经济新的增长点的一个重要抓手。日本政府在 2014 年 4 月出台的《第四期能源基本计划》中就明确提出了加速建设和发展"氢能社会"的战略方向。所谓"氢能社会"是指将氢能作为燃料广泛应用于社会日常生活和经济产业活动之中，与电力、热力共同构成二次能源的三大支柱。2014 年 6 月，日本经济产业省制定了《氢能与燃料电池战略路线图》，提出了实现"氢能社会"目标分三步走的发展路线图，即到 2025 年加速推广和普及氢能利用的市场，到 2030 年建立大规模氢能供给体系并实现氢燃料发电，到 2040 年完成零碳氢燃料供给体系建设。在此基础上，2017 年年底，日本政府发布了《氢能基本战略》，进一步明确了氢能发展目标，即到 2030 年，通过技术革新等手段，实现氢能发电商用化，达到 100 万千瓦的装机容量，并将 1 千瓦时的氢能发电成本降至 17 日元，每年氢使用量达到 30 万吨，以减少碳排放并提高能源自给率；到 2050 年，每年实现 500 万～1000 万吨氢的使用规模，将氢能发电成本降至与液化天然气发电同等水平。

日本政府欲在全球率先实现氢能社会。因此，将发展氢能列为与可再生能源同等重要的位置，通过新能源政策补贴、税收优惠措施、放松管制、突破关键技术、设立示范基地等举措来挖掘和激活氢能需求侧市场潜力，引领全球新能源技术发展。日本国内现已建成 100 个氢燃料加注站，到 2020 年要达到 160 个，2025 年增至 320 个，2030 年增至 900 个，到 2050 年氢燃料加注站将逐步替代加油站。此外，日本现已着手在福岛建立世界最大规模的可再生能源制氢示范基地，并计划在 2020 年东京奥运会期间为奥运场馆、奥运村和奥运交通工具等提供氢能保障。

（三）英国等欧洲国家弃燃煤发展清洁能源

英国在告别燃煤发电、实现能源转型方面走在世界前列。2017 年，英国首次实现连续 24 小时不使用火电，风能、太阳能和核电供电量首次超过燃煤和燃气供电量，海上风电价格首次低于核电价格。英国政府计划在 2023 年前关闭境内的 12 座燃煤发电厂，并且预计在 2025 年前全面关停境内燃煤发电厂，以减少温室气体排放。英国商业、能源与产业战略部（BEIS）于 2017 年 3 月宣布投入 2800 万英镑资助新一轮能源创新项目，涉及智慧能源系统、工业能效、海上风能和核能领域。此次资助是英国《能源创新计划（2016—2021 年）》的一部分，有助于实现英国政府承诺到 2021 年清洁能源创新公共投资翻番的目标，即达到年均 4 亿英镑。2017 年 10 月，英国商业、能源与产业战略部发布《清洁增长战略》，明确提出使用清洁、灵活的能源，到 2025 年不再增加煤电；促进海上风电等可再生能源进入市场，新增海上风电 10 吉瓦[①]；投资 9 亿英镑开展新能源研发，包括投资 2.65 亿英镑开发智能电网系统；投资 4.6 亿英镑开展核电研究；投资 1.77 亿英镑用于开发新技术以进一步降低可再生能源的成本。

2017 年 5 月，当选法国总统的马克龙主张延续法国清洁能源政策。他支持将法国可再生能源发电占比提升至 32%，到 2022 年实现风能、太阳能装机容量翻番，分别达 12 吉瓦和 7 吉瓦。法国政府将简化可再生能源项目安装审批程序，支持智能电网和储能技术发展。马克龙总统还支持减少使用核电，同意到 2025 年将核电占比从目前的 75% 降至 50%，并关闭费斯内姆核电站。

在其他一些欧盟国家，清洁能源也都占据主导地位。例如，瑞典 50% 以上的电力供应来自可再生能源，而芬兰约为 40%。德国正计划在未来几十年扩大可再生能源产能。

（四）韩国推进"脱核脱煤"能源转型

韩国是全球第五大燃煤进口国，也是全球第六大核能发电国。2017 年 5 月，

---

① 1 吉瓦 =1000 兆瓦 =10^6 千瓦。

文在寅就任韩国总统后，将环保列为能源决策的核心和重点，摒弃以核能为中心的能源政策，坚定不移地推进"脱核脱煤"能源转型，大幅提高再生能源与液化天然气发电。2017 年 6 月，文在寅在古里核电站 1 号机组永久关闭仪式上表示，全面取消正在准备的新建核电站计划，也不再批准延期运行现有核电站，永久关闭古里核电站 1 号机组是韩国走向脱核电国家的起点，也是走向"安全大韩民国"的大拐点。文在寅强调，新政府将开启脱核电和未来能源时代，增加研发投入，扶持液化天然气、太阳能、海洋风力发电等清洁安全能源产业，同时减少火力发电，争取到 2030 年实现韩国 20% 的电力来自清洁可再生能源的目标。据韩国贸易、工业和能源部统计，目前核电占韩国电力供应总量的 30% 左右；而煤电和可再生能源电力占比分别为 37.5% 和 6.7%。未来，韩国为了减少对核电的依赖，必然加大对天然气和可再生能源的利用，可能会增加从国外进口天然气。这将对韩国未来能源安全产生深刻影响，对周边国家关系和地缘政治也将产生潜在影响。

（五）印度大力发展太阳能和风能

2017 年 5 月，印度中央电力管理局公布了第 3 份《国家电力规划（草案）》，预测 2027 年年前，可再生能源、核电、水电等非化石燃料将占印度发电装机容量的一半以上。截至 2016 年 12 月，印度可再生能源发电装机容量刚超过 50 吉瓦，其中风电占 57.4%，太阳能占 18%。印度政府的目标是，到 2022 年，将可再生能源发电装机容量增至 175 吉瓦，其中，太阳能占 100 吉瓦，风电占 60 吉瓦，其余为各种小规模能源，如生物燃料和生物质能等。该项草案预计，印度不仅能实现 2022 年目标，而且到 2027 年，印度可再生能源发电装机容量将达到 275 吉瓦，是 2012 电力规划预测产能的 3 倍。印度政府将为此成立国家能源政策审查委员会，在总理纳伦德拉·莫迪的领导下推进实现印度能源独立。该机构将由相关部门的部长组成，负责监督国家能源政策，同时协调不同部门的工作。印度政府还将出台可再生能源规划，针对未来 3 年的太阳能和风能项目制定时间表；大幅削减清洁能源相关设备和原材料进口税，为可再生能源发电商减税 5%，并且将可再生能源企业税率从 30% 降至 25%。

三、可再生能源开发利用全面提速

世界可再生能源发展前景受到广泛关注，众多能源研究机构对此展开分析和预测，一致看好未来可再生能源的开发和利用。国际可再生能源机构（IRENA）发布的《能源反思 2017：加速全球能源转型》报告指出，到 2030 年可再生能源在全球能源总量中的占比有望翻番，达到 36%；发展可再生能源对促进全球经济增长、确保全球可持续发展具有重要意义。英国石油公司（BP）发布的《BP世界能源展望2017》报告预测，可再生能源将是增长最快的燃料来源，年均增长率为7.6%；受太阳能和风能竞争力提高的推动，可再生能源的增长将翻两番。未来20年，中国将成为可再生能源增长的最大来源，其可再生能源增量将超过欧盟和美国的增量之和。另据彭博新能源财经（BNEF）发布的《2017年新能源展望》报告预计，全球新增可再生能源的投资总额将在2040年达到7.4万亿美元，其中太阳能投资占2.8万亿美元，风电投资占3.3万亿美元。挪威船级社2017年9月发布能源转型报告①称，到2050年，可再生能源占全球电力的比例将达到85%，其中，太阳能发电将占全球电力结构比例的1/3，其次是陆地风电、水电和海上风电。

　　欧洲国家都在积极发展可再生能源。根据欧洲最新统计数据，欧盟28个成员国中已有11个实现了2020年可再生能源目标，即到2020年可再生能源占比达到20%，到2030年至少达到27%。其中，瑞典以53.8%的可再生能源占比成为引领者，其次是芬兰，为38.7%。2017年12月，欧盟各成员国投票决定，到2030年，27%的能源需求及一半的电力需求应该来自风能、太阳能和生物质能，而不是核能。欧盟委员会2017年12月批准了波兰政府价值110亿美元可再生能源扶持政策，助其提高可再生能源占比，加快国家能源转型。比利时政府通过绿色证书计划和最低保证价格等方式推广可再生能源，计划到2030年实现40%的电力来自可再生能源，到2050年实现全面弃核，100%的电力来自可再生能源。德国2017年上半年可再生能源发电占比达到35.1%，提前3年实现目标，但德国民众电费负担在欧洲最重，电价约为36美分/千瓦时。为此，德国政府出台《可再生能源法案》，将征收的附加费从2017年的6.88欧分/千瓦时降至2018年的6.79欧分/千瓦时。

　　除欧洲国家之外，尼加拉瓜、哥斯达黎加、乌拉圭等美洲一些国家也即将实现100%的可再生能源电力供应。中国和印度的可再生能源发展速度更是明显快于德国和欧盟。中国在发展风能、太阳能等方面均走在世界前列。据中国国家能源局统计，截至2016年年底，中国可再生能源发电装机容量达到5.7亿千瓦，约占全部电力装机的35%。其中，水电装机3.32亿千瓦，风电并网装机1.49亿千瓦，太阳能发电并网装机0.77亿千瓦，生物质发电并网装机0.12亿千瓦。可再生能源的迅速发展为推动中国经济结构调整和能源转型做出了积极贡献。越南是风能、太阳能和生物质能潜力较大的国家。越南政府在其《2030年可再生能源发展战略及2050年愿景》中提出，优先使用可再生能源生产电力，提高用于

---

① 《能源转型展望：可再生能源、电力和能源使用》。

生产能源的工业废弃物及农业作物废弃物处理量的占比，从 2015 年的 45% 增至 2020 年的 50%，2030 年增至 60%，2050 年增至 70%；提高用于生产能源的畜牧业废弃物处理量的占比，从 2015 年的 5% 增至 2020 年的 10%，2030 年增至 50%，2050 年畜牧业全部废弃物用于生产能源。

（一）太阳能发电繁荣发展

从世界范围来看，由于成本大幅下降和效率提高，太阳能发电正处于繁荣期，全球装机容量从 21 世纪初的几乎为 0 提高到 2016 年年底的 300 吉瓦。据国际可再生能源署（IRENA）预测，未来 5～6 年，全球每年预计将新增 80～90 吉瓦的太阳能装机容量；未来 10 年，太阳能发电成本可能下降 60% 以上。彭博新能源财经（BNEF）2017 年 11 月发布的最新 Climatescope 调查报告指出，受到设备成本下降和创新应用广泛普及的推动，全球新兴市场新增太阳能装机容量增速迅猛。2016 年，全球 71 个新兴市场国家的太阳能新增装机容量为 34 吉瓦，比 2015 年增加了 12 吉瓦，其中，中国新增太阳能装机容量为 27 吉瓦，增幅远超其他国家；印度新增装机容量达 4.2 吉瓦；巴西、智利、约旦、墨西哥、巴基斯坦等国的太阳能累计装机容量均增加了 1 倍以上。

在欧洲，太阳能是增长最快的新能源，也是最受欢迎的能源技术。据欧洲太阳能机构（Solar Power Europe）统计，2017 年，欧洲大陆新增太阳能装机容量为 8.61 吉瓦，同比增长 28%。其中，土耳其新增太阳能装机容量最大，达到 1.79 吉瓦。除土耳其之外，欧盟 28 个成员国（包括英国）新增 6.03 吉瓦，同比增长 6%。2017 年，德国是欧盟成员国中最具活力的太阳能市场国家，新增 1.75 吉瓦太阳能装机容量，实现了 23% 的增长，而排名第 3 的英国为 912 兆瓦[①]，比 2016 年下降了 54%，这是因为其太阳能补贴计划进一步缩减造成的。法国和荷兰也不逊色，分别新增 887 兆瓦和 853 兆瓦。预计随着可再生能源支持政策的推出，这 2 个国家将在 2018 年进一步增长。西班牙的太阳能装机容量在 2017 年增加了 135 兆瓦。2016 年年底，俄罗斯太阳能装机容量已达 540 兆瓦，其目标是到 2024 年新增太阳能装机容量 1.52 吉瓦，2024—2030 年再新增 1.18 吉瓦。国际可再生能源署（IRENA）预测，到 2030 年，俄罗斯有可能将其太阳能装机容量翻番至 5 吉瓦。

印度加快发展太阳能。根据印度政府 2017 年 11 月提出的"可再生能源发展三年规划"，到 2020 年，印度将新增超过 80 吉瓦的太阳能发电项目，2017 年将新增太阳能装机容量 16.4 吉瓦，未来 2 年将均新增太阳能装机容量 30 吉瓦。印度政府将出台太阳能跨邦销售新政策，2020 年前计划投入 81 亿卢比在全国建造 50 个

---

① 1 兆瓦 =1000 千瓦 =10^6 瓦。

容量为 500 兆瓦以上的太阳能发电园，从 2017 年 7 月 1 日开始对太阳能组件只征收 5% 的商品及服务税，同时加快太阳能在各行业领域的应用。印度的太阳能电价现已降至 3 卢比 / 千瓦时，比煤电价格还要便宜，成为印度最廉价的新能源。

越南政府的太阳能发展目标是：到 2020 年，太阳能发电量从 2015 年的 1000 万千瓦时增至 14 亿千瓦时，到 2030 年增至 354 亿千瓦时，到 2050 年增至 2100 亿千瓦时。到 2020 年，越南太阳能发电占越南电力供应总量的比例将增至 0.5%，2030 年将增至 6%，2050 年将增至 20%。2017 年 9 月，越南工贸部宣布，太阳能发电并入国家电网的价格为 9.35 美分 / 千瓦时，从 2019 年 6 月 30 日起，买方负责全部接收太阳能发电项目生产的电力，收购期限为 20 年。此外，越南政府还出台了关于太阳能发电项目企业所得税、进口关税、土地使用税等方面的优惠政策。

（二）风电产业持续快速增长

据彭博新能源预测，2017—2030 年，全球海上风电装机容量的年复合增长率将达到 16%，总装机容量将由目前的 17.6 吉瓦增至 114.9 吉瓦。其中，中国一枝独秀，占 35 ～ 40 吉瓦，英国和德国紧随其后，再加上荷兰、美国、法国，这 6 个海上风电大国共占全球 85% 以上的装机容量。

美国风电行业发展迅速。据美国能源信息署（EIA）统计，美国风力发电量从 2011 年的 1200 亿千瓦时增至 2016 年的 2260 亿千瓦时，几乎翻了一番。2016 年风电约占美国发电总量的 6%，有望在 2019 年超越水电，成为美国最大的可再生电力来源。EIA 预计，2018 年和 2019 年，美国风力发电总量将占到美国发电总量的 6.4% 和 6.9%。美国能源部劳伦斯·伯克利国家实验室 2018 年 1 月发布最新版《风电技术市场报告》指出，2016 年美国风电投资 130 亿美元，新增风电装机 8.2 吉瓦（90% 的新增装机在美国中部州），占当年各类新增电力装机总量的 27%；截至 2016 年年底，美国风电累计装机容量达 82.1 吉瓦，排在中国之后（累计装机容量 168.7 吉瓦），名列全球第 2 位。

欧洲统计局 2017 年 6 月发布的数据显示，2016 年欧盟国家总发电量 3.1 万亿千瓦时，其中，风力发电 3150 亿千瓦时，占比 10%，是 2005 年占比的 5 倍。在各成员国中，丹麦风电在电力结构中占比最高，达到 43%，其次为立陶宛（27%）、爱尔兰（21%）、葡萄牙（20%）、西班牙（18%）和英国（14%）。风电占比较低的国家分别为马耳他、斯洛文尼亚、斯洛伐克和捷克，占比均不足 1%；拉脱维亚和匈牙利占比为 2%；法国、卢森堡和芬兰占比约 4%。据丹麦官方统计，2017 年，丹麦风力发电量为 14 700 吉瓦时，占该国电力消耗总量的 43.4%，再次创下历史新高。截至 2017 年年底，丹麦风电装机容量达到 5.3 吉瓦，与 2001 年相比增长了 1 倍。今后几年，随着新的海上风电设施不断建成并投入使用，丹麦风力发电量将继续上升。丹麦政府计划到 2020 年，风力发电量占总发电量的 50%。据德国可再生能源所（IWR）统计，2017 年德国风力发电量超过 100 太瓦 [①] 时，创造了新纪录，成为德国第二大电力来源。其中，陆地风电累计发电量为 83 太瓦时，而海上风电发电量为 17 太瓦时。

另据欧洲风能协会（Wind Europe）统计，欧洲海上风力发电行业 2017 年新增装机容量 3148 兆瓦，创下历史纪录，是 2016 年的 2 倍。目前，欧洲海上风电累计装机容量达到 15 780 兆瓦，其中丹麦风电累计装机容量为 3153 兆瓦。欧洲大部分海上风电新增装机容量分布在英国和德国，分别为 1679 兆瓦和 1247 兆瓦。另据英国媒体报道，2017 年，英国海上风电产能占欧洲新增海上风电产能的 53%，预计到 2020 年，英国海上风电累计装机容量将达到 25 吉瓦，在该领域长期保持领先地位。2017 年 9 月，英国海上风电拍卖价格已低至每兆瓦时 57.5 英镑，首次低于核电。此外，比利时海上风电装机容量新增 165 兆瓦，芬兰新增 60 兆瓦，法国新增 2 兆瓦。2017 年，欧洲共建成 13 个海上风电场，预计到 2020 年，欧洲的海上风电总量将达到 25 吉瓦。法国政府 2018 年 1 月宣布了一项"十点机制"，目的是大幅缩减建设和运营近岸风电场的时间，力争 2023 年前实现风力发电量翻倍的目标。未来几年，波兰海上风电也将迎来突破性发展。据波兰可持续能源基金会（FNEZ）预测，到 2020 年，波兰海上风电装机容量有望突破 4 吉瓦，成为波兰经济的重要支柱之一。到 2035 年，波兰在波罗的海的海上风电装机容量有望达到 8 吉瓦。

印度风电累计装机容量到 2017 年 3 月底超过 31 吉瓦，排名世界第四，约占印度全国总装机容量的 10%。印度政府宣布将在未来 3 年兴建 30 吉瓦的风力发电项目，并且发展风力与太阳能混合发电项目。

越南政府在其能源规划中提出，到 2030 年优先发展陆地风力发电，2030 年以后研究发展远洋风力及大陆架风力发电。其目标是，到 2020 年，越南风力发电量从 2015 年的 1.8 亿千瓦时增至 25 亿千瓦时，2030 年增至 160 亿千瓦时，2050 年增至 530 亿千瓦时；2020 年，风力发电占越南电力总量的比例增至 1%，2030 年增至 2.7%，2050 年增至 5%。为此，越南工贸部 2017 年 9 月向政府提交议案，建议将陆地风电价格上调至 8.77 美分/千瓦，将海上风电价格上调至 9.97 美分/千瓦，以鼓励国内风电厂发电。

（三）生物质能逐步成为补充能源

根据世界生物质能协会（WBA）2017 年 6 月发布的《2017 全球生物能源统

[①] 1 太瓦 =1000 吉瓦 =10^6 兆瓦。

计报告》，2014 年，全球生物质能供应量已增至 59.2EJ[①]，比 2013 年增长 2.6%，约占全球能源供应的 10.3%，占可再生能源供应总量的 3/4。生物质能作为最大的可再生能源，总消费量为 50.5EJ，占全球能源结构的 14%。

从欧洲国家来看，比利时联邦政府为生物燃料制订了免税配额计划，并出台了要求在燃料构成方案中引入生物燃料的强制性措施。芬兰生物质能在其可再生能源利用中占比最高，近 90%，其中，以芬兰丰富的森林资源和发达的森林工业为依托的"木基燃料"尤为突出。斯洛文尼亚从 2017 年 7 月 1 日开始在全国实施可再生交通燃料法令，规定燃油经销商必须在普通燃油中添加生物燃料，以便引导全国燃料消费，促进绿色环保事业和社会可持续发展。

日本将生物质能作为其未来能源的重要组成部分。Future Metrics 公司预测，到 2025 年，日本对生物质燃料的需求 [包括木屑颗粒、棕榈仁壳（PKS）、国内生物质和进口木片] 将比 2017 年增加 351%，从 2017 年的 760 万吨增至 2025 年的 2300 万吨。日本政府修订了其固定价格购电制度，从 2017 年 10 月起把木屑颗粒、进口木片和棕榈仁壳（PKS）等"普通木材"的固定上网电价从每千瓦时 24 日元降至 21 日元。预计 2025 年前，日本生物质发电总发电能力将扩增至现行的 1.5 倍，可满足 900 万家庭用电。

中国在生物质能发电方面起步比欧美国家晚，但经过十几年的发展，已经基本掌握农林生物质发电、城市垃圾发电等技术。中国现阶段生物质液体燃料主要有燃料乙醇和生物柴油 2 种，发展速度相对缓慢，产量分别仅为 28 亿升和 11 亿升。2015 年，中国生物质发电累计核准装机容量达到 1708 万千瓦，其中累计并网装机容量约为 1171 万千瓦，原料是各种农作物秸秆和林业废弃物，主要集中在华中和华东等原料比较丰富的地区。

四、核电发展阻力重重

据国际原子能机构统计，截至 2016 年年底，全球共有在运核电机组 448 台，总装机容量 391 吉瓦；在建核电机组 61 台，总装机容量 61 吉瓦；全球现有 300 个研究堆和临界装置完全退役；180 个处于永久关闭状态，其中 50 个正在退役。该机构认为，全球核电未来将长期保持快速发展，其中，北美、北欧、西欧、南欧将呈下降趋势；非洲、西亚呈微弱上升趋势；中亚和东亚呈明显上升趋势。影响核电未来发展的因素主要包括资金、融资、电力市场、公众接受度、先进反应堆设计的安全性及放射性废物管理能力等。

---

① 1 EJ=1018 焦耳。

　　在核安全方面，国际原子能机构提出的优先工作领域：一是综合考虑福岛核电站事故经验教训及维也纳核安全宣言原则等，加强核安全标准建设；二是增强核安全同行评议和咨询服务；三是通过核安全同行评议和咨询服务等方式，促进成员国对机构安全标准的应用；四是促进国际核安全公约的广泛签署和应用；五是帮助成员国增强监管有效性；六是帮助成员国增强核设施和核活动的领导和管理能力，培训强有力的核安全文化；七是帮助成员国增强沟通能力，使成员国能够更好地与公众沟通计划中和现存的核设施和核活动及应急状态中的辐射风险；八是帮助成员国开展能力建设项目，包括在核与辐射、废物与运输安全、应急准备与响应等领域为成员国提供教育和培训；九是支持开展核安全领域的研发活动，促进成果共享。

　　基于安全考虑，欧洲很多国家都已经决定限制核电发展。例如，德国于2011年决定，到2022年实现全面废止核电；法国将在2025年前将核电占比从当前的75%削减至50%；瑞士也于2017年5月加入弃核行列，全民公投通过了新的能源法案《能源战略2050》，即从2018年1月1日起，瑞士将不再新建核电站，并在未来彻底退出使用核能。

　　在国际弃核势头影响下，韩国文在寅政府上台后，修改其能源政策，决心舍弃核能。文在寅指出，西方发达国家减少核电站，宣布脱离核电，但韩国却背道而驰，成为核电站最为密集的国家，若发生事故，后果不堪设想。文在寅政府将核电安全委员会升格为总统直属机构，把确保核电站安全视为决定国家存亡的重要安全问题。韩国政府计划到2038年将核电规模从目前的24座减少至14座，将取消6座核电站的新建计划，禁止延长14座老旧核电站的使用寿命。

　　美国试图复兴核电。美国总统特朗普2017年6月表示，美国政府将试图扩大核能，将对目前的核能政策进行"全面审查"，以确定复苏该行业。核能目前占美国能源的20%左右，但由于部分核电厂老化关闭，预计到2050年，美国核电占比将降至11%。2017年6月20日，美国众议院通过了一项《两党核能税法案》，未来10年将扩大对新建核电站的税收优惠措施。该法案将取消对2020年开始运营核电站的限制，从生产税优惠中获益，从而使核电站的电力补贴达到1.8美分/千瓦时。此外，美国能源部（DOE）发布了《先进反应堆开发与部署愿景和战略》报告，提出其中长期发展愿景，即到21世纪30年代初至少要有2个非轻水堆型的先进反应堆概念实现技术成熟，显示出较好的安全性和经济效益，完成美国核监管委员会（NRC）的许可审查，能够推进下一步建设；到2050年，基于在安全性、经济成本、性能、可持续性和减少核扩散风险方面的优势，先进反应堆将成为美国和全球核能结构的重要组成部分。

　　日本力求重启核电。2017年，日本经济产业省启动对该国能源基本计划的修订工作，围绕是否将未来核电站的新建和更新换代的必要性写入新计划展开讨论。新计划将坚持降低对核电站的依赖度，同时从确保技术和人才角度出发，呼吁保有最低限度核电站。2011 年 3 月福岛核电站事故发生后，日本绝大部分核电站处于关闭状态。安倍晋三 2012 年执政后开始逐步重启核电站。2014 年 4 月，安倍内阁通过了《日本能源基本计划》，明确指出核能是日本的"支柱"能源。2015 年 8 月 11 日，日本九州电力公司重启了川内核电站 1 号机组核反应堆，日本就此告别了国内所有核电机组停运的"零核电"时代。同年 11 月 17 日，川内核电站 2 号机组在原子能规制委员会完成最终检查后，正式进入商业运转。截至 2017 年年底，日本可运营的核电机组有 40 台，恢复重启的核电机组只有 5 台；9 台机组通过了合规性审查，12 台机组还在审查中；另有 15 台机组未提出重启申请。2017 年，日本原子能委员会在其制定的《核能利用基本观点》中指出，日本国民对核能的不安和不信任感依然没有消除，日本政府和电力公司也未能充分认真对待，需加强核能安全方面的工作。此外，该委员会还重新发布了因福岛核电站事故而停滞长达 7 年之久的《原子能白皮书》。由上述文件内容可以看出，日本政府《第五期能源基本计划》中关于继续发展核电的基本方针将不会改变。

五、能源互联网建设迈入新阶段

全球能源互联网是指清洁主导、电为中心、互联互通、共建共享的现代能源体系，是清洁能源在全球范围大规模开发、输送、使用的重要平台，其实质是"智能电网 + 特高压电网 + 清洁能源"。自 2015 年中国发起"探讨构建全球能源互联网"倡议以来，全球能源互联网发展取得了重要进展，全球 140 多个国家出台了相应的能源发展政策，"全球能源互联网中国倡议"作为推动人类可持续发展的全球战略，成为各国共识。中国与俄罗斯、蒙古国、越南、老挝、缅甸等周边国家实现了部分电力互联，互联规模约 260 万千瓦，基本建成西北、东北、西南三大陆上油气通道，标志着全球能源互联网已经进入共同行动的新阶段。中国与 47 个国家和地区，150 多个政府、企业、组织、研究机构等建立了良好的合作关系；与非盟、国际水电协会等签署了多项合作协议、备忘录和联合声明；在电网互联规划、清洁能源开发、联网过程建设等领域开展全方位合作。

2016 年 3 月，全球能源互联网发展合作组织在北京成立。截至 2017 年 4 月，其会员数量从成立之初的 80 家增至 274 家，遍布 40 多个国家和地区，初步形成了全球网络体系。该组织致力于加强制度建设，组建经济基础研究院，成立咨询顾问委员会和技术学术委员会，开展跨领域、跨行业合作，成为推动世界能源变革转型的重要力量。

2017 年 11 月，联合国与全球能源互联网发展合作组织在纽约联合国总部发布《全球能源互联网落实联合国 2030 年可持续发展议程行动计划》，全球能源互联网正式纳入联合国工作框架。此项计划为构建全球能源互联网制定了具体路线图，明确了在理念传播、清洁发展、电网互联、智能电网、能效提升、创新驱动、能力建设、政策保障等 10 个方面的具体行动。联合国秘书长古特雷斯表示，全球能源互联网是解决气候变化等问题的"中国方案"，将引导各成员国共同参与和建设。世界银行行长金墉说，全球能源互联网是一个非常令人鼓舞的愿景，将给未来能源发展带来巨大变化，在解决非洲缺电和贫困问题中也将发挥重要作用。世界银行将密切关注全球能源互联网的发展。非盟委员会副主席托马斯·奎西·夸蒂表示，全球能源互联网为世界能源转型，特别是新能源大规模开发利用提供了可能。中国工程院院士黄其励认为，建设全球能源互联网是一个多维复杂工程，不仅需要工程技术、产业基础，也需要政治外交、政策法规和标准规则体系的全方位协调推进。

全球能源互联网通过大电网的延伸和清洁能源的互联互通，解决电力普及和能源供应保障等突出问题，得到了中国周边国家和"一带一路"沿线国家的广泛支持。泰国能源部副部长布查翁表示，电网互联互通，能够实现资源互补和区域平衡，有效降低电价，对每个国家都有益。印度能源部副部长帕拉萨德表示，印度与中国等周边国家电网互联，可以实现更大范围的电力优化配置和平衡，为印度提供清洁、普及、低成本的电力供应。

总而言之，从长远来看，全球能源互联网在推动世界能源转型发展，保障能源和电力供应的同时，还将催生大量的新业态、新模式，带动新能源、新材料、智能制造、电动汽车等战略新兴产业蓬勃发展，成为促进全球经济发展、结构调整和产业升级的强大引擎。

（执笔人：王　玲）

◉ 生命科学与生物技术呈现高速发展态势

2017年，生命科学与生物技术发展延续近年来高速发展态势，学科交叉会聚进一步凸显，重大技术产业应用有望迈入历史性拐点时期，在引领未来经济社会发展中扮演着越来越重要的作用。欧美日等经济体在发展生命科学与生物技术的战略和政策方面出现一定分化现象，科技投入受政治、经济、社会因素影响而稳中有变、稳中有进，战略方向更加聚焦，投资与管理更加突出风险管控和效能效果。综合来看，科技与经济社会的互动更加紧密频繁、立体综合，在战略方向选择、新兴技术布局、研发模式与创新管理等方面酝酿着新的变革，全球生命科学与生物技术正在进入新的发展时期。

一、主要国家／经济体经费投入稳中有升

2017年，美国、德国、日本、韩国等经济体在发展生命科学与生物技术预算投入，整体上均有一定幅度增长。从研发预算体量看，相关国家大致可分为3个层级：第一层级，以美国为代表，美国占据全球研发投入制高点，年度投资体量在300亿美元以上；第二层级，以德国、英国、日本等国为代表，年度投资体量在20亿～30亿美元；第三层级，以印度、俄罗斯为代表，虽然是人口大国，但年度投资体量在10亿美元水平或以下。虽然主要国家／经济体在生命科学与生物技术领域的经费投入会有一定的增长或浮动，但受不同国家战略和经济社会发展阶段影响，这种总体水平和差异化格局在短期内很难有较大的变动。

（一）美国国立卫生研究院研发经费未降反增并向重点领域聚焦

美国联邦政府生命科学与生物技术研发总预算近年来大约在360亿美元，其

中美国国立卫生研究院（NIH）约占 82.4%。尽管美国新一届政府向国会提交的《2018 财年联邦研发预算申请》有大幅削减 NIH 经费意向，但实际上影响甚微，美国国会批准的《2017 财年联邦研发预算案》甚至大幅增加其研发预算，增加 20 亿美元，使总预算增至 340 亿美元，比 2016 财年增长 6.2%。例如，精准医疗计划预算增加 1.2 亿美元，达到 3.2 美元；大脑研究计划预算增加 1.1 亿美元，达到 2.6 亿美元；癌症"登月计划"获得 3 亿美元拨款；阿尔茨海默病研究预算增加 4 亿美元，达到 13.9 亿美元；抗生素耐药性研究预算增加 5000 万美元，达到 3.3 亿美元；临床和转化科学项目获得 5.16 亿美元拨款；医学研究路线图共同基金项目获得 6.95 亿美元拨款。

从产业方面的投资看，美国生物产业界牢牢占据全球生物产业研发投资高地。据《R&D》杂志预计，2017 年全球生物产业的研发支出达到 1776 亿美元，而美国就达到 746 亿美元，同比增长 3.5%。

（二）欧洲研发经费出现一定波动但基本稳定

2017 年发布的《2012 欧盟生物经济战略回顾》报告显示，欧盟生命科学与生物技术领域（不包括健康领域）的研发创新投入快速增加，从欧盟第七框架计划（2007—2013 年）的 19 亿欧元增加到当前研发计划"地平线 2020"（2014—2020 年）的 45.2 亿欧元。在健康领域，欧盟 2017 年研发投资超过 4.87 亿欧元，比 2016 年的 5.11 亿欧元略有回落。

德国联邦政府 2017 年生命科学与生物技术领域研发投入达到 26.89 亿欧元，其中，健康领域研发投入 24.19 亿欧元，生物经济领域研发投入 2.70 亿欧元，相比 2016 年的 22.73 亿欧元和 2.45 亿欧元，同比增加 6.4% 和 10.2%。

英国政府 2017 年生命科学与生物技术领域研发投入达到 23 亿英镑，浮动不大，但宣布将持续性投入 3.19 亿英镑，通过 17 个战略项目，支持英国生物科学研究，以确保英国的国际竞争力和应对人口增长、化石能源替代和老龄化等全球挑战。英国商业、能源与产业战略部（BEIS）宣布将投资 1 亿英镑组建罗莎琳·富兰克林研究所，任务是研发颠覆性的新技术，以解决困扰人类的重大疾病，将采取核心加外围的组织架构。但受英国政府换届、脱欧及英国科技体制改革影响，预计未来英国生命科学与生物技术研发投入将受到一定冲击。

（三）日韩研发经费持续稳步增长

日本政府 2017 年度生命科学与生物技术研发领域研发预算总计达到 2042 亿日元（约合 18.6 亿美元）。2017 年度研发预算涉及的主要项目有：综合研发项目，包括创新医疗产品项目（258 亿日元）、医疗装备开发项目（142 亿日元）、创新医疗技术创造基地项目（83亿日元）、再生医疗实现项目（147亿日元）、疾病基因组医学实施项目（120亿日元）；特定疾病领域的计划，包括日本癌症研究计划（172亿日元）、大脑和精神疾病研究计划（90亿日元）、新发和再发传染病控制计划（82亿日元）、征服疑难杂症计划（142亿日元）。

韩国政府2017年生命科学与生物技术预算投入达到3157亿韩元（约合2.77亿美元），比2016年增长31%，其中，1.59亿美元用于资助延续的课题，其余的1.18亿美元将重点资助六大领域的原创技术开发：新药领域0.30亿美元，用于加大项目初期的研发投入，确保韩国未来新药开发的竞争力；医疗器械领域0.21亿美元，用于资助产学研医合作的技术开发项目，确保新概念医疗设备核心技术的开发；医疗前沿技术领域0.27亿美元，用于资助应对超级细菌、老龄化、干细胞、精准医学、预防医学、再生医疗等领域的技术开发；生物领域创业0.23亿美元，用于资助市场导向型的技术开发；脑科学领域0.13亿美元，用于资助大脑神经生物学、大脑神经系统疾病、大脑工程、大脑图谱、脑认知等领域核心技术的开发项目；基因组领域0.04亿美元，用于加强该领域的国际合作研究和专业人才培养。

（四）俄罗斯、印度努力将研发投资维持在一定水平

俄罗斯原计划在2012—2015年和2016—2020年2个阶段，合计投资1.18万亿卢布（约合400亿美元）发展生命科学与生物技术，但实际投入远未达到这一水平。2016年，俄罗斯科学基金会（RSF）所获得的联邦财政拨款为3.08亿美元（约合184.8亿卢布），生命科学与生物技术领域预算约占29%，达到0.89亿美元；俄罗斯基础研究基金会（RFBR）获政府拨款1.90亿美元，生命科学与生物技术领域预算约占21.7%，达到0.41亿美元；俄罗斯先期研究基金会（FPI）预算为0.75亿美元（约合45亿卢布），生物化学和医学领域作为三大研发领域之一，预算估计在0.25亿美元左右。从俄罗斯科学院主席团发布的《2018年基础研究领域优先项目》看，生物健康领域的6个重大挑战项目预算总计约为1.17亿卢布。据估算，俄罗斯联邦政府2016—2017年生命科学与生物技术的预算在100亿～150亿卢布（1.6亿～2.4亿美元），实际并未达到规划预期。

印度生物技术部2017—2018财年预算222亿卢比（约合3.5亿美元），相比2016年财年增加31亿卢比（约合0.5亿美元），用于资助重大研发项目、生物技术产业研究支持委员会、16家独立研发机构运营等。

二、主要经济体加强战略与政策部署

为了在激烈的国际竞争中占据有利生态位，主要国家/经济体作了一定的战略与政策调整，表现为追求科研投入和科研产出的效率，以及遴选具有引领性、

颠覆性的重大或交叉科研方向，并延伸到有关国际组织对新兴领域和重大议题的议程设置。这种战略与政策调整反映了在全球生物医药创新体系中美国重点巩固其龙头地位，英国、法国、德国、韩国等国家避免技术产业锁定，努力在特定领域形成局部优势，并试图在新兴领域根据国情进行科技"弯道超车"，而印度、俄罗斯等国受限于综合实力，基本还处于努力跟跑状态。

（一）推出有更加明确主题的科研计划

2016 年 12 月，历时 2 年多，美国国会最终通过对生物医药产业具有重大影响的医疗创新政策法案《21 世纪治愈法案》，该法案提出将在未来 10 年，为美国国立卫生研究院（NIH）和美国食品药品监督管理局（FDA）提供 63 亿美元的经费，以推动健康领域的基础研究、疗法开发和新疗法的临床转化，加速新药上市，从而巩固美国在全球生物医药创新中的国际地位。其中，NIH 实施的三大科研计划：精准医学计划、癌症"登月计划"和脑科学计划在该法案中进一步明确，从而得到法律层面保障。同时，2017 年新上任的特朗普政府正在制定新的全美综合性生物防御战略，有望推出相关重大科技计划。

欧盟委员会发布"地平线 2020"年度工作计划，针对"健康、人口变化和福祉"主题，提出了提升卫生护理水平，建立可持续的卫生系统、卫生和护理的数字化转型、可靠的大数据解决方案及卫生护理系统的网络安全三大优先领域，以及个性化医学、卫生和护理创新产业、传染性疾病与全球卫生改善、解析环境（包括气候变化）对人口健康的影响等具体优先方向。欧洲海洋局（EMB）继 2016 年 9 月发布《海洋生物技术战略研究及创新路线图》之后，再次发布题为《海洋生物技术：推动欧洲生物经济创新发展》简报，为欧洲海洋生物技术的未来发展指明方向。

法国政府 2016 年 6 月提出"法国基因组医学 2025"计划，建立一个由总理领导的部长级内阁战略委员会进行领导。按照规划，法国将在未来 4 年建成 12 个高速基因组测序分析平台和 2 个国家数据中心。在未来 10 年，法国政府希望达到以下 3 个目标：将法国打造成世界基因组医疗领先国家；将基因组医疗整合至患者常规检测流程；建立国家基因组医学产业，从而推动国家创新和经济增长。2017 年已经在 2 个大区启动建设 2 个高速基因组测序分析平台，预计将于 2018 年正式开始运行，平均每年能够实现对 1.8 万个基因组的测序和解读。

德国政府将从 2017 年开始实施为期 10 年的医疗技术创新专业计划。该计划分为 2 阶段，第一阶段为建设和动员期，时间为 2017—2021 年；第二阶段为实施和巩固期，时间为 2022—2026 年。该计划包含在德国联邦政府健康研究框架计划内，属于健康经济行动领域。该计划实施的核心目的是资助以健康服务需求为导向的医疗技术的创新，包括提高供给的效率、供应链上的产业合作、临床应用研究开发、提高中小企业的创新能力和研发力度。

俄罗斯政府于 2012 年发布了《俄罗斯联邦至 2020 年生物技术发展综合计划》，该计划提出让俄罗斯在生物技术领域成为世界佼佼者，建立起具有全球竞争力的生物经济板块。俄罗斯 2016 年 12 月发布的《面向 2025 年俄罗斯联邦科学技术发展战略》进一步将"向个性化医疗和预测医学转型""制定推广安全的生化药剂使用体系""抵御生物威胁"等作为重要科技发展方向。2017 年 12 月，又对《2013—2020 年俄罗斯制药企业工业发展战略》进行修订，强调跟踪国际免疫学前沿、推动免疫药物的发展。

（二）重视与其他学科的交叉会聚

生命科学与生物技术学科和工程机械、纳米科学、信息科学、材料科学等学科的交叉会聚深入推进。分子生物机器、生物电池、脑机接口装置、新型材料、生物制造与 3D 生物打印、生物仿生等领域不断掀起新热点，将人类认识生物、改造利用生物的能力提升到新高度。美国大力实施的脑科学计划、精准医学计划、微生物组学计划、癌症"登月计划"，均围绕重大主题，以学科交叉形式展开。另外，从全球军事科技发展风向标——美国国防高级研究计划局（DARPA）已经部署的部分研究项目来看，这些项目普遍具有着眼高端应用和"革命性全新能力"、涉及对象广泛的时间空间跨度、研究内容的复杂度和高整合度等特点，学科交叉内涵丰富，潜在影响巨大。例如，超越传染病项目、"生命铸造厂"项目、生物节律项目、微观生理系统项目等，大多超出现阶段技术能力极限，具有巨大的科技震撼力，是对现有科技的前瞻性颠覆，其学科交叉会聚性特别强。

英国工程物质科学研究理事会、生物技术与生物科学研究理事会、医学研究理事会联合实施的"激发生命前沿技术计划"（TTL），是一项横跨工程科技、物质科学和生命科学与生物技术的大型跨学科研发计划。其已经确定主要的技术研发和科学机遇领域包括新一代成像技术、新兴传感器和材料、高通量及自动化分析技术、技术的创新性整合方法、大型复杂数据集的处理。关键挑战包括不同层次生物系统的解析和分析，单个细胞在细胞群落中的作用及单个生物大分子在细胞中的关键作用等。

（三）强调生物科技创新的全链条布局

英国生命科学办公室于 2017 年 8 月发布《生命科学产业战略》，对科技创新链进行强化，对研发管理模式进行局部调整。在完善科技创新链上，在增强基础研究能力、改善转化和临床研究、促进数据基础设施创新、发展生命科学产业集群、寻求与国家医疗服务体系合作、吸引和培养人才等方面提出多项新举措。该战略还参照美国国防部高级研究计划局（DARPA）模式，提出实施英国"健康先进研究计划"（HARP），建立包含产业界、慈善机构及资助机构的联盟，联合资助大型科研基础设施项目和高风险的"登月项目"，旨在构建全新的医疗产业。

韩国政府以搞活技术、人才和资金良性循环的"生物创造经济"为目标，针对重点领域的重点企业，进行科技创新的一站式服务。针对参与"全球尖端生物医药技术开发项目""新市场创造新一代医疗器械开发项目"两大核心项目的企业，提供研发、招商引资、审批、出口等一站式支援，并培养生物专业投资人才。

印度科技部《国家生物技术发展战略2015—2020：促进生物科学研究、教育及创业》关注生物科技创新的全链条、多领域布局。该战略提出将共建技术开发和技术（商业化）转移网络，新建5个生物技术集群、40个生物技术孵化器、150个技术转让中心、20个生物技术互联中心，同时提出四大任务：医疗保健、食品和营养、清洁能源、教育培训，还将人才培养作为重要抓手，建立开展人力资源培养、吸引重点投资的生命科学和生物技术教育委员会。

（四）加速生物经济与可持续发展

欧盟对2012年启动的生物经济战略进行了评估，并认为通过实施该战略，欧洲在成为更具创新活力、更高资源效率的社会方面取得重要进展，该战略促进了对化石能源为基础的产品替代，为应对全球气候变化和人口增长、保证生物资源供应和粮食安全等方面起到积极作用。欧盟拟在2018年对《2012生物经济战略》进行修订，进一步加速发展生物经济。

2016年12月，作为德国联邦政府独立的咨询委员会，德国生物经济委员会就继续发展"生物经济研究战略2030"提出总体建议：加强生物制药领域，包括"一体化健康"方面的生物技术研发；强调基于生物的循环经济和水生生物经济；在资助计划中有针对性地资助从研究到应用的合作，如资助由基础研究、应用研究、企业组成的网络；在具有全球影响的关键领域与技术领先的国家开展长期合作；建立国家生物经济平台，协调联邦和州的研究活动和资助计划，加强联邦、州及其他相关主体间的交流和协调；在对生物经济创新起到关键作用的"小"学科领域做好能力储备，培养青年人才。

（五）重要国际组织将生命科学与生物科技发展纳入议事日程

国际组织对生物科技的发展也颇为重视。国际能源署（IEA）与联合国粮农组织（FAO）联合发布了《生物能源路线图制定和实施指南》，作为新生物能源战略编制和实施的指导性工具。经合组织（OECD）发布《微生物组、饮食和健康：科学和创新规划》，分析了人类微生物组创新研究面临的关键挑战，从科技政策、成果转化、公私合作、监管框架，以及研究技能、交流合作和公众参与5个方面提出发展建议，推动人类微生物组研究的科学创新。世界卫生组织对其基本药物清单中的抗生素类药物进行40年来最重大的修订，首次将此类药物细分为3类，并就每类的具体使用场景提出建议。这一分类将有利于缓解病菌耐药性问题，确保患者有药用、用对药。

三、基因编辑技术风生水起将进入历史拐点

基因编辑技术备受业界青睐，市场前景看涨。根据 Markets and Markets 咨询公司 2017 年发布的基因组编辑／改造市场的分析报告，全球基因组编辑市场规模将从 2017 年的 31.9 亿美元增长到 2022 年的 62.8 亿美元，复合年均增长率高达 14.5%，这为有关国家在特定领域科技"弯道超车"提供重大机遇。同时，作为颇具代表性的新兴生物技术，基因编辑技术迅猛发展过程中也伴随着各种新情况、新问题。随着技术的成熟和对此类新兴生物技术治理能力的提高，未来全球生命科学与生物技术发展的竞争格局将呈现新的特征。

（一）政府与社会各界加大支持力度

发达国家和地区都对基因编辑研究进行了重点投入。美国国防部高级研究计划局（DARPA）投资 1 亿美元开发基因驱动技术，已经成为世界上基因驱动研究的最大出资者。其投资 1100 万美元的安全基因项目（Safe Genes Program）目标是促进先进的基因组编辑技术被安全使用、加速开发，同时提供相关工具和方法来降低基因组编辑技术被误用产生的风险，避免或限制经过工程改造的基因发生扩散。美国国立卫生研究院（NIH）于 2017 年 9 月正式审议了该机构的"体细胞基因组编辑"计划，宣布启动基因组编辑联盟建设，并与 DARPA、美国国家标准与技术研究院（NIST）等相关基因组编辑计划进行战略协同。

美国加利福尼亚大学伯克利分校和旧金山分校合作发起了创新基因组学计划。2017 年 1 月，该计划发布研究项目征集公告，将资助 CRISPR 技术在农业、微生物、环境、前沿技术和社会伦理等更广泛领域的开创性研究和潜在应用，未来 5 年该计划总资助额将达到 1.25 亿美元。

国际性"国际基因组编写计划"启动。这项计划将由新成立的一个独立非营利性组织"工程生物学示范中心"执行，将对各种资金渠道开放，包括各国政府科研资金、私人投资基金、慈善基金、众筹资金等。

（二）技术发展迅猛，伴随广阔应用范围

以 CRISPR/Cas9 为代表的第三代基因编辑技术，可快速、高效地对 DNA 序列进行编辑，正掀起一场新的分子生物学研究革命。自 2013 年以来，该技术风靡全球，3 次入围顶级学术刊物《科学》杂志评选的年度十大突破。同时，基因编辑技术发展日新月异，不断有新型基因编辑工具问世。美国博德研究所宣布一种新型"碱基编辑器"——可编程蛋白质机器问世，其对细菌和人类 DNA 均有效，效率高于目前任何其他基因组编辑方法，且几乎无任何不良反应。《科学》杂志报道，科学家正首次尝试在人体内直接进行基因编辑，或将是人类医疗史上的一项里程碑。

应用方面，与传统育种方法相比，基因编辑极大改进了育种精度，育种专家利用这种手段"定制"农作物，可以适应不同环境，从而提高作物产量。美国政府 2016 年批准了首批利用 CRISPR/Cas9 技术的基因编辑蘑菇和一种富含支链淀粉的糯玉米。基因编辑可以利用更精确、更快速的方法来获得期望的动物表型，研发出具有巨大经济价值、可抵御猪繁殖与呼吸综合征（蓝耳病）的超级猪等。微生物基因编辑具有广泛的应用，包括药物、高价值化学品、生物燃料、生物传感器和生物修复等。

人体细胞基因编辑的基础研究取得广泛进展，一些研究方向包括鉴别人体细胞中的必须基因和肿瘤特异性的脆弱性；成体细胞重编程为干细胞；防止黄病毒繁殖而不干扰宿主；研究表观遗传学对调控功能和细胞重编程的影响等。2017年，美国《科学》杂志报道，科学家正首次尝试在人体内直接进行基因编辑，或将是人类医疗史上的一项里程碑。基因驱动还可以作为一个有效的工具来解决重大的公共卫生挑战，如防控蚊子传播疟疾、塞卡和登革热。

（三）引发重大问题和社会关注

新兴基因编辑技术具备推动生产力进步的巨大潜力，但还不够成熟，相关人体实验引发了社会、伦理和法律问题，甚至技术接近逾越科学自由的边界。

技术本身成熟度的问题。基因编辑可能会带来一些意想不到的问题。CRISPR 发明人之一、华人科学家张锋团队就发表研究指出，不同个体间存在巨大的遗传变异，这些变异可能会影响 CRISPR 的精确编辑。美国朱诺治疗公司也因数名受试患者脑水肿死亡事件，停止一项 CAR-T 疗法的临床试验。

在伦理上争议较大的是人类胚胎基因编辑。目前科学界逐渐达成共识，认为应允许开展相关基础研究，但还不能扩展到生殖领域的临床应用。而未来，在严格监管的条件下可批准早期胚胎的基因编辑临床试验，但也只限于防治严重病症。

基因编辑和基因驱动技术的安全影响。美国国家情报总监在 2016 年、2017 年《美国情报界年度全球威胁评估报告》中，2 次将"基因编辑"列入了"大规模杀伤性与扩散性武器"威胁清单中。报告称，由于这种军民两用的技术分布广、成本低，而且在加速发展之中，对其蓄意或无意的误用可能会对国家经济和国家安全带来广泛影响。

新一代基因编辑技术带来的风险和不确定性，要求对技术变革进行相应的治理。目前，国际上围绕"基因组编辑"技术的相关讨论、科学人文对话、政策设计已经开始，有望为这一具有巨大潜力的技术领域开辟权威高效、科学有序的监管环境和文化氛围。2017 年 2 月，由美国科学院和美国医学科学院成立的人类基因编辑研究委员会发布的《人类基因组编辑：科学、伦理和监管》研究报告就指出，人类基因编辑这一技术利器不能"为所欲为"，必须"按规矩行事"，应严格遵守相关原则和标准。欧洲科学院科学咨询理事会 2017 年 3 月发布的报告也认为，现在的知识差距和基因编辑不确定性意味着需要更多的基础研究，并预计基因编辑研究和创新的快速变化将会持续，未来的研究进展将弥补当前的许多知识差距，逐步完善的基因编辑工具将进一步提高其效率和特异性，从而减少脱靶效应。报告建议欧盟在植物、动物、微生物及医疗领域开展基因编辑的开创性研究，并强调政策制定者必须确保监管应基于科学证据，综合考虑可能的收益与风险，并对未来的科学进步保持适当、足够的灵活性。此外，欧美相关组织还于 2017 年 10 月举办"基因编辑技术的安全影响评价"高端研究会，为 2017 年 12 月举办的《禁止生物武器公约》缔约国会议进行履约支持等。

四、技术领先国家加强生物科技的监管治理

随着生命科学与生物技术革命的发展，现有的生物技术风险管控体系和对生物技术产品与服务的管理模式、机制，都可能会出现一定的滞后性、模糊性，造成管理过程的混乱和效率低下，阻碍科技进步和产业的健康发展，从而错失科技变革带来的新机遇。因此，必须加强监管框架和管理模式机制的同步改革创新。目前，美国在加强生物科技的监管治理方面已经率先进行了具有标志性的综合政策调整，实施效果初见成效，可能率先赢得新一轮科技变革的红利。

（一）将风险管理摆在更加突出的位置

生命科学的快速发展与新型生物技术的崛起，可能带来恶意使用或者制造有害微生物、毒素的风险。对此，美国加强政策设计和行政管理，构筑生物技术风险应对管控体系。全面加强实验室生物安全，包括发布致 16 个政府机构的新备忘录《增强美国生物安全与生物安保的下一步举措》，提出 8 项重大举措：培

育生物安全责任文化氛围；加强监管，建立同行咨询机制；加强宣传和教育；制定应用生物安全领域的国家研究议程；建立新的生物安全事件报告系统；建立材料管理责任制；改进生物管制剂及毒素的检查过程；修改相关法规与指南。2017年1月，美国白宫科技政策办公室发布《关于潜在大流行病原体管理和监督审查机制的发展政策指南建议》。2017年12月，美国国立卫生研究院发布《美国卫生与人类服务部关于涉及潜在大流行致病菌增强型研究的资助决策指导框架》新政，宣布将重新资助于2014年暂停的涉及流感、严重急性呼吸综合征（SARS）、中东呼吸综合征冠状病毒（MERS）的功能获得性研究。因新兴生物技术发展而变得模糊的原有两用研究监管政策，也重新变得清晰起来。

（二）强化新兴技术与产品推广应用的公共服务

生物技术产品监督管理体系的发展是逐渐演进的，也是随着科技发展不断改革的产物。2016年9月，美国环境保护局（EPA）、美国食品药品监督管理局（FDA）和美国农业部（USDA）发布了2份政策性文件《生物技术产品监管体系现代化：生物技术监管协调框架更新》和《推动生物技术产品监管体系现代化国家战略》。《生物技术产品监管体系现代化：生物技术监管协调框架更新》是美国政府30年来第1次对三大主要监管机构在生物技术产品监管方面的角色和责任进行全面梳理与总结。2份文件的发布，标志着美国政府在保持公众对生物技术产品监管体系的信心，提高监管体系的透明度、可预测性、协调性，并最终提高监管体系的效率方面迈出了新的重要一步，同时也意味着美国国家生物经济新蓝图正落地生根。值得注意的是，2017年，首个基因疗法 Kymiah、首个靶向肿瘤分子标记物的药物 Keytruda 在美国获准正式上市。美国食品药品监督管理局（FDA）称，对 Kymiah 的上市批准是一次历史性行动，将为癌症和其他致命性严重疾病开创全新疗法。

应美国环境保护局（EPA）等3个机构委托，美国科学院还开展关于生物技术产品未来前景的独立分析。在2017年发布的新报告《为未来生物技术产品做好准备》中指出，未来5～10年，生物技术新产品的数量和多样性都将对监管体系带来巨大挑战，并提议将未来的生物技术产品分为三大类：开放性产品、封闭性产品和平台，向政府部门提出了加强生物技术与产品监管服务的相关建议，也有望纳入政府部门的未来政策措施中。

（执笔人：王小理）

信息通信技术基础性使能作用日益凸显

近年来，全球通信技术基础设施与服务迅速发展，信息通信技术应用不断增多，由此引发的数字创新和新兴商业模式正在推动众多领域的变革，信息通信技术基础性使能作用日益凸显。2017 年，全球信息通信技术（ICT）发展水平稳步提升，同时仍存在诸多不平衡；以美国、欧盟和日本等为代表的发达经济体着力加强 ICT 领域前瞻布局；机器学习等技术的发展推动大数据应用进入新的发展阶段，各国纷纷抢抓数字经济发展机遇；以量子计算机、空间量子通信为代表的量子科学研究不断取得新突破；要充分利用数字革命带来的经济与社会效益需要高效且价格可承受的物理基础设施与服务，为此各国正抓紧布局 5G 网络，推进无线网络基础设施快速升级。

一、全球 ICT 发展水平稳步提升

近年来，全球信息通信技术的连通性和使用率不断提升。其中，蜂窝移动网络日益普及，在电信服务中占据主导地位，移动宽带业务增长迅猛，全球移动宽带用户比例超过 50%，推动互联网和网络服务接入水平持续提升。

国际电信联盟（ITU）对全球 192 个经济体 ICT 发展指数的最新评价显示（统计数据截至 2016 年年底），所有经济体的 IDI[①] 平均值上涨至 5.11 分，这是自 IDI

[①] IDI 值是衡量各个国家和地区 ICT 发展水平的综合评价指标，从 ICT 接入、ICT 使用及 ICT 技能 3 个维度，选取 11 个分项指标加权计算得出，IDI 值以上一年年底监测数据进行计算，满分为 10 分。其中，ICT 接入包括固定电话普及率、移动电话普及率、人均国际出口带宽、电脑家庭普及率、互联网家庭普及率 5 个指标；ICT 使用包括网民普及率、固定宽带人口普及率、移动宽带人口普及率 3 个指标；ICT 技能包括成人识字率、中等教育毛入学率、高等教育毛入学率 3 个指标。

评价有史以来其平均值首次超过满分 10 分的一半，与上一年相比，几乎所有经济体在 ICT 领域都取得了新的进展。其中排在前 10 位的分别是冰岛（8.98）、韩国（8.85）、瑞士（8.74）、丹麦（8.71）、英国（8.65）、中国香港（8.61）、荷兰（8.49）、挪威（8.47）、卢森堡（8.47）和日本（8.43），德国（8.39）、法国（8.24）、美国（8.18）和中国（5.60）分别排在第 12 位、第 15 位、第 16 位和第 80 位。其中排名比较靠前的国家普遍拥有竞争性的信息通信技术市场，多年来始终坚持高水平的信息通信技术投资与创新，同时还拥有高质量的经济发展水平与文化繁荣，这使得其公民能够充分接入通信网络并享受其社会收益。

然而，全球 ICT 发展依然存在多个维度的不平衡，国家和地区之间，发达国家与发展中国家之间，特别是最不发达国家与前两者之间的数字差距巨大，最不发达国家在 IDI 得分最低的 44 个位置中占了 37 个。这些不平衡具体表现在：一是全球蜂窝移动用户数已超过全球人口数量，但发展中国家仍有许多人仍未使用移动电话。二是发达国家的移动宽带普及率是发展中国家的 2 倍，发达国家用户使用的带宽也高于发展中国家，网络化程度较高的发展中国家与最不发达国家之间的差距日益扩大。三是在互联网使用和连接方面，全球可上网家庭数已超过一半，发达国家的上网家庭数几乎是发展中国家的 2 倍，是最不发达国家的 5 倍以上。四是在年龄和性别分布上，年轻人上网比例高于年长者，全世界上网人数比例为 48%，其中 15～24 岁的年轻人上网比例已超过 70%。最不发达国家中仅有 1/7 的女性上网，男性则为 1/5。

二、ICT 发展呈现新态势

一是 ICT 发展前景依然乐观。信息通信技术仍是创新的主要动力，该领域专利申请量占全世界专利申请量的份额超过 1/3。在主要技术领域中，信息通信技术领域的产业研发支出最多，2016 年和 2017 年全球 ICT 产业研发经费分别是 2070 亿美元和 2183 亿美元，预计 2018 年将增至 2283 亿美元。全球经济危机以来，尽管 ICT 行业增加值有所下降（这与全行业整体增加值变化趋势一致），但从 ICT 细分领域来看，电信服务、计算机与电子制造业增加值有所下降，信息技术服务增加值则有所上升。信息通信行业吸引的风险投资占风险投资总额比重近年来也快速回升，已到达 2000 年以来的峰值。

二是与 ICT 发展相关的基础设施与公共政策快速更新。一方面是网络建设等的硬件类基础设施，ICT 行业建设或升级现有网络的投资占其收入的比例不断攀升，光纤网络、新一代宽带网络服务等正加快部署。另一方面则是政府激励创新、竞争及投资等的法律框架加快调整以适应 ICT 行业发展需求，如电信和广播领域的融合推动了企业的收购兼并，引发监管框架和机构调整等；车联网、无人驾驶等的发展则推动政府加快优化现有的公共交通管理架构。

三是 ICT 发展对商业模式、劳动力市场及隐私伦理等带来变革性影响。信息通信技术成为共享经济、数字经济等的基础性支撑技术，数字驱动的创新及新的商业模式不断涌现，自动化、人工智能及机器人等对部分行业或领域工作岗位产生替代性影响的同时也创造出新的工作形式与劳动岗位。而伴随 ICT 应用广度和深度的不断拓展，企业和个人面对的数字安全和隐私风险越来越高，从而引发了消费者对网络诈骗和网络消费质量等的担忧，如果这种风险管理不善，将在某种程度上限制 ICT 技术的应用及相关产业的发展。

三、主要国家（经济体）ICT 政策动向

（一）美国重点机构强化 ICT 领域前瞻部署

2017 年，在信息技术领域，特朗普不仅没有推出新的重点研发战略，更直接缩减了美国网络与信息技术研发（NITRD）计划的研发预算，使得该计划实际投入经费总量较 2016 年下降了 1.4%，2018 财年 NITRD 的经费预算为 44.6 亿美元，比 2017 财年实际拨付的 47.9 亿美元减少了 6.9%。尽管如此，以美国国防先进研究计划局（DARPA）、美国国家科学基金会（NSF）等为代表的重点研发机构则加快前瞻性部署，以期在未来网络、微电子等 ICT 基础领域抢占未来发展先机。

NITRD 计划囊括了美国政府资助的重大信息技术项目，参与 NITRD 的各联邦机构通过项目组成领域（PCA）协调其开展的具体研发活动。自 2017 财年预算周期起，NITRD 开始对 PCA 的定义进行评审并做出必要的更新，以反映快速发展的信息技术与对应的经济社会需求，以及 NITRD 未来的关注重点。2018 财年预算新设了 3 个 PCA，包括计算驱动的网络物理系统（CNPS），教育与员工（EdW），计算驱动的人类交互、通信和增强（CHuman）。3 个 PCA 有所变动，分别为大规模数据管理与分析（LSDMA）、机器人技术与智能系统（RIS）、高性能计算基础设施与应用（HCIA）。网络安全与信息保障（CSIA）、推动高容量计算系统发展的研发（EHCS）。大型网络（LSN）、软件设计与生产（SDP）这 4 个 PCA 保持不变。

美国 NSF 加强日美网络联合研发，探讨未来网络新架构和新协议。2017 年 8 月，美国 NSF 发布第 3 期日美网络联合研发计划[①]，重点研发面向智能互联社

[①] 前 2 期网络联合研发计划分别启动于 2010 年和 2012 年，主要聚焦未来网络设计、光网络、移动计算、网络设计和建模等领域。

区的可信网络，拟采用新型架构、设计、协议与管理方式将有线网络和无线网络融合，并与边缘计算资源紧密集成，提供高可用性服务。具体将围绕两大主题展开研究：一是可信的物联网和网络物理系统；二是可信的光通信和网络。

美国 DARPA 推出电子复兴计划（Electronics Resurgence Initiative，ERI），探寻微电子新材料、新设计和新架构方法。2017 年 6 月，DARPA 启动电子复兴计划，提出了推动芯片向超越摩尔定律方向发展的技术使命和目标，即通过开发全新的微电子系统先进材料、电路设计和系统架构来克服微电子学在当前技术条件下面临的物理尺寸瓶颈，并进一步提高电子器件的性能。除了 DARPA 的现有项目和当前美国最大的大学基础电子研究项目 "联合大学微电子项目"（JUMP）之外，DARPA 在电子复兴计划中增添了 6 个全新的项目：三维单芯片系统（Three Dimensional Monolithic System-on-a-Chip，3DSoC）项目、新式计算基础需求（Foundations Required for Novel Compute，FRANC）项目、电子设备智能设计（Intelligent Design of Electronic Assets，IDEA）项目、高端开源硬件（Posh Open Source Hardware，POSH）项目、软件定义硬件（Software Defined Hardware，SDH）项目和特定领域片上系统（Domain-Specific System on a Chip，DDSoC）项目。其中，3DSoC 和 FRANC 项目、IDEA 和 POSH 项目、SDH 和 DDSoC 项目分别为新材料、新设计与新架构这三大方向提供支撑。

（二）欧盟志在以 ICT 为根基推进欧洲工业数字化进程

2017 年 9 月，欧盟委员会发布《面向 2018—2020 年的 H2020 ICT 工作计划》草案。该草案不仅覆盖高性能计算、大数据、云计算、5G 和下一代互联网等这些典型的信息通信技术，更将 ICT 概念进行了更广泛的拓展，志在以 ICT 技术为根基推进欧洲工业数字化（Digitising European Industry，DEI）进程。

在组织实施上，欧盟仍然倾向于通过公私合作（PPP）的方式，确保其在电子学、光子学、嵌入式系统、计算机、机器人、大数据及网络技术与系统等关键领域始终保持领先地位。要构建完善跨部门综合性数字化平台，为用户提供应用与实践的生态环境，推进大规模试点等；充分贯彻落实配套政策，支持数字化创业，加强对初创企业和中小企业的支持，从而更有效地将创新嵌入关键使能与工业领先技术 ICT 计划（LEIT-ICT）。同时该工作计划也充分借鉴了 "地平线 2020" 中期评估结果，一是简化了计划的流程，提升了实施的连贯性；二是加强与日本、韩国、中国（包含台湾地区）和美国的国际合作，提升欧盟整体的国际参与度；三是建设可持续发展的基础设施，以促进创新和包容性增长。

工作计划提出了欧洲工业数字化技术、欧洲数据基础设施、5G、下一代互联网等技术研究领域面临的挑战和未来研发计划。其中，工业数字化技术主要聚焦在信息物理系统中的计算技术与工程化方法，柔性可穿戴电子，面向光子元件和器件的光子学制造试点线，应用驱动的光子学组件，非常规纳米电子学，协同制造中的安全性与鲁棒性，各种应用场景中的机器人及机器人核心技术等。

欧盟将高性能计算、大数据和云计算界定为最重要的数据基础设施，未来3年的主要任务包括：一是推进高性能计算（HPC）和大数据支撑的大规模测试床与应用；二是研发新型大数据收集、管理、分析与可视化方法，以及相应的工程解决方案；三是建立开放、安全可控的工业数据和私人数据平台，解决好数据共享与交易过程中的技术、法律和商业方面的问题，培育良好的数据市场环境，推动数字经济发展；四是研发相关的软件技术。

对5G的部署包括构建5G端到端传输的网络基础设施，研发面向协同互联自动驾驶需求的5G（车联网），为5G在各行业垂直应用提供试验验证平台，研发基于5G的演进网络，与美国共建高级的无线网络平台，加强与中国（包含台湾地区）的5G研发合作。

对下一代互联网的部署包括启动下一代互联网计划；研发新型交互技术，开发面向未来的交互式系统，提升交互体验；汇集可用的知识、算法、工具和资源，创建面向需求的欧洲人工智能平台，推动人工智能的广泛应用；发展物联网；筑牢下一代社交媒体平台基础，构建可信和安全的社交媒体数据生态系统，打造面向未来的超链接社会；开发跨多语种的下一代互联网，支持数字化单一市场中多种语言的应用。

（三）日本通过多项评估确定 ICT 未来发展重点

日本一向善于研判全球科技发展态势、客观剖析自身的优势和劣势，依此做出相应的政策调整。2017年，日本在对信息技术领域的开展全球性技术预测的基础上，展望了数字驱动的经济与社会变革现状和趋势，并提出信息通信领域海外进军战略。

2017年4月，日本科技振兴机构发布《研究开发俯瞰报告2017》，提出科技创新步伐加快，日益向尖端化、精细化方向发展，以大数据、物联网、人工智能等为代表的信息技术快速发展，正对人类社会（法律、伦理及社会风俗等）产生深刻影响，使得信息系统变得更加泛化和复杂化，科技金融、共享经济等新的服务形态不断涌现，推动物理世界日趋软件化。在这样的大背景下，日本在量子计算基础理论、安全密码、大数据与人工智能自主学习、机器人、语言处理等方面仍处于优势地位，而在大数据积累和利用方面则落后于美国，在新技术的商用化方面仍需要尽快完善相关法律制度和商业环境。下一步日本应在知识计算方面达成共识，妥善处理好社会伦理和法律问题，搭建基于信息物理系统、物联网、增强现实技术等的网络化服务平台，加强人工智能和新型计算原理的开发与应用，以推动将大数据用于解决实际问题，加强机器人技术和软件技术的开发。

2017 年 7 月，日本总务省发布主题为"数据驱动的经济与社会变革"的 2017 年版《信息通信白皮书》，展望了在数据驱动型经济环境下，如何通过多样化数据的生成、收集、传输、分析和利用，对经济社会活动进行重构，并解决社会问题。白皮书中提出日本智能手机和平板电脑的利用率，以及以智能手机为基础的金融科技和共享经济服务均明显落后于英美，其智能手机经济潜力有待进一步激发；《个人信息保护法》《官民数据利用基本法》等的新修订和施行，为大数据的广泛应用营造了良好的环境，要在确保数据安全的同时更大限度地促进数据利用；要做好人才、体制机制等方面的软环境建设，积极应对第四次产业变革所带来的挑战；利用 ICT 技术解决社会问题，如鼓励企业允许远程作业，以这种方式提高全社会就业率和劳动生产率，鼓励地方扩大 Wi-Fi 建设刺激旅游产业增长等。

2017 年 10 月，日本发布《信息通信领域海外进军战略》。战略立足于五大领域对国际市场动向、日本企业优势、竞争国家动向等进行了分析，明确了各领域未来的研发方向和目标市场等，同时几乎在每个领域，日本都表示要积极将相关发展理念，如"高质量基础设施"理念等，传递给其他国家和地区。一是在海底电缆系统领域，将聚焦具有较强竞争力的长距离海底电缆系统项目；把亚太地区作为重要战略区域，并立足中长期充分挖掘大西洋地区需求，并将其作为战略发展区域。二是在安全系统（生物认证系统等）领域，将加强多模式身份验证技术的研究，加强与传感、监控系统的融合，通过灵活运用这些技术提供综合性安全服务等；在欧美市场保持竞争优势的同时，在印度、非洲和亚太地区等新兴国家市场持续发力，并加强在中南美洲及其他发展中国家与地区的发展战略。三是在宽带网络（光纤等）领域，利用现有的技术优势，研究 5G 技术的推广与应用；在需求较大的亚太地区持续发力，充分挖掘中南美洲及非洲市场潜力。四是在广播系统（地面数字广播等）领域，重点着眼于采用日本制式较多的中南美洲国家与菲律宾。五是在邮政系统及相关服务领域，重点关注东盟国家、俄罗斯和印度等这些致力于实现邮政基础设施系统精密化和现代化的国家。

四、大数据成为各国抢抓数字经济发展机遇的核心要素之一

（一）美国谋求大数据产业发展与技术创新同步繁荣

美国是率先将大数据从商业概念上升至国家战略的国家，早期有 2012 年重在核心技术研究的《大数据研究发展倡议》，到 2014 年积极应对隐私保护等问题的《大数据：把握机遇，守护价值》白皮书，再到 2016 年《联邦大数据研发战

略计划》的实施，这一系列的战略计划为美国在大数据技术研发、商业应用及保障国家安全等领域全面构筑起全球领先优势。

特朗普就任美国总统后，对大数据应用及其产业发展持续关注，并督促相关部门实施大数据重大项目，构建并开放高质量数据库，强化5G、物联网和高速宽带互联网等大数据基础设施，促进数字贸易和跨境数据流动等。2017年4月，美国能源部与退伍军人事务部联合发起"百万退伍军人项目"（MVP），希望借助机器学习技术分析海量数据，以改善退伍军人健康状况。2017年9月，医疗保健研究与质量局发布美国首个可公开使用的数据库，其中包括全美600多个卫生系统的快照。白宫科技政策办公室一直积极与他国展开合作，以预防数字经济监管障碍、促进信息流动和反对数字本地化等。

随着全球数据规模的快速增长及数据复杂性的日益提升，美国也在积极寻求数据存储、检索和处理等操作的新范式。2017年3月，DARPA启动"分子信息学计划"（Molecular Informatics Program），该计划研究路径将不再依赖传统的基于冯·诺依曼架构的二进制数字逻辑，而是探究和利用分子的各种结构特征和性质，实现数据编码和数据操纵。虽然近年来分子存储概念（如基于DNA序列）取得了一定的进展，并有望以占据极小物理空间的格式来归档数字化数据，然而如何将基于分子的数据解码成电子数据格式等问题尚未得到解决，需要进一步探索。为此"分子信息学计划"将组建一支学科交叉型研究团队，由覆盖化学、计算机与信息科学、数学、化学工程与电子工程等领域的专家构成协同合作，探索一系列基础性问题：如何在分子中进行数据编码，分子可执行什么类型的数据运算，以及如何理解分子环境中"计算"这一概念等。

（二）英国实施数字战略应对脱欧后经济增速放缓的挑战

英国特别重视大数据对经济增长的拉动作用，2017年密集发布《数字战略2017》《工业战略：建设适应未来的英国》等，希望到2025年数字经济对本国经济总量的贡献值可达2000亿英镑，以积极应对脱欧可能带来的经济增速放缓的挑战。2017年3月发布的《数字战略2017》中提出七大目标及相应举措，特别是对各个目标都提出了更高标准的要求：一是打造世界一流的数字基础设施；二是使每个人都能获得所需的数字技能；三是成为最适合数字企业创业和成长的国家；四是推动每一个企业顺利实现数字化、智能化转型；五是拥有最安全的网络安全环境；六是塑造平台型政府，为公众提供最优质的数字公共服务；七是充分释放各类数据潜能的同时解决好隐私和伦理等问题。2017年11月，英国面向全社会发布《工业战略：建设适应未来的英国》白皮书，强调英国应积极应对人工智能和大数据、绿色增长、老龄化社会及未来移动性等四大挑战，呼吁各方紧密合作，促进新技术研发与应用，以确保英国始终走在未来发展前沿，实现本轮技术变革的经济和社会效益最大化。

（三）日本将大数据作为未来超智能社会的基础性技术

2016 年年初，日本连续发布《第五期科学技术计划》和《日本再兴战略2016》，提出建设"超智能社会"的构想，希望借助网络、大数据及人工智能等技术实现产业和就业结构的变革，通过实施一批利用这些技术解决经济、社会问题的示范项目，将基于数据和网络的智能化服务推广到日常生活、医疗保健、流通服务、文化体育等社会生活的各个方面，并最终在全球率先建成"超智能社会"。这其中，日本将大数据定位为建设"超智能社会"必需的基础性技术。

2017 年，日本全方位施策来具体推动大数据这一基础性技术的研发与应用。一是加大研发力度，有序推进大数据专项、科研平台基地专项等强化前沿基础研究，大数据成为"未来社会创造项目"中的重点研发领域，同时在"官民研究开发投资扩大项目"中大数据也成为最需要创新的网络空间基础性技术。二是支持新一代光网络技术研发与基础设施建设，支撑大数据传输和流通需求。三是完善知识产权和标准化战略和政策，构建适应大数据发展的知识产权体系，推动人才培养和标准制定符合国际化发展的需求。四是加强国际合作，先期已启动与印度的国际共同研究基地项目，来推进在大数据、物联网和人工智能等领域的研究。

（四）韩国以大数据等技术为核心应对第四次工业革命

为积极应对第四次工业革命的新挑战，韩国于 2016 年年底发布《智能信息社会中长期综合对策》，将大数据界定为智能信息社会的核心要素之一，并提出具体的发展目标和举措。

一是充分挖掘数据资源的价值，强化未来竞争力源头。构筑开放共享的大规模数据基础，到 2025 年实现 320 个公共机构的数据开放；促进数据流通和使用，激活数据交易市场，推动公共和民间数据实现以价值为导向的交易；激活数据分析企业，到 2020 年数据专业服务企业规模达到 100 家；培养大数据专业人才，每年培养的数据科学家数量从 2017 年的 500 名增长到 2030 年的 1000 名；发展区块链技术，提高数据管理可靠性等。

二是筑牢大数据技术基础。加强数学方法论研究，长期稳定支持新型学习推断、量子计算、神经形态芯片等下一代计算技术研究，推动科研大数据开放共享，推进产业数据中心建设，强化产学研合作共同研发产业共性技术等。

三是面向数据服务需求，构筑超链接网络环境。确保频率资源供应，有序推进 5G 商用化进程，实现大规模机器间通信，实现不同业务网络之间的实时超链接；推动通信运营商体系优化，摒除后发企业进入运营行业的壁垒；进一步强化物联网和云计算基础设施并充分利用智能传感器数据；分阶段引进量子通信与安全网络等。

五、量子科学研究不断取得新突破

（一）大型量子计算机雏形初现

2017 年，在多国科学家的共同努力下，有关大型量子计算机的设计框架初具雏形。该框架涵盖了从内部电气元件到功率规格等在内的全部要素，为后续研究提供了强大的基础性支撑。这一大型量子计算机的重点技术与组成模块包括基于微波的量子门、独立的量子计算模块及无须光纤缆线的相邻模块新型传输方法。美国谷歌公司、英国苏赛克斯大学、日本理化学研究所、丹麦奥胡斯大学及德国锡根大学等的科学团队均参与其中。下一步英国苏塞克斯大学将按照这一框架建造量子计算机原型设备，计划耗资至少 1 亿英镑。

（二）空间量子通信实现重大突破

星地量子通信技术是量子通信研究领域中最引人关注的热点之一，2017 年主要国家和地区持续开展基于卫星的量子光学和量子通信研究，推动该领域实现了重大突破。2016 年 8 月，中国成功发射世界首颗量子科学实验卫星"墨子号"，2017 年 6 月和 8 月"墨子号"相继实现了千公里级量子纠缠和星地量子隐形传态。日本也在 2017 年实现了全球首次基于超小型卫星的空间量子通信实验。

（三）欧盟谋划量子技术旗舰计划下一步发展

2017 年 3 月和 9 月，欧盟量子技术（QT）旗舰计划高级督导委员会（HLSC）连续发布 2 份报告，就 QT 旗舰计划的战略研究议程、实施模式和治理模式提出了具体的建议。

在战略研究议程层面，委员会对量子通信、量子计算、量子模拟、量子传感和计量 4 个领域设置了 3 年、6 年和 10 年的阶段性目标，并充分细化了初始 3 年"爬坡"阶段的发展目标。委员会同时提出发展这四大领域要将基础科学作为共同的基础，且每个领域都要关注工程与控制、软件与理论、教育与培训 3 个方面。

在实施模式层面，QT 旗舰计划的实施与欧盟此前的两大旗舰计划将有很大不同，即 QT 旗舰计划不再组建一个单一的核心联盟，而是通过一系列独立但又紧密相关的研究项目开展。这些项目与战略研究议程相对应，由欧盟委员会提供资助，并通过竞标和同行评议的方式进行遴选。

在治理模式层面，QT旗舰计划的治理模式应尽可能简洁和有效，包括科学、咨询、监督和执行机构，以及有效的反馈机制。运营层、协调层及战略层共同组成QT旗舰计划的决策体系。

（四）日本前瞻量子科学重点发展方向

2017年2月，日本文部科学省发布《关于量子科学技术的最新推动方向》中期报告，提出日本未来在该领域应重点发展的方向。一是在量子信息处理和通信领域，发展量子计算、量子模拟、量子通信与密码；二是在量子测量、传感器和影像领域，发展固体量子传感器、量子纠缠光和光晶格钟。其中在量子计算领域，日本考虑本国资源有限，且与欧美投资规模差距较大，现阶段对该技术实施集中投资为时尚早、失败概率较大，因此宜从独特的视角或创意出发，力争实现"弯道超车"。在量子模拟领域，日本认为当前国内的理论研究者与潜在用户亟须联合起来，共同开展该领域的软硬件研究，同时积极培养精通基础物理和系统开发的优秀人才。在量子通信和密码领域，日本提出有必要通过实现信息理论、光纤网络技术、无线网络技术等不同领域的融合，促进技术普及，加快推进量子密码与数字加密和相关领域的合作，分阶段切实推进量子技术的发展。

六、5G通信网络已成为关键基础设施

自3GPP（第三代合作伙伴计划）于2014年启动5G研究以来，5G标准从Rel-14到Rel-15版本落地较预期时间都有所提前，预计2019年9月，3GPP将发布Rel-16毫米波段的通信标准，从而全面推进2020年5G正式进入商用阶段。国际上美国、日本、韩国、中国等都在近2年积极推进5G预商用服务，英国和德国在客观研判本国5G发展基础上于2017年陆续发布5G国家战略，旨在打造5G这一关键基础设施领域的全球领先水平。

2017年3月，英国发布《下一代移动技术：英国5G战略》，宣告将通过5G及全光纤计划确保英国成为下一代移动技术和数字通信的全球领导者。当前英国移动用户覆盖率已达98%，室内移动覆盖率高达99%，4G网络覆盖率为72%，从这一网络连接基础来看，英国已具备了全球5G领导者的基础条件。同时在未来推进5G发展中，除了公共财政投入11亿英镑用于数字基础设施建设之外，私营资本也将投入50亿英镑，来共同推进5G连接和网络覆盖率提升。该战略从5G商业模式、实验部署、监管政策、地方部署、网络覆盖、安全部署、频谱策略、标准制定及知识产权等方面，制订了系统性的政府行动计划。在组织实施上，战略中也进一步明确：政府负责制定战略，电信部门负责构建完善监管框架

并支持战略实施；建立新的数字基础设施领导组，协调相关项目实施并确保这些设施能够长期满足需求；建立新的 5G 中心，实施国家级 5G 试验计划；成立数字基础设施执行工作组，及时跟踪反馈实施情况。

战略发布后，英国通信各界积极响应，共同推进构建 5G 生态系统。英国电信监管机构 Ofcom 推出 5G 频谱使用的公众咨询服务，并将于 2019 年开始实施新的移动无线频谱分配方案，同时还提出了频谱拍卖原则，公布了适用于 2.3GHz 和 3.4GHz 频段频谱拍卖的条款和条件等。英国电信运营商 EE 加紧测试"预 5G"（Pre-5G）技术，基于 26GHz 毫米波通信空中氢气球基站提供至少 65Mbit/s 的网络传输速度，力争在 2019 年年前为英国提供可靠的紧急服务网络（ESN），确保在灾难或紧急情况下救灾工作仍能顺利进行。电信运营商 BT 积极联合网络技术初创公司为 5G 技术研发做好战略储备等。

早在 2016 年秋季，德国便发布了"5G 网络倡议"，强调要快速完善 5G 基础设施。2017 年 7 月，德国联邦交通和数字基础设施部发布《德国 5G 战略》，系统性地提出了 5G 网络发展框架。一是推动运营商加大对基础设施的投资，最大限度地发挥 5G 网络性能；二是提供频谱资源，加快 5G 网络普及；三是推动电信行业与 5G 网络应用行业的合作，以充分激发 5G 蕴含的巨大经济社会潜力；四是推动 5G 网络在全国城、镇、村等地域的全覆盖。在 5G 网络基础研发领域，战略中强调，一是通过 5G PPP 项目持续加大对 5G 基础研究和技术应用的支持；二是支持各类试验验证，如通过"未来的工业通信"倡议鼓励开展大规模的研发，为 5G 网络寻求创新型解决方案，在"工业 4.0"框架下开展实用性联合科研项目等；三是加强对全国 5G 研发的统筹力度，促进相关机构之间的合作，避免资源过于分散。

（执笔人：高　芳）

人工智能进入新一轮发展热潮

自 1956 年"人工智能"（AI）这一概念被正式提出以来，其发展几起几落，历史上形成过以专家系统、神经网络等为代表的数次热潮。近年来，深度学习算法、大数据，以及高性能计算、云计算等的快速发展与应用，推动人工智能进行新一轮发展热潮，特别是 2016 年 3 月"阿尔法狗"（AlphaGo）围棋程序击败人类世界冠军李世石，成为此轮热潮的里程碑式事件。2017 年，全球人工智能研发与应用持续获得新突破，深度学习算法、AI 专用芯片等快速演进与升级，AI 应用向各行各业广泛渗透。美国、英国、日本、韩国、法国、德国和加拿大等国家进一步强化人工智能发展的顶层设计。国际社会高度关注 AI 相关伦理、道德、法律等问题，同时部分国家正积极探索实践。

一、全球人工智能研发与应用获得新突破

2017 年，全球人工智能研发与应用不断获得新的突破，自首次战胜人类围棋冠军后，AlphaGo 程序在不到 2 年的时间内实现了算法及硬件计算的快速跃升；人工智能各种细分技术的应用开始从互联网行业扩散到医疗、能源、金融等传统行业；而在具体应用场景的驱动下，TPU、FPGA 等专用 AI 芯片层出不穷；为抢占未来 AI 产业竞争优势，国际科技巨头纷纷构建并不断升级其开源平台，以营造良好的人工智能创新生态。

作为此轮人工智能研发热潮的标志性成果，AI 围棋程序 AlphaGo 自李世石版本问世以来已经实现 3 次重大突破，其核心的深度学习算法快速演进，硬件计算资源调度大幅缩减。2016 年年底到 2017 年年初，AlphaGo Master 连续击败 15 位世界冠军，取得 59 连胜。2017 年 10 月，AlphaGo Zero 对人类先验知识和经验的依赖性大幅降低，同时在自我训练中还实现了对围棋相关知识的认知，其中不仅包含人类已构建的围棋规则，甚至还归纳生成了人类尚未总结出来的"非标

准策略"。在计算资源调度上，李世石版本的 AlphaGo 使用了 48 块 TPU（Tensor Processing Unit，TPU），即张量处理器，AlphaGo Zero 已经下降到 4 块 TPU。2017 年 12 月，AlphaGo Zero 从围棋向其他类似棋类游戏拓展，开始向规则明确的类似棋类游戏"通用"引擎进化。

自然语言处理、计算机视觉、智能机器人与自主系统、虚拟处理、决策管理等技术在不同领域得到了广泛应用，从互联网、电信等高技术行业扩散到医疗、能源、制造、金融、零售、交通等各行各业，人工智能对传统生产生活方式的改造使得生产效率与资源能源消耗得到更好的平衡。IBM 公司的 Watson 系统成为目前人工智能在医疗辅助诊断领域最为成熟的案例之一，在中国、美国、韩国、泰国、新加坡、印度、荷兰 7 个国家已正式为患者提供服务，在服务病种方面更是覆盖了乳腺癌、肺癌、直肠癌等 10 余个癌种。2017 年年初，英国国家电网公司与 AlphaGo 开发团队 DeepMind 公司合作，期望借助最新的机器学习技术支撑电网供需管理，推动能源消耗降低 10%，此前 DeepMind 研究的算法已经使得谷歌数据中心的整体用电量减少了 15%。在金融领域因谨慎采用先进科技而著称的美国分支银行与信托公司，也在 2017 年开始投资利用人工智能和机器人技术来降低处理成本，在一些特定领域进行了充分的安全性测试基础上，处理同一个流程可从人工操作的 2 个小时降低到 AI 操作的 15 分钟。

人工智能芯片是 AI 计算能力得以大幅提升的核心环节，2017 年由具体应用场景驱动的 AI 芯片层出不穷。2017 年 1 月，美国杜克大学开发出一种可快速进行机器人运动规划的定制处理器 FPGA 或现场可编程门阵列，可使运动规划流程的速度提升 3 个数量级。2017 年 2 月，美国麻省理工学院开发出自动语音识别的低功耗专用芯片，通常在手机上启用一次语音识别软件需要消耗 1 瓦左右的电量，此款芯片只需消耗 0.2 ~ 10 毫瓦。2017 年 5 月，比利时鲁汶国际微电子中心（Interuniversity Microelectronics Center，IMEC）向世人展示了世界上首个可自主学习的神经形态芯片，同期谷歌公司推出第二代专用加速计算芯片 TPU，该芯片同时具备训练与推理能力。2017 年 6 月，韩国先进科学技术研究院（Korea Advanced Institute of Science and Technology，KAIST）研制出能够以超低功耗运行人工智能算法的半导体芯片——卷积神经网络处理器（Convolutional Neural Network Processor，CNNP），以及使用这种芯片的人脸识别系统 K-Eye。2017 年 7 月《自然》杂志报道，一支由来自法国、美国和日本的科学家组成的国际团队研制出基于纳米神经元的神经形态芯片。

伴随机器学习算法的快速演进与应用，关于算法本身的可解释性探讨也更加深入。美国国防高级研究计划局（DARPA）已资助 13 个不同的研究小组，探索多种方法使人工智能变得更具可解释性。其中，查尔斯河分析公司（Charles River Analytics）正在研发一种新型深度学习系统，目标是能对分类图片中的每个位置进行分析解释。2017 年 9 月，美国麻省理工学院（MIT）提出了一种新的通用技术，可以解释经过训练的神经网络是如何执行自然语言处理任务的，让计算机尝试解释以自然语言编写的自由格式的文本（而不是结构化语言，如数据库查询语言）。

构建开源的创新生态已成为本轮人工智能产业竞争的必要前提，尤其是近 2 年国际科技巨头纷纷拥抱开源，加快对外开放其专有的机器学习框架，在争夺更多用户和大数据资源的同时，也将众多的"用户智慧"集成到了平台中。早在 2015 年，Facebook、谷歌、微软和 IBM 便陆续推出其开源平台 Torch Software、TensorFlow、DMTK 和 System ML，并持续对这些平台进行优化升级。2017 年 2 月，谷歌发布 TensorFlow 深度学习开源框架 1.0 版，为其用于生产实际中提供应用编程接口（Application Programming Interface，API）。2016 年和 2017 年，百度陆续开源两大平台，其中深度学习 PaddlePaddle.org 平台提供机器视觉、自然语言理解、搜索引擎排序等多领域的深度学习算法支持，阿波罗（Apollo）自动驾驶平台则为用户搭建自己的自动驾驶系统提供便利。

二、主要国家持续加强人工智能发展的顶层设计

2017 年主要国家持续加强人工智能发展的顶层设计，美国特朗普政府虽然并未延续奥巴马政府的理念给出推进人工智能发展的具体举措，但特朗普高度重视人工智能在国防安全领域的应用。英国提出要在政府工业战略大框架内大力培育人工智能产业，以此为契机强化对人工智能的系统部署，占据全球人工智能与数字经济发展的前沿。日本加紧推进人工智能和机器人等尖端技术成果转化，明确了人工智能产业化三阶段目标。韩国以发展人工智能等新兴技术紧抓第四次工业革命机遇。法国启动并加快落实人工智能国家战略，在研发投入、平台建设、人才培养及产业基金等方面给出了具体举措。德国继续以"工业 4.0"为核心推进人工智能发展，并专门成立人工智能研讨平台促进产学交流与合作。加拿大部署实施"泛加拿大人工智能战略"。

（一）美国认为加快发展人工智能有利于确保国家安全

美国是全球人工智能研发实力最强的国家，也是最早将发展人工智能上升为国家战略的国家。2017 年年初美国新总统上台之后，特朗普未能延续奥巴马关于 AI 发展的战略举措，在 2017 年 5 月发布的 2018 财年科技预算中，特朗普提议削减为人工智能研究提供支持的多个政府机构资金，这将在一定程度上影响人工智能技术的研发。另外，特朗普又鼓励在国防领域加快相关新兴技术的研发，欲加大国防预算中相关技术的研发投入，实际上美国国防高级研究计划局

（DARPA）等机构正加快推进与军事国防密切相关的人工智能技术研发。

特朗普强调发展人工智能是确保美国在科技创新领域领先地位，并为国家安全提供保障的重要前提。特朗普政府在新版国家安全战略中提出，美国的竞争对手运用人工智能、机器学习等技术手段收集、分析信息与情报的能力不断提升，正严重威胁着美国的国家安全，因此强调要加快发展人工智能、自动驾驶汽车和自主化武器。实际上就在 2017 年 7 月美国权威智库哈佛大学贝尔佛科学与国际事务中心已发布主题为《人工智能与国家安全》的报告，深入探讨了人工智能与国家安全的关系，围绕确保 AI 技术领先、支持 AI 和平应用和商业应用、降低灾难性风险 3 大目标提出 11 项具体建议。特朗普的主张部分源于该报告，然而此版安全战略中并未给出支持人工智能发展的具体措施。

加紧在国防安全领域进行 AI 研发和应用的部署。2017 年 3 月，DARPA 宣布拟资助"终身机器学习"（L2M）项目研究，旨在开发下一代机器学习技术，使机器系统能从新环境中学习并加以应用，从而变得更完善、更可靠。在网络安全领域，DARPA 提出自愈式网络概念，支持人工智能攻防软件研制，武器系统网络安全的人工智能项目研究，以及对抗自适应无线通信威胁的电子战人工智能项目研究等。2017 年 3 月，美国陆军发布《机器人与自主系统（RAS）战略》，明确了美国陆军 RAS 的能力发展目标，提出在未来 25 年可快速和经济地实现其目标的核心关键技术，具体包括自主性、人工智能和通用控制技术，并按近期、中期及远期 3 个阶段提出每个阶段的优先发展事项。2017 年 6 月，美国空军研究实验室（AFRL）表示正在与 IBM 合作，推动研发行业首款基于 64 块芯片阵列 IBM 真北神经突触系统（TrueNorth Neurosynaptic System）的类脑超级计算系统，该系统的高级模式识别能力和感觉处理能力相当于 6400 万个神经元和 160 亿个突触，而能耗只有 10 瓦。

（二）英国要成为最适合发展和部署人工智能的国家

2017 年，英国对人工智能的部署，从早期的聚焦于机器人和自主系统技术过渡至人工智能这一综合性强的大领域，基于本国人工智能发展基础和现状发布了《培育英国的人工智能产业》报告，以推进产业发展为契机强化对数据、人才及基础研究等可持续发展能力的建设，旨在将英国打造成为世界上最适合发展和部署人工智能的国家。报告主体内容随后被列入英国政府 2017 年 11 月出版的《政府工业战略》白皮书中，成为英国下一步发展人工智能的重要指引，英国首相特雷莎·梅特别提出要占据全球人工智能与数字经济发展的前沿。

《培育英国的人工智能产业》报告提出，发展 AI 会为英国带来巨大的经济社会效益。埃森哲预测，到 2035 年，AI 将为英国经济提供 8140 亿美元（约合 5.4 万亿人民币）的增量。届时，AI 的总增加值（GVA）年增长率有望从现在的 2.5%

增长至 3.9%。普华永道公司也发布报告称，到 2030 年，AI 为英国带来的 GDP 增长将达到 2320 亿英镑（约合 2 万亿人民币）。与此同时，英国仍是全球 AI 技术和专家的主要聚集地之一，为确保英国在 AI 领域的领先地位，特别从提高数据访问能力、增强 AI 人才供给能力、最大限度推动 AI 研究和支撑 AI 应用等角度提出了未来发展建议。

在充分吸纳上述报告建议的基础上，英国政府在工业战略中围绕人工智能与数字经济提出 3 项具体举措。

一是将英国建设成为全球 AI 与数据驱动型创新的中心。通过产业战略挑战基金（Industrial Strategy Challenge Fund, ISCF）与产业界合作开展世界级的研究，实现 AI 与先进分析技术的创新性使用；培养、吸引和留住最优秀的人才，阿兰·图灵研究所将成为国家 AI 研究中心，投入 4500 万英镑支持 AI 及相关学科的博士培养，支持大学和企业设立硕士项目并做好相关培训。

二是在安全和合理运用数据与 AI 方面保持世界领先。投资 900 万英镑创建一个新的数据伦理与创新中心，对现有的数据治理态势进行评估，围绕数据（包括 AI）的安全与合乎道德准则的使用问题，为政府提供相关建议。同时还将加强整体数据安全，进一步巩固英国作为全球网络安全中心的地位。

三是帮助公众培养未来工作所需的技能。总计投入 4.06 亿英镑用于提升人们的数学、数字与技术技能，包括未来 5 年投入 8400 万英镑实施一项综合性计划，用于改进计算教学并促进人们参与计算机科学。与产业界联合构建一个新的国家计算教育中心，与此同时新的国家再培训计划将帮助人们对自己进行再培训和技能提升，以应对经济变革。

（三）日本明确人工智能发展路线

日本政府高度重视人工智能的发展，不仅将物联网、人工智能和机器人作为第四次产业革命的核心，还在国家层面建立了相对完整的研发促进机制，并将 2017 年确定为"人工智能元年"。日本希望通过大力发展人工智能，保持并扩大其在汽车、机器人等领域的技术优势，逐步解决人口老龄化、劳动力短缺、医疗及养老等社会问题，扎实推进超智能社会 5.0 建设。围绕平台建设、推动成果转化等多个维度，日本政府采取了多项举措，并进一步明确了人工智能发展路线，确立了到 2030 年的阶段性目标。

2016 年 5 月，日本政府制定高级综合智能平台计划（AIP），提出集人工智能、大数据、物联网、网络安全于一体的综合发展计划，为开展创新性研究的科研人员提供支持。日本政府产业竞争力会议汇总了增长战略的草案，将重点放在运用机器人和人工智能以提高生产效率。同年 10 月，日本政府举办"结构改革彻底推进会议"，加紧推进人工智能和机器人等尖端技术成果转化。

2017 年年初，为加快推进人工智能的产业化，日本政府专门制定产业化路线图，计划分 3 个阶段推进利用人工智能大幅提高制造业、物流、医疗和护理行业效率的构想。第一阶段（到 2020 年），突破无人工厂与无人农场技术；普及利用人工智能进行药物开发；通过人工智能预知生产设备故障。第二阶段（2020—2030 年），达到人与物输送及配送的完全自动化，机器人的多功能化及相互协作，实现个性化的新药研制，智能家居中实现对家电等的完全控制。第三阶段（2030 年之后），使护理机器人成为家族的一员，实现出行自动化及无人驾驶的普及（人为原因交通事故死亡率降为零），能够进行潜意识的智能分析并实现本能欲望的可视化。

（四）韩国统筹推进智能信息社会中长期规划

自 2016 年 3 月韩国启动《智能信息产业发展战略》之后，经过 8 个月左右的酝酿与准备，韩国政府于 2016 年年底发布《应对第四次工业革命的智能信息社会中长期综合对策》，该对策成为韩国以发展人工智能等新兴技术紧抓第四次工业革命机遇的综合性举措。韩国未来科学部将智能信息社会定义为人工智能与 ICBM 技术 [物联网（IoT）、云计算（Cloud）、大数据（Big Data）、移动设备（Mobile）] 相融合的社会。在战略性课题研究部署上将发展人工智能作为重中之重。一是要开展全球领先水平的智能信息技术研发，掌握 AI 核心技术与源头技术，制定具有国际市场竞争力的人工智能研发路线，鼓励 AI 应用技术研究与服务开发，构建良好的法律、知识产权等政策环境。二是推动全产业、全领域的智能信息化，在国防、安全、教育等国家基础服务方面灵活运用人工智能技术，在制造业、医疗、交通、家居等产业领域推广智能型服务。三是应对智能信息带来的社会变化，将现行《国家信息化基本法》修订为《智能信息社会基本法》（暂称），制定新的教育、福利政策，建立适应智能信息社会的劳动行政系统建设方案。

（五）法国启动并加快落实人工智能国家战略

2017 年，法国启动了人工智能国家战略，并加快落实其中的若干项行动。这一战略旨在强化人工智能领域的研究，确保法国在这一领域保持一定的领先地位，加强相关人才培养，加速推动人工智能技术商业应用与产业化，营造产业发展良好生态，促进公众形成发展人工智能的共识，更好地动员社会力量加入到人工智能的发展中去。

到 2017 年年底已重点推进了以下 10 项行动。（1）汇集学术界、产业界和社会人士共同成立法国人工智能战略委员会；（2）由法国协调组织有关人工智能的"新兴科技灯塔计划"，即"未来和新兴科技旗舰计划"（FET flagship），该项目由欧盟共同出资（10亿欧元）；（3）在未来投资计划第三期中设置专门项目，识别、吸引和挽留人工智能界的顶尖人才；（4）资助共享互助型的科研基础设施建设；（5）建立公共私人研究联盟，该联盟具有推动建设人工智能跨学科中心的职责；（6）将人工智能纳入所有支持创新的公共机制中；（7）调动汽车制造、客户关系管理、金融、医疗与健康及铁路交通等各行业的相关力量，为每个行业制定一份行业人工智能战略；（8）通过招标形式为3～6个行业领域建设数据共享平台；（9）由法国国家信息自由委员会（CNIL）负责完成对"算法"伦理问题的讨论；（10）组织人工智能对就业影响专题的讨论。此外，还要充分调动公共资本（包括法国公共投资银行、未来投资计划等）与私人资本，5年内为10家法国创业公司提供投资，每家公司至少投资2500万欧元。

（六）德国继续以"工业4.0"为核心布局人工智能发展

与其他国家不同，德国目前没有关于人工智能的专门战略规划，对人工智能、机器人等领域相关研究与应用的支持仍主要集中在"工业4.0"计划中。德国联邦经济和能源部、联邦教育与研究部两大部门对人工智能研究给予支持并各有侧重，前者注重实际应用，后者关注基础科研。2017年两大部门围绕人工智能专门提出了相关的研发布局和发展愿景，助力"工业4.0"计划。

聚焦智能服务应用四大领域，并持续加大投入。"智能服务世界"[①]促进计划是对"工业4.0"计划的具体落实，该计划主要聚焦四大领域，资助重点主要包括：（1）汽车。车载电子信息设备的数据安全保障；更快的新一代移动互联网络；智能汽车应用；提高公共交通工具售票系统兼容性。（2）美好生活。智能建筑（含智能家居）；智能医疗护理；智能化的公共基础设施。（3）智能生产。城市内生产（企业要尽可能使生产过程适应城市环境，要求生产流程更加灵活）和个性化生产；互联机器间通信；广泛应用VR和AR设备。（4）跨行业科技。跨行业科技主要指的是一些数字化平台、生态系统或线上市场，企业可以在这些平台上提供商品、数据及一些最新的智能服务，同时也可以在上面获得所需要的商品和服务。

2017年5月，德国联邦经济和能源部（BMWi）发布创新报告《智能服务世界》，对"智能服务世界Ⅰ&Ⅱ"计划的资助项目的情况进行了集中介绍。该计划于2016年启动，Ⅰ期共资助了16个项目，后又增加4个。这些项目都是在智能、互联的技术系统基础之上，基于收集数据开发新应用以提供更多的智能服

---

① 《德国"工业4.0"未来项目实施建议》（2013年）、《德国"工业4.0"实施战略报告》（2015年）和《德国智能服务世界未来项目实施建议》（2015年）这3份报告奠定了德国"工业4.0"的概念和理论体系。"智能服务世界"促进计划是对《德国智能服务世界未来项目实施建议》的具体落实。

务。鉴于第 I 期计划成效良好，BMWi 于 2016 年 11 月推出"智能服务世界 II"，拓展第 I 期计划的资助领域，预计在 2017—2021 年投入 5000 万欧元。

成立人工智能战略研讨平台促进学术界与产业界交流合作。学习系统与人工智能是德国继"工业 4.0"之后在数字化领域中的另一个重要课题，在德国联邦教育与研究部的主导和推动下，2017 年 9 月德国宣布成立了人工智能战略研讨平台——"学习系统"平台（表 2-1），旨在联合科学界、经济界及社会各界的专家们共同探讨人工智能的应用及可能带来的社会、伦理和法律等相关问题，促进学术界与产业界的交流与合作，推动德国成为人工智能技术的引领者。"学习系统"平台的核心由 7 个跨学科和跨行业的专题工作组构成，其中 3 个工作组负责研究学习系统的具体应用领域，其余 4 个工作组研究交叉课题，即与学习系统应用领域有关的所有技术、经济和社会问题。专家们将在工作组内探讨伴随学习系统的引入和发展而产生的技术、社会、伦理和法律问题，在此基础上得出应用场景、行动建议、指南及路线图。

表 2-1 "学习系统"平台工作组及研究内容设置

	工作组	研究内容
应用领域	运输和智能交通系统	智能运输系统的技术解决方案、基础设施、安全问题、法律框架
	健康、医疗技术、护理	学习系统在医疗、护理和康复中的应用，以及社会接纳和数据保护问题
	不利生存环境	在危险情况下使用学习系统的技术和要求，以及此类系统的透明度与人类决策权问题
交叉课题	数据科学	学习系统的技术基础与支持；支撑整个平台
	新工作方式 / 人机交互	以人为本的未来工作世界；人机交互
	信息技术安全、隐私、法律、伦理	使用学习系统的安全问题及法律和道德要求
	创新商业模式	识别和分析基于人工智能的新商业模式及学习系统的经济潜力；支撑应用领域工作组

（七）加拿大实施泛人工智能战略

2017 年，加拿大实施"泛加拿大人工智能战略"（Pan-Canadian Artificial Intelligence Strategy），具体由加拿大高级研究所（Canadian Institute for Advanced Research, CIFAR）牵头组织实施，政府为此提供 1.25 亿美元资金支持。这一战略的主要目标包括大规模培养人工智能研究人员，保留并吸引人工智能和深度学习领域顶尖人才；在蒙特利尔、多伦多和埃德蒙顿建立三大人工智能研究中心，建立三点一线的人工智能研究带，促进中心之间的合作；研究人工智能进步所带来的经济、伦理、政策和法律等问题，并形成全球影响力；推动建立人工智能的全国性研究网络。

三、国际社会高度关注并密集推出人工智能的发展原则

人工智能的发展引起了国际社会对于 AI 相关伦理、道德、法律等问题的高度关注。以联合国为代表的国际组织，汇聚了人工智能学术界和产业界众多人士的阿西洛马会议等，都在积极探索相关原则与解决路径，以期为世界各国的人工智能监管提供参考借鉴。与此同时，部分国家在具体实践层面已经走在前列。

（一）联合国提出共同应对全球性挑战

联合国以全人类的利益作为出发点和立足点，高度关注人工智能与自动化系统等应用的安全、伦理和道德问题，呼吁共同应对人工智能发展所带来的全球性挑战。前期，联合国主要聚焦自动化武器运用，早在 2014 年便开始筹备起草《特定常规武器公约》，以限制人工智能杀手武器的研制，到 2016 年有123 个国家的代表同意缔结该公约。近 2 年随着新一轮人工智能热潮的到来，联合国对人工智能、机器人、自动化等在民用领域的广泛应用引起高度重视，2016 年 8 月，联合国教科文组织（the United Nations Educational, Scientific and Cultural Organization, UNESCO）与世界科学知识与技术伦理委员会（the World Commission on the Ethics of Scientific Knowledge and Technology, COMEST）联合发布了《机器人伦理初步报告草案》，专门提出了机器人制造和应用的伦理道德问题和责任分担机制，并强调了可追溯性的重要性，即机器人的行为及决策过程应全程处于监管之下。2017 年 6 月，联合国国际电信联盟在日内瓦举行了主题为"人工智能造福人类"的全球峰会，围绕人工智能的最新发展，人工智能对道德、安全、隐私及监管等带来的挑战展开了讨论，同时呼吁各国共同探讨如何加快推进人工智能大众化进程，并借以应对贫困、饥饿、健康、教育、平等和环境保护等全球性挑战。

（二）阿西洛马原则探讨如何确保 AI 为人类利益服务

2017 年 1 月，未来生命研究所（Future of Life Institute, FLI）召开主题为"有益的人工智能"（Beneficial AI）的阿西洛马会议。来自世界各地，覆盖法

律、伦理、哲学、经济、机器人、人工智能等众多学科和领域的专家，共同达成了 23 条人工智能原则，呼吁全世界在发展人工智能的时候严格遵守这些原则，共同保障人类未来的利益和安全。这 23 条原则分为三大类，包括科研问题（Research Issues）、伦理和价值（Ethics and Values）和更长期的问题（Longer-term Issues）。包括霍金、伊隆·马斯克、德米斯·哈萨比斯等在内的近 4000 名各界人士签署支持这些原则。

（三）电气和电子工程师协会尝试构建人工智能设计的伦理准则

为了切实推动与人工智能伦理相关的标准制定，电气和电子工程师协会（Institute of Electrical and Electronics Engineers, IEEE）分别于 2016 年 12 月和 2017 年 12 月先后发布 2 个版本的《人工智能伦理设计准则》，并始终强调自主与智能系统不只是实现功能性目标和解决技术问题，而是应该造福人类。IEEE 早在 2016 年 4 月便发起"自主与智能系统伦理的全球性倡议"，来自学术界、产业界、政府部门及非政府组织，具有计算机、数学、哲学、伦理学、社会学等多学科背景的数百名专家参与到 AI 伦理设计准则的研究与讨论中，并逐步凝练、达成共识。第 2 版准则涵盖一般原则、价值嵌入、指导合乎伦理的研究与设计方法、通用人工智能和超级人工智能的安全、个人数据与访问控制、自主武器、经济和人道主义问题、法律、情感计算、政策法规、经典伦理问题、混合现实、人类福祉指标 13 个方面内容，同时针对一些伦理事项提出了具体建议。该准则已成为全球范围内系统、全面阐述人工智能伦理问题的重要文件，并在持续发展和完善中，预计最终版将于 2019 年发布。人工智能伦理准则可以给 IEEE 正在推动的与人工智能伦理相关的标准制定提供建议，标准的制定则有望将人工智能伦理从抽象原则落实到具体的技术研发和系统设计中。

四、部分国家（地区）积极试行 AI 相关法规

围绕人工智能发展相关的法律、规则及规范等，美国、日本、韩国、法国、德国及欧盟等密集开展相关研究，2017 年在机器人、自动驾驶等 AI 细分领域积极试行相关立法，以期为后续更多公共政策的出台提供借鉴。具体举措见表 2-2。

表 2-2　部分国家 / 地区试行 AI 相关法规信息

国家 / 地区	时间	领域 / 问题	举措
美国	2017 年 1 月	算法	美国计算机协会发布算法透明和可责性七项原则
欧盟	2017 年 2 月	民事立法	欧盟议会通过全球首个"关于制定机器人民事法律规则的决议"，探索机器人和人工智能民事立法

续表

国家/地区	时间	领域/问题	举措
韩国	2017 年 2 月	综合	韩国首次提出的关于智能信息社会的概括性法律文件《智能信息社会基本法》，旨在解决智能信息技术自动化带来的各种社会结构和伦理问题
法国	2017 年 3 月	综合	法国议会发布《人工智能的发展应可控、可用与推进科普》，提出"可控、可用和推进科普"三原则
日本	2017 年 3 月	综合	日本综合科学技术创新会议发布《人工智能与人类社会》报告，提出了将重点处理伦理、法律、经济、教育、社会、研发六大问题
德国	2017 年 6 月	自动驾驶	德国提出全球首个自动驾驶汽车伦理原则
韩国	2017 年 7 月	机器人	韩国国会提出《机器人基本法案》，旨在确定机器人相关伦理和责任的原则，应对机器人技术的发展带来的社会变化
美国	2017 年 9 月	自动驾驶	美国国会众议院和参议院分别通过自动驾驶法案，两部法案略有差异，预计 2018 年将获国会两院正式通过，成为法律
爱沙尼亚	2017 年 10 月	民事立法	爱沙尼亚公布人工智能法案，考虑赋予人工智能法律地位，使其成为人类的代理人，并确定其在事故中的责任问题
美国	2017 年 12 月	算法	美国纽约通过算法问责法案，促进政府自动决策算法的公开透明
美国	2017 年 12 月	综合	美国提出两党法案"人工智能未来法案"，如获通过，该法案将成为美国针对人工智能的第一个联邦法案
中国	2017 年 12 月	自动驾驶	北京市印发《北京市自动驾驶车辆道路测试管理实施细则（试行）》，给出自动驾驶的定义和四大道路测试场景细则

（执笔人：高　芳）

◎ 世界航天领域热度不减

2017 年，超过 80 多次的航天发射，多个引人瞩目的航天探测项目发射升空，商业航天正在成为航天领域竞争的重要力量，尤其是美国 SpaceX 公司"猎鹰"可复用火箭的多次成功回收引发了世界瞩目。在空间探测领域，中国的首颗 X 射线天文卫星"慧眼"成功发射，将对银河系中的 X 射线源进行巡视，详细研究黑洞和脉冲星，并监测伽马射线暴，探索利用脉冲星为航天器导航等。国际空间站运行平稳，俄罗斯依然独立承担载人航天任务，美国的"龙"商用货运飞船逐渐成为主力，俄罗斯的"进步号"和美国的"天鹅座"商用货运飞船也执行了相应的任务。中国首个货运飞船"天舟一号"也顺利发射，成功地完成了中国空间实验室的相关任务。卫星领域依然竞争激烈，商用通信卫星保持着快速的发展态势，主要国家仍在不断加强军用卫星部署，科学卫星领域十分活跃，而包括美国"飓风全球导航卫星系统"（CYGNSS）风暴监视系统和中国的量子通信卫星等科学卫星也受到了世界的关注。美国重启"铱星"计划，俄罗斯、日本和中国等卫星导航系统建设稳定推进。伴随着航天科技的快速发展，多个机构发布的研究报告显示，航天产业保持稳定增长，许多国家政府十分重视航天产业发展，均在着力推动着世界航天产业快速发展。

一、各国航天政策与投入动向

2017 年，世界经济发展开始缓慢复苏，但仍存在许多不确定因素。世界主要国家继续努力确保航天领域的研发预算，不断制定和完善航天政策和战略，着力推动航天产业的发展，力求未来在航天科技与产业领域占据一席之地。

（一）美国重启国家航天委员会

2017 年 3 月 16 日，美国特朗普政府公布了 2018 财年联邦政府预算纲要。

该纲要中，美国航空航天局 2018 财年预算为 191 亿美元，与 2017 年 "持续决议" 法案金额 192.65 亿美元相比仅下降 0.86%。预算特别强调大力发展商业航天，把公私合作关系作为未来美国民用航天活动的基础。预算中行星科学和载人探索领域的预算较 2016 财年有大幅提高，深空探测将是美国民用航天发展重点。一周后的 3 月 21 日，特朗普总统签署了《美国航空航天局（NASA）再授权法案》，将拨款 195 亿美元用于深空探测，并开启一项载人火星任务。

2017 年 6 月 30 日，特朗普总统签署行政令，宣布重启已 "休眠" 近 25 年的国家航天委员会，旨在各政府机构和部门间协调太空政策，保持美国军事、民用及商业太空活动的一致性，并在整个联邦政府中贯彻长期太空战略。新成立的国家航天委员会由副总统彭斯担任主席，包括国务卿、国防部长、商务部长、交通部长、航空航天局长、参谋长联席会议主席等 14 位内阁级成员。该委员会还设立了咨询委员会，由航天领域企业界及其他政府外人士组成，人员由总统及副总统提名，保证国家航天委员会充分考虑私营部门意见。同年 10 月 5 日，作为国家航天委员会主席的美国副总统彭斯主持了首次会议，对如何重振美国太空的未来进行了研讨。

（二）日本发布《航天产业展望 2030》

2017 年 5 月 12 日，日本政府空间政策委员会发布《航天产业展望 2030》报告。该报告分析了日本航天产业在卫星数据的开发利用、航天装备、关键产品和部件等方面面临的问题，提出了包括将利用卫星大数据和信息通信技术开展创造新服务，提高航天制造产业的国际竞争力，建立日本航天产业新的商业模型等发展方向。报告还提出了推进重点研发和促进卫星数据的开放利用等方面的措施建议。

2017 年 8 月 30 日，2018 财年文部科学省航空航天领域研发预算申请金额约为 17.36 亿美元，比 2017 财年增长 26%。其中，日本宇宙航空研究开发机构（JAXA）预算总额约为 17.31 亿美元，包括安全保障、防灾、工业发展和太空科学前沿发展 2 个部分。

2017 年 12 月 1 日，日本内阁府宇宙政策委员会发布最新修订后的《宇宙基本计划工程表》，并在 12 月 12 日的第 16 次宇宙开发战略本部会议上通过了该工程表。根据计划，日本将继续参加国际空间站计划到 2024 年，通过国际合作参加有人月球调查，开发无人宇宙货运飞船，加强卫星应用。此次修订还重点强调了宇宙安全保障的重要性，要求日本防卫省、JAXA 等机构共同推进日本的宇宙安全保障能力。

（三）英国大力发展航天产业

2017 年 2 月，英国政府宣布将推出 1000 万英镑的资助计划，旨在发展英国商业航天技术能力，推动商业航天产业发展；旨在从 2020 年起逐步在英国建立商业航天市场，以便从快速发展的全球航天市场中分一杯羹。同月，《英国航天法》草案发布，旨在通过"创建监管框架"和"航天飞行活动"许可证，使商业航天飞行活动能够从英国本土的太空港进行发射。同时，法案还将设立一个 100 亿英镑的基金来激励商业航天市场的发展，该基金主要用于资助有能力发展航天产业的组织开展相关商业航天活动，如建造太空港基础设施或适宜在英国使用的运载火箭技术。

2017 年 7 月 11 日，英国政府宣布，将投资 1 亿多英镑，兴建分别用于卫星和推进系统的国家级航天测试和开发设施，协助科研机构和私人企业加快相关核心技术研发，促进本国航天产业发展。这些新设施有助于增强英国公司在全球航天技术市场中的竞争力，并支持英国实现到 2030 年从目前全球航天产业中 6.5% 左右的份额提升到 10% 的份额。

（四）俄罗斯发布《2025 年前国家航天集团公司发展战略》

2017 年 3 月 31 日，俄罗斯国家航天集团公司（ROSCOSMOS）发布《2025 年前国家航天集团公司发展战略》。该战略基于《2016—2025 年联邦航天计划》，明确了在空间基础研究等 6 个领域的任务及其阶段性目标。在基础空间研究方面，重新修订了某些任务的发射时间，并明确所有月球探测任务均将与欧洲空间局合作完成。在载人航天技术方面，将着力开发近月空间技术、近地空间技术和有商业应用前景的技术 3 类技术。在应用卫星在轨集群发展方面，将提升通信、遥感和导航卫星性能，并增加在轨集群数量。在先进技术方面，明确了在无人航天器、运载工具、载人航天和跨学科研究 4 个领域的先进技术方向。在火箭航天工业质量及可靠性保障方面，明确了监督火箭航天企业完成研发及生产活动，实行以提高可靠性为导向的技术开发及航天产品应用，完善质量管理体系 3 个主要工作方向。

（五）澳大利亚将成立国家航天局

2017 年 9 月，澳大利亚宣布将成立国家航天局，进军利润丰厚且发展迅速的航天市场。澳大利亚教育部长在阿德莱德国际宇航大会开幕式上宣布，澳大利亚国家宇航局将从事以和平为目的的宇宙太空研究项目，以及研制与运用航天领域的新技术，并同美国、欧盟和俄罗斯等国家的航天机构进行合作。

二、空间科学探测略显沉寂

2017 年世界空间科学探测领域略显沉寂，中国成功发射了新的空间探测，而美国的"卡西尼"号探测器也在世界的关注下结束了历时 13 年的使命。

（一）中国首颗 X 射线空间天文卫星"慧眼"成功发射

2017 年 6 月 15 日，中国首颗 X 射线空间天文卫星"慧眼"成功发射，推动着中国在空间高能天体物理领域实现了由地面观测向天地联合观测的跨越。"慧眼"全称硬 X 射线调制望远镜卫星（HXMT），设计寿命 4 年，总质量约为 2500kg，装载有高能、中能、低能 X 射线望远镜和空间环境监测器 4 个有效载荷。"慧眼"可对银道面进行巡天观测，发展新的高能变源和已知高能天体的新活动，分析致密天体和黑洞强引力场中动力学和高能辐射过程，研究宇宙深处大质量恒星死亡及中子星并合等导致黑洞形成的过程等。

（二）美国"卡西尼"号探测器结束使命

2017 年 9 月 15 日，"卡西尼"号冲进土星大气开始剧烈摩擦，12 秒之后最终解体，结束了历时 13 年的任务周期。"卡西尼"号探测器为人类传输回来了近 500 GB 的土星相关的数据，人类科学家为此发表了近 3000 篇科学论文，这些数据完全颠覆了人类对土星乃至太阳系的认知。"卡西尼"号的复杂轨道设计和控制，也让人类航天的深空探测、控制和导航技术得到了极大地提升。

三、国际空间站平稳运行

2017 年，国际空间站运行保持平稳。在载人任务方面，俄罗斯的"联盟号"依然独立承担着载人飞船任务。在货运任务方面，美国"龙"商用货运飞船承担了更多的任务，俄罗斯"进步号"货运飞船和美国的"天鹅座"商用货运飞船也执行了相应任务。欧盟和日本 2017 年未承担国际空间站的货运任务。

（一）俄罗斯依然是国际空间站运输任务的核心力量

2017 年，俄罗斯共执行了 4 次载人飞行任务，3 次货运任务。俄罗斯的"联盟号"载人飞船仍然是国际空间站载人飞行任务的唯一选择，俄罗斯分别于 4 月 20 日，7 月 28 日，9 月 12 日和 12 月 17 日执行了 4 次运送宇航员的任务。俄罗斯继续为国际空间站货运飞行任务提供重要保障，分别于 2 月 22 日，6 月 14 日和 10 月 14 日使用其"进步"系列货运飞船成功执行了 3 次任务。

（二）美国商用货运飞船开始承担更多任务

2017 年，美国商业航天在国际空间站建设方面发挥了更加重要的作用。"龙"和"天鹅座"商用货运飞船开始承担更多的国际空间站货运任务。其中，"龙"货运飞船共执行了 4 次货运任务，"天鹅座"执行了 2 次任务，有力地保障了国际空间站的运输任务。

美国的"龙"商用货运飞船分别于 2 月 19 日，6 月 3 日，8 月 14 日和 12 月 15 日成功执行了 4 次国际空间站货运任务。至此，"龙"货运飞船已执行了 14 次货运任务。除了成功地完成了货运任务外，"龙"货运飞船所属公司 SpaceX 还成功地实现了发射任务所用"猎鹰 9 号"火箭的复用，以及"龙"飞船的复用，尤其是在最后一次任务中成功地实现了火箭与飞船的同时复用，在验证了技术成熟度的同时，也有效降低了美国政府的发射成本和空间快速响应能力。

美国的商用"天鹅座"货运飞船分别于 4 月 18 日和 11 月 12 日执行了 2 次国际空间站货运任务，至此"天鹅座"货运飞船累计执行了 8 次任务。2 次任务除了向国际空间站运送了宇航员的补给物资外，还运送了包括微型立方体卫星等在内的科研设备。

（三）中国"天舟一号"任务顺利完成

2017 年，中国空间站的建设也取得了重要进展，首艘货运飞船"天舟一号"先后验证了空间站货物补给、自主快速交会对接等一系列重要关键技术。4 月 20 日，中国"天舟一号"货运飞船发射升空，4 月 22 日成功与"天宫二号"空间实验室进行对接，4 月 27 日，"天舟一号"与"天宫二号"成功完成首次推进剂在轨补加试验，6 月 21 日，"天舟一号"撤离"天宫二号"，转入独立飞行阶段，9 月 22 日，"天舟一号"按计划受控脱离轨道坠入大气层，圆满完成所有既定任务。

四、卫星领域竞争加剧

2016 年，世界卫星领域竞争依然十分激烈。其中，商业通信卫星继续保持快速增长，军用卫星的部署不断加强，美国、欧洲、俄罗斯、中国和印度等国家的导航卫星建设步伐不断加快，科学探测卫星发展迅速。

（一）商业通信卫星竞争激烈

2017 年，世界商业通信卫星保持迅速发展。美国在商业通信卫星领域仍处于领先地位，包括欧洲、俄罗斯等在内的许多国家均在不断加快商业通信卫星的发展，使得该领域的竞争日益激烈。

美国的商业通信卫星主要包括：SES-15卫星，覆盖区包括北美、墨西哥、中美和加勒比地区，为航空和航海领域提供通信服务；VIASAT-2卫星，将向北美、中美、南美提供通信服务；INTELSAT-35E和INTELSAT-37E卫星，前者系高通量地球同步通信卫星，将为美洲、欧洲和非洲的部分地区提供通信服务；TDRS-M的通信卫星发射升空，与美国航空航天局的另9颗通信卫星构成第三代跟踪和数据中继卫星"星群"；AMAZONAS-5卫星，为南美洲和中美洲地区提供电视、企业网络和电话通信服务；ECHOSTAR-23 E和EHOSTAR-21卫星，前者为巴西提供广播、互联网和其他通信服务，后者为欧盟各地提供移动卫星服务能力；ECHOSTAR-105/SES-11双波段任务通信卫星，为北美地区提供服务；采用EUROSTAR E3000平台的SES-10卫星，可为墨西哥、中南美洲及加勒比地区提供宽带、视频与移动手机服务，以及海上与航空通信。

欧洲国家发射的通信卫星包括：采用欧洲新SMALLGEO平台的西班牙通信卫星HISPASAT-AG1，将为西班牙、葡萄牙、加那利群岛和美洲提供更快的多媒体服务；保加利亚第1颗地球同步卫星BULGARIASAT-1卫星，将为巴尔干和欧洲其他地区提供卫星广播和通信服务；希腊HELLAS-SAT-3/INMARSAT-S-EAN-3卫星和法国EUTELSAT-172B卫星相伴升空，前者被称为欧洲最大的通信卫星，后者是欧洲制造的首颗全电推卫星，提供高带宽的通信服务。

其他国家或地区发射的商业通信卫星包括：巴西SKY-BRASIL-1卫星和印度尼西亚电信公司的TELKOM-3S卫星相伴升空，前者用于向巴西用户提供高清数字卫星电视直播服务，后者可向印尼和其他一些东南亚国家及地区提供高清电视信号，并提供移动通信和互联网应用服务；巴西SGDC卫星和韩国KOREASAT-7卫星相伴升空，前者能够在巴西地区提供超过57 Gbps的带宽，后者是韩国发射的第三颗KOREASAT卫星；印度最新型通信卫星GSAT-6和GSAT-19卫星，前者将为印度国内提供S波段通信服务，后者据称是印度火箭历来发射过的卫星中最重的一颗；ASIASAT-9卫星取代现在的ASIASAT-4号卫星提供相关的通信服务；日本BSAT-4A卫星，用于提供日本的直播到家庭电视业务；韩国KOREASAT-5A卫星将替代KOREASAT-5卫星，向韩国、日本、菲律宾及东南亚其他国家提供电视和宽带服务；国际海事卫星组织的INMARSAT-5 F4通信卫星，系GLOBAL XPRESS系统的第4颗卫星，将为航空班机和船只乘客提供包括无线网络连接在内的信号发送；由中国设计制造和发射的阿尔及利亚ALCOMSAT-1卫星等。

中国也有多颗商业通信卫星发射升空，"通信技术试验卫星二号"，是新一代大容量通信广播试验卫星，主要用于卫星通信、数据传输等业务，并开展多频段、宽带高速率数据传输试验验证。"实践十三号卫星"（"中星十六号"），将大幅提升中国通信卫星技术及产业发展水平。另外，"中星9A"广播电视直播卫星未能成功入轨。

（二）军用卫星竞争加剧

2017 年，世界主要航天大国仍在不断发射部署军用卫星。美国和俄罗斯之间的竞争仍然激烈，日本等多个国家也在加强军用卫星的部署。

美国的军用卫星包括：美国空军天基红外系统地球同步轨道 3 号卫星 SBIRS-GEO-3 成功发射，该系统是美国空军运营的卫星传感器系统，主要用于探测弹道导弹的发射，并对核攻击进行预警，也能进行其他的红外监视任务。美国国家侦察办公室发射了 NROL-79、NROL-76、NROL-42 和 NROL-52 四颗秘密军用卫星。美国最先进的全球宽频军用通信卫星 WGS-9，该卫星造价 4.45 亿美元，将提供在世界各地的美军与其盟军一个最快速的侦查与通信平台。美国 ORS-5 作战响应空间卫星，旨在测试新型卫星和发射系统的创新。

其他国家的军用卫星包括：俄罗斯 EKS-2 导弹预警卫星，是俄罗斯新型早期预警卫星的第 2 颗卫星；俄罗斯 KOSMOS-2519 新型军用测地卫星。俄罗斯国防部新发展的重型高通量通信卫星系统首颗卫星 BLAGOVEST-11L，将主要用于保障高速互联网接入、数据传输、以及电话和视频会议通信；俄罗斯 LOTOS-S 电子侦察卫星。日本首颗直接用于支援自卫队行动的 DSN-2 军用通信卫星，投入使用后将减少日本自卫队对租赁民用卫星业务的依赖；日本第二代雷达侦察卫星 IGS-RADA-5，用于日本国防和民用自然灾害监测。意大利发射了军用 OPTSAT-3000 卫星。

（三）卫星导航系统建设步伐明显加快

2017 年，世界主要卫星导航系统加快建设，进展显著。美国铱星系统重启组网，欧洲的"伽利略"导航系统和中国的"北斗"导航系统建设步伐显著加快，日本的天顶卫星导航系统基本成型，俄罗斯的"格洛纳斯"导航系统也有新星入轨。

美国的 GPS 系统也取得了进展，其新一代 GPS-III 卫星已完成全部测试，计划于 2018 年发射。美国的铱星新一代系统正式开始组网，2017 年共分 4 次以"一箭十星"的方式将 40 颗新一代铱星送入轨道。美国铱星系统的重启，不仅带来了技术的巨大进步，从能力上也将直接挑战传统的移动运营商，依靠地面基站服务的移动通信将会受到大规模冲击，这可能直接颠覆每个人的手机终端。

日本准天顶卫星导航系统（QUASI-ZENITH/QZSS）的第 2 颗和第 3 颗导航卫星发射成功，导航卫星系统基本成型，将从 2018 年 4 月 1 日开始运行。该系统第一颗卫星 2010 年 9 月 11 日发射，最初计划以三颗卫星，通过时间转移完成全球定位系统的区域性功能。

欧洲的"伽利略"导航系统加快了建设步伐，2017年12月12日欧洲在"一箭四星"之后实现了其"伽利略"导航系统22颗的组网。这4颗卫星入轨后，卫星的控制工作已交由欧洲全球导航卫星系统局接手。根据计划，2018年将发射最后4颗卫星，并预定于2020年实现全部导航卫星组网。

俄罗斯的"格洛纳斯"导航系统也有进展，2017年9月发射了1颗二代GLONASS–M卫星，目前系统共有25颗卫星在轨，其中24颗在工作，构成了完整的运行星座。

中国以"一箭双星"的方式成功发射了第24和第25颗"北斗"导航卫星，这2颗卫星是中国北斗第1、第2颗组网卫星，开启了北斗卫星导航系统全球组网的时代。

此外，印度的区域导航卫星系统遭遇挫折，其第8颗IRNSS–1H卫星发射失败。

（四）科学卫星发展态势良好

2017年，科学卫星取得了快速发展，在对地观测、遥感、气象和环境等许多领域发射了多颗科学卫星，为推动相关领域的科学研究提供更加有力的工具。

美国微小卫星公司PLANET成功发射的6颗SKYSAT卫星和4颗DOVES卫星，使其1米以下的成像能力翻一番。美国最新一代气象卫星系统卫星JPSS–1，将极大提升卫星的监控能力，为科学家提供全面的全球气象观测数据。该卫星将显著提升天气预报的精确度，有望提前7天预报极端天气事件。

欧洲的SENTINEL–2B和SENTINEL–5P地球观测卫星，前者主要侧重于监测世界各地的陆地和沿海地区，其数据将用于监测植被、土壤类型和栖息地的应用，后者用于监测大气污染、收集地球环境数据，帮助欧洲太空局进行更准确的空气质量预报与全球气候变化预测。俄罗斯KANOPUS–V–IK卫星，提供地球的广角图像，特别是用于检测森林火灾或更新地图的地形。另有72颗小卫星与该卫星一起升空，其中包括由日本、德国和加拿大制造的卫星，以及由美国开发的62颗称为CUBESATS的卫星。与俄罗斯其他17颗卫星一起发射的METEOR–M–2–1入轨失败。

印度一次性成功发射104颗卫星，其中包括一颗714公斤重的CARTOSAT–2D地球观测卫星和103颗重量总计664公斤的纳米卫星。以色列航天局和法国国家空间研究中心的VENUS卫星，用于植被与环境监测。中国台湾地区研发的"福卫–5"（FORMOSAT–5）对地观测卫星，旨在发展中国台湾的对地观测卫星技术和能力，接替"福卫–2"卫星持续服务于全球图像用户，以及促进中国台湾空间科学研究。摩洛哥第1颗高分辨率民用地球观测卫星MOHAMMED–VI–A，用于地球测绘、预防和监控自然灾害、监测自然环境的变化，以及监测边境和沿海地区。日本超低轨测试卫星 SLATS 卫星，旨在理解卫星轨道高度范围内，高浓度原子氧对卫星的影响，同时验证使用离子推进装置实施轨道控制的可行性。

中国有多颗科学卫星成功发射。"吉林一号"视频卫星（03 星、04 星、05 星、06 星）主要开展高空间分辨率视频成像技术应用，将逐步完善增强星座观测能力，促进遥感行业应用、商业市场推广；"天鲲一号"新技术试验卫星，作为高功能密度、小型敏捷卫星平台，用于拓展小型低轨通用卫星平台型谱；"遥感三十号 01 组卫星""遥感三十号 02 组卫星"和"遥感三十号 03 组卫星"，采用多星组网模式，主要用于开展电磁环境探测及相关技术试验；"风云三号 D 星"是"风云三号"气象卫星成功发射的第 4 颗卫星，也是风云系列卫星成功发射的第 16 颗星，将大幅提升中国气象观测和中长期天气预报能力；同时搭载发射的还有"和德 1 号"试验卫星；"陆地勘查卫星一号"和"陆地勘查卫星二号"，主要用于开展陆地资源遥感勘查。

五、航天产业稳步发展

2017 年，全球经济增长的前景依然不甚明朗，但一些机构公布研究结果表明，航天产业整体上仍取得了稳步增长。世界主要国家均把航天作为重要的科技与产业领域，努力确保该领域的投入。产业界依然保持对航天领域的投资热度，航天产业将保持稳步发展。

2017 年 4 月，著名投资机构高盛公司发布了一份题为《太空：下一个投资前沿》专题报告，报告认为太空经济正在发生转折，并且将在未来 20 年成为一个数万亿美元的巨大市场。据高盛统计，自 2000 年来，近 5 年来太空领域的投入活动占总量的 3/4，2015 年太空风险投资金额甚至远超前 15 年之和，太空投资有可能像近来的人工智能一样，在不远的将来成为一个新的投资热土。

2017 年 5 月初，美国航空航天工业协会（AIA）发表了一份题为《增长引擎：美国航天产业竞争力分析与建议》的报告，强调了美国本国航天产业对于国家经济活力和安全的日益重要性。报告提出，要促进美国航天企业扩张和航天工业出口，以推动国家经济增长，并要构建一个国际安全合作框架，使美国航空航天和国防工业能够最大限度地为美国经济和全球盟友做出贡献。为实现这些目标，报告提出 3 点建议：一是维护公平的竞争环境，颁布能使美国航天产业具备竞争力的政策、税收结构和法规；二是扩展航天市场机遇，为具有创新性的新应用和新系统保留卫星频谱，以及通过得到国际上接受的最佳做法来保证轨道运行环境的安全；三是把航天竞争力置于优先地位，通过政府行动来强化同盟友的空间安全合作，为航天技术发展提供充足的经费。

2017 年 7 月，美国卫星产业协会（SIA）发布了《2017 年卫星产业状况报告》，对卫星服务、卫星制造、卫星发射服务和地面设备业 2016 年的业绩表现进行了评价，这是 SIA 发布的第 20 版卫星产业状况年度报告。报告显示，2016 年全球卫星产业总收入达到 2605 亿美元，同比增长 2%。其中，卫星服务业 1277 亿美元，收入几乎与上年持平，同比增长仅为 0.2%，仍为整个卫星产业的主要驱动力；由于卫星替换周期即将结束，卫星制造行业收入 139 亿美元，收入暴跌 13%，整体发射服务业趋于疲软；地面设备制造收入 1134 亿美元，增长 7%，增长主要来自卫星导航设备和网络设备，消费性设备需求平淡。

2017 年 8 月，美国航天基金会发布了《2017 年航天报告》，这是该基金会自 2006 年以来连续发布的第 12 版航天报告。报告认为，2016 年全球航天经济延续繁荣势头，总额达 3293 亿美元，较 2015 年的 3230 亿美元有所回升。2016 年全球政府支出总额为 764.3 亿美元，比 2015 年的 766.9 亿美元下降了 0.3%，占航天产业收入的 23%，美国政府航天活动投入 444.4 亿美元，其他国家航天投入总额为 319.8 亿美元。2016 年全球商业市场收入约 2528.8 亿美元，在全球航天产业收入中占比约为 77%。其中，商业航天产品与服务 2016 年产值 1266.2 亿美元，较 2015 年的 1263.5 亿美元略增 0.2%。商业基础设施与保障业收入约为 1262.6 亿美元，与 2015 年 1199.2 亿美元相比增长了 5.3%。在航天人才方面，美国和印度的航天人才规模持续缩减，欧洲和日本则保持总体上升趋势。

2018 年，航天领域将迎来新一轮热潮。在空间探测领域，多个国家将再次开启多项深空探测任务。美国将发射 INSIGHT 火星探测器，该探测器是一个固定式火星探测器，将登陆火星赤道附近的埃律西昂平原，科学仪器将永久放置在火星上。INSIGHT 拥有地震仪和热流探头 2 个主要工具，将通过在火星表面钻孔来研究火星内部组成，地震仪的敏锐硬件将会发现"火星震"，甚至是火星最细微的运动，同时也能够检测到流星的影响。美国的帕克太阳探测器（PARKER SOLAR PROBE）将发射升空执行轻触太阳的任务，探测器将在行星引力的帮助下不断靠近太阳，最终进入太阳大气外围，以探测那里的物理状态。美国凌日系外行星勘测卫星（TESS）将发射升空，该卫星将运用一组广角相机阵列扫描全天并借助凌星法搜寻系外行星，搜索的主要目标范围将是距离太阳系较近的明亮恒星。美国电离层连接探测器（ICON）也计划在 2018 年启动，它将研究电离层和中性高层大气层，从而更深入地了解地球如何与太空相互作用。印度的第 2 个月球探测器"月船 2 号"（CHANDRAYAAN-2），包括 1 个寿命 1 年的轨道飞行器，1 个登陆器，以及 1 个可以在月球表面行进 14 ～ 15 天的月球车。欧洲和日本合作的 BepiColombo 水星探测计划也将在 2018 年执行，该计划耗资达 20 亿美元，其中包括主要用于探测水星磁场和大气的日本水星磁场轨道飞行器，以及侧重对水星地形和物质构成进行探测的欧洲水星轨道飞行器。中国的"嫦娥四号"和"嫦娥五号"任务于 2018 年执行,其中"嫦娥四号"是世界首颗在月球背面软着陆和巡视探测的航天器,"嫦娥五号"将登陆月球并携带月球岩石样本回到地球。在国际空间站运行方面,俄罗斯、美国和日本的货运飞船将继续保障国际空间站的货运运输任务,俄罗斯仍将独自承担载人飞行任务,而美国的商用载人飞船和"猎户座"载人飞船也将开展试验飞行。在卫星领域,商用通信卫星将继续迅速发展,军用卫星的部署也将不断加快。而在导航卫星方面,美国将继续加快建设铱星系统,并发射首颗新一代 GPS-III-01 卫星,印度将再次发射其 IRNSS-11 导航卫星,中国的"北斗"导航系统将继续加快建设步伐。在科学卫星方面,中国的"张衡一号"引人关注,将为地震机理研究、空间环境监测和地球系统科学研究提供新的技术手段。欧洲的 AEOLUS 卫星将向大气中发射激光,从而创建整个地球上的风速和方向的第 1 个三维地图。

(执笔人:徐　峰)

全球先进制造业进一步向自动化和智能化方向发展

当前，新一轮技术浪潮袭来，新工业革命酝酿兴起，数字技术与制造技术的融合进一步加速，以工业互联网、移动互联网、大数据、物联网、机器人、增材制造、新材料等为代表的新一代技术正对制造业产生颠覆性影响，不断推动其向自动化和智能化方向发展。在先进制造理念提出近 10 年后，发达国家和主要新兴经济体国家已基本完成相关战略规划，开始进入关键技术领域和行业的具体实施阶段。2017 年，主要国家在增材制造、智能工厂、新材料、先进制造标准化等领域取得较大进展。

一、主要国家进入先进制造业发展关键行动期

国际金融危机后，制造业重新成为全球竞争的制高点，发达国家和新兴经济体国家陆续推出"再工业化"和"制造业回归"战略规划。例如，美国发布"先进制造业国家战略计划"，德国提出"工业 4.0"，英国发布"工业 2050 战略"，法国颁布"新工业法国"计划，日本启动"再兴战略"等。经过近 10 年的部署，各国先进制造业发展进入关键技术领域和行业的具体实施阶段。

（一）美国继续推动制造业创新中心建设，引领全球先进制造业发展

制造业创新中心是奥巴马政府发起的"制造美国"（原制造业创新网络）计划的核心内容。2017 年 1 月，美国先后成立了 2 个制造业创新中心，分别为降低节能减排研究所（REMADE Institute）和先进机器人制造创新研究所（ARM Institute）。REMADE 研究所由可再生制造业创新联盟牵头组建，参与机构达 100 余家，政府资助金额为 7000 万美元，其目标是降低材料再利用、循环及再制造

技术的成本，进而提升能源的使用效率。ARM 研究所由美国机器人公司牵头组建，参与机构达 200 余家，政府资助金额为 8000 万美元，旨在开发新的机器人技术，为制造业创新生态系统提供强大支撑，其关注的重点技术包括协作机器人、机器人控制、灵敏操作、自主导航及移动、感知与传感等。

截至 2017 年年底，美国共建立了 14 家制造业创新中心，涉及领域包括增材制造、电力电子、柔性电子、数字制造、复合材料、轻型材料、机器人、生物医药、功能性织物、清洁能源等。在这 14 家创新中心中，8 家由国防部设立、5 家由能源部设立、1 家由商务部设立。美国联邦政府计划共为这些创新中心投入经费 10.35 亿美元，吸引企业、大学、非营利机构、地方政府等社会匹配资金 21.87 亿美元。另外，根据 2017 年美国审计总署和德勤公司对该计划进行的评估，"制造美国"计划有力地推进了美国先进制造领域的进步，在促进技术发展与转化、加强高技术劳动力培养、培育创新生态系统、实现可持续运营四大计划目标上取得了显著成绩。

（二）德国全面推进"工业 4.0"，着力实现未来生产创新

2017 年 8 月，德国发布《"工业 4.0"——未来生产的创新》报告，集中展示了德联邦教育与研究部自 2012 年起资助的多个与"工业 4.0"相关项目的进展情况，涉及智能生产、IT 系统、通信与 IT 安全、电子系统、中小企业创新、尖端集群等生产领域的重要内容。报告旨在向人们展示"工业 4.0"技术如何在现实生产中应用，进而吸引更多的相关主体将"工业 4.0"转型落到实处。此外，德国还于 2017 年 5 月出台《智能服务世界》报告，将"智能生产"列为关键领域之一，其目标是让德国企业成为全面的生产解决方案提供者，以支撑德国的生产大国地位。具体来看，德国的行动措施涉及三大领域：一是城市内生产和个性化生产，二是互联机器通信，三是广泛应用虚拟和增强现实设备。

（三）法国发起"法国制造"倡议，重振法国工业

2017 年 10 月，法国政府发起"法国制造"倡议，旨在联合法国工业界各方形成内在网络，鼓励创新，吸引人才和投资，共同推动法国工业界的发展。"法国制造"的使命是：成为展示法国工业技术与实践能力、传统技术和实践能力及尖端技术和实践能力的窗口；成为号召工业界在法国和国际上共同开拓进取的旗帜；成为吸引人才和资本的一项运动；塑造法国式未来工业；联结法国国内创造财富和工作机会的企业，形成网络。

为此，法国政府在人才培养、通过税收制度增加企业投资、降低企业的劳动力成本、推动颠覆性创新、形成产业链、突破欧盟规制限制等方面推出相关措施。其中，在人才培养方面，法国将投入 150 亿欧元帮助失业年轻公民选定一个

专业领域进行培训，帮助他们获得学历或者专业资质并找到工作。在创新方面，将继续实施科研税收抵免政策，并对其进行改革，目标方向为取消科研税收抵免最高数额限制使其更有利于大型企业创新、简化申请规则帮助中小微企业获得抵免；还计划设立总值达 100 亿欧元的颠覆性创新资金，资助大型颠覆性创新项目。

（四）澳大利亚出台系统措施，支持先进制造业竞争力提升

大力发展先进制造业是澳大利亚《工业创新与竞争力议程》的重要组成部分。2016 年年底，澳大利亚发布《先进制造：释放澳大利亚未来增长机会路线图》，旨在利用现代化的科学技术、工程装备和国外资金，提升澳大利亚制造业的国际竞争力，从而推动澳大利亚工业向基于先进、可持续工艺的高技术产业转型。路线图提出了澳大利亚先进制造业未来的五大优先发展方向：传感器及数据分析、先进材料、智能机器人和自动化、增材制造、增强现实及虚拟现实。同时，还提出了 4 个方面的行动措施：更加注重和参与全球价值链、加强技能培训和劳动力培养、促进合作和创新、构建产业生态系统。

先进制造工业增长中心（AMGC）是澳大利亚支持国家先进制造业发展的主要载体。2017 年 3 月，AMGC 发布《先进制造工业增长中心：产业竞争力计划 2017》，提出了未来 10 年发展先进制造业的行动计划，具体涉及 3 个方面：（1）产业行动计划。通过提高技术领先水平，提升制造业的服务水平，增加价值差异；开拓新市场和细分市场，融入全球价值链，提高市场关注度；扩大产业规模，提高成本竞争力。（2）政府行动计划。加强政府对企业主导研发的支持，鼓励各产业部门间的研究合作；通过更高效的采购计划推动产业技术进步；建立新的评价体系对制造业的经济影响进行评价。（3）优先领域行动计划。优先支持机器人和自动化生产、先进材料和复合材料、数字设计和快速成型、可持续制造和生命周期工程、增材制造、传感器和数据分析、材料韧性和修复、生物制造和生物整合、微纳制造和精密制造、增强现实和虚拟现实系统领域的研发；优先支持未来劳动力技能的发展，建立良性互动的国际合作关系，利用政府采购项目，推动"工业 4.0"进程等相关业务改进。

（五）日本描绘新产业结构愿景，力争实现制造与生产现场的高效化

2017 年 5 月，日本发布《新产业结构愿景》，对移动、生产和使用、生命健康、生活四大战略领域进行了目标和任务部署。其中，与先进制造业密切相关的是生产和使用领域，其愿景目标是要实现生产和使用领域的智能化，即"根据每个人的真正需求，生产新产品，提供新服务"，并"能够轻松获得产品和服务，既安全、又环保，还能轻松入手使用"。为实现这一目标，日本将从 2 个方面采

取措施：一是构建智能供应链。将利用各个节点收集居民家庭及相关服务的实时数据，利用人工智能进行分析，获取并把握顾客需求（实时数据），实现整体系统的最优化运行，提供需求与价值完美契合的商品和服务。到 2020 年，日本计划在全国建设 50 个基地，打破工厂与企业的框架，实现先进系统的共享和使用。到 2030 年要建成最优供应链，推进工厂内外、企业内外的数据合作。二是实现制造与生产现场的高度化和效率化。将充分利用制造和生产现场获得的实时数据，通过人工智能等技术，提高制造与生产现场的效率，进而提高整个供应链的生产效率。为推动价值链的微笑曲线发展，上游要提供不可或缺的零件材料（如智能生物、智能材料），中游要实现制造与生产现场的高效化（利用新一代机器人）。

（六）韩国新政府瞄准"工业 4.0"，培育高附加值的未来新产业

2017 年 7 月，韩国新政府发布《国政运营五年规划》，欲将韩国建设成为第四次工业革命引领的创新创业国家。"培育高附加值的未来新产业"是其四大综合课题之一，目标是通过制造业、信息通信技术和服务业的融合，培育出未来新产业，并抢占国际市场。韩国政府主要瞄准未来五大新产业：一是，环保汽车与智能汽车产业，将扩大电动汽车、氢能汽车的普及并制定安全标准，增加充电基础设施，建设汽车与信息技术的融合平台，开发智能汽车，培育无人驾驶产业。二是，前沿技术产业，将开发第四次工业革命所需的前沿新材料与零部件，投资研发和基础设施建设，以培育智能机器人、增材制造、增强现实与虚拟现实、物联网家电、智能船舶、纳米生物、航空航天等前沿技术产业。三是，生物、制药、医用微型机器人产业，将资助核心技术开发、人才培养、产业化并进军海外市场，构建医疗器械产业发展的生态系统。四是，无人驾驶汽车产业，将建设无人驾驶汽车试验平台、基础设施，以及相关网络服务和智能道路。五是，无人机产业，将制定大力发展无人机产业路线图，推进相关基础设施建设、制度完善和技术开发等。

二、增材制造作为最新颖的生产方式备受关注

随着信息化时代的来临，大数据、云计算、数字模拟、先进材料等技术迅猛发展，在这种背景下，增材制造技术实现突破性发展，成为当下最新颖的生产方式，并使个性化和定制化生产成为可能。根据 2017 年 12 月美国智库战略与国际研究中心发布的《增材制造决策指南》报告，未来 5 年增材制造将呈线性发展，在短期内维持 2 位数的复合增长率，预计到 2030 年其生产总值将达到 1000 亿美元。

（一）美国通过"美国制造"研究所引领增材制造发展

增材制造是美国先进制造业部署的优先方向之一。美国于 2012 年 3 月发起组建"国家制造业创新网络"的倡议，8 月即成立了第一家制造业创新研究所——增材制造创新研究所（2013 年 10 月更名为"美国制造"研究所），其技术愿景是加快积层制造技术创新，弥补基础研究和开发技术之间的差距。成立 5 年来，"美国制造"研究所发挥着增材制造领域公开召集人角色，协调技术和劳动力信息及数据，通过高附加值、高难度和高影响力项目推动项目孵化。截至 2017 年 8 月，其会员单位达到 180 个，管理的研发资金超过 1 亿美元，支持的项目达到 66 个。目前，"美国制造"研究所已发展成为"国家制造业创新网络"的示范研究所。

作为美国增材制造研究的领军机构，"美国制造"研究所先后于 2013 年和 2015 年出台 2 版增材制造技术路线图。2015 年版的技术路线图，勾勒了未来 5 年该机构乃至美国增材制造工业技术的发展路径，包括设计、材料、工艺、价值链和增材制造基因组 5 个领域。"设计"领域包含 3 个子方向：生物启发设计与制造、产品与工艺设计辅助手段和程序、成本与能耗因素分析和建模，旨在开发可共享的设计方法与工具，变革设计理念，使增材制造零件设计打破固有流程。"材料"领域包含 3 个子方向："非特定"增材制造技术包、材料性能表征、下一代材料，旨在围绕增材制造性能表征基准，构建知识体系，消除成品材料性能的波动。"工艺"领域包含 3 个子方向：多材料输送与沉积系统、下一代机床、工艺温度梯度控制，旨在提升增材制造机床的速度、精度和细节分辨率，并且适应大批量生产，提高成品零件质量。"价值链"领域包含 6 个子方向：先进感知与探测手段、数字线集成、智能机床控制方法、快速检测技术、修理技术、标准与协议，旨在逐渐降低端到端价值链成本，缩短增材制造产品的上市时间。"增材制造基因组"领域包含 3 个子方向：基准验证用户案例、模型辅助的性能预测、基于物理学的建模与仿真，旨在逐渐减少增材制造新材料设计、开发与合格鉴定所需的成本和时间。

（二）英国设立"增材制造"竞争性创新项目

2016 年 7 月，英国创新署宣布将投资 450 万英镑支持"增材制造"创新研究项目（项目周期 1～3 年），以促进更智能、连接性能更好的增材制造解决方案。根据规划，该项目将重点支持企业研发，其中 70% 的项目经费将投向企业，英国政府希望其企业能够抓住这一颠覆性技术带来的巨大潜力，使英国到 2025 年能够占据全球增材制造市场份额的 5%。该项目设有 2 个研究主题：增材制造和互联的数字制造。其中，增材制造主题包括 4 个优先研究方向：（1）具有可行市场化路线的新颖的增材制造构建过程；（2）具有可行市场化路线的纳米级大规模制造平台；（3）材料全供应链的自动化、可预测性和成本降低；（4）创新的增材制造过程及在后续过程中的集成。

（三）澳大利亚将"增材制造"列为五大优先技术之一

2016年11月，澳大利亚出台的《先进制造：释放澳大利亚未来增长机会路线图》将增材制造视为优先方向之一。澳大利亚政府认为，未来增材制造成本的下降将加速其应用和推广，并带来全新的商业模式。为此，澳大利亚提出两大优先研究方向：一是制造过程优化，包括改进质量保证流程，确保印刷产品的质量、一致性和性能；改进监测、传感和反馈控制流程，以减少分层制造过程中金属的移动；开发更精密、更专业的模拟工具包和相关技能，以提供更适合增材制造技术的设计方案；提高增材制造的生产速度和适用性，以实现大规模工业产品和组建的高效生产；实现增材制造设备的进步，使其能够集成打印不同的材料；研发纳米打印技术，以创造出新型先进材料（如石墨烯）。二是原材料优化，包括研发先进材料，保证增材制造出的零部件更为结实；开发抗拉强度更大、更耐用、灵活性更强、耐热性和导电性更好，且更易于加工的原材料；为增材制造技术开发特制合金制造工艺；研发更好、更便宜的粉末状原材料；基于澳大利亚先进的选矿工艺，开发高质量的金属增材制造原材料；研发生物相容性和可降解材料，用于打印植入物。

（四）南非出台《增材制造发展战略》

南非政府认为，增材制造技术是第四次工业革命的关键，高度重视增材制造技术的发展。2016年8月，南非科技部公布《增材制造发展战略》，将南非定位为增材制造技术的全球竞争者。根据该战略，至2019年，南非将投入3.8亿兰特支持增材制造行业发展，其中1.1亿兰特将用于中小微企业研发，重点研究领域包括钛合金医疗植入物、航空航天零部件，聚合物增材制造和增材制造设计等。其中，Aeroswift（下一代添加剂制造机器）计划成效显著，该计划启动于2012年，已累计投入1.7亿兰特，旨在研发出世界上最大的粉末添加剂生产机，为航空航天或者其他领域打印钛及其他金属部件。2016—2017财年南非科技部继续支持该项目研究，并制定了Aeroswift商业化战略和发展路线图，为航空、汽车、医疗产业创造收入来源，并逐步进行国际化推广。

三、智能工厂（未来工厂）成为制造业寻找突破的最佳路径

智能工厂（未来工厂）是在制造业一系列科学管理实践的基础上，以工业服务网和工业物联网为基本框架，深度融合智能技术、信息通信技术和自动化技术，围绕数据、信息和知识建立的更智能、更敏捷、更高效、更安全、更绿色、更和谐和可持续的新一代制造场所和生态系统。智能工厂的标准是基于信息物理系统的生产系统柔性化和高级自动化，代表着从传统自动化向完全互联和柔性系统的飞跃，这在创新、成本和时间节省方面是一次生产革命，能够使生产过程得到根本优化。

（一）美国未来工厂进入测试阶段

2017 年 12 月底，美国数字化制造与设计创新机构（DMDII）发布 2018 年战略投资计划，聚焦设计、未来工厂、供应链和赛博安全四大领域。在未来工厂方面，DMDII 提出未来工厂应能不断适应由于材料、制造工艺、自动化工具的创新所引起的快速变化的市场需求，以及不断适应客户在追求新技术、定制化、复杂性方面日益增长的需求。2018 年，DMDII 建设未来工厂的核心目标是通过将已有技术集成到实际问题解决方案中，验证相关业务的投资回报率。DMDII 计划将已有的技术项目成果集成到位于芝加哥的一个未来工厂中进行测试，测试目标包括传感器投资回报率分析、传感器市场配置、工厂数字孪生、未来工厂项目集成计划等。

（二）欧盟出台"未来工厂"2018—2020 年工作计划

"未来工厂"计划是欧盟范围内的一个公私合作计划，旨在支持先进生产技术的研究、开发与创新，它是欧盟在智能制造领域投资最大的一个独立计划，连续在 2 个"框架计划"（第七框架计划和"地平线 2020"计划）中获得支持。2017 年 10 月，欧盟发布"地平线 2020"计划 2018—2020 年阶段工作计划，其中"未来工厂"计划提出了五大优先事项：敏捷价值网络，即批量和分布式制造；卓越制造，即先进的制造工艺、零缺陷工艺和服务；人为因素，即与技术资产协同发展人力资源；可持续价值网络，即驱动循环经济的制造业；可互操作的数字制造平台，即与制造服务相连接。另外，在"纳米技术、先进材料、生物技术和先进加工与制造"领域的 2018—2020 年工作计划也提出了关于"未来工厂"的研发重点，包括：与新制造技术相关的工作所需要的技能培训；有效的工业级人机合作；光电材料部件的创新制造；金属增材制造的试产线；微小部件的可靠且

精准组装；模块化工厂的试产线；柔性材料的处理系统；用于增材制造的先进材料等。

（三）韩国持续推进智能工厂建设

早在 2015 年 8 月，韩国就推出了《智能工厂技术开发路线图》，目标是开发出符合国家制造业现实的智能工厂技术，建立模块化工厂。路线图提出了四大核心技术开发领域和 18 项技术开发目标和方向。一是应用领域，旨在开发未来制造所需的应用技术。二是平台领域，旨在开发可以将工厂内外设备利用信息通信技术统一到物联网平台进行管理的技术。三是设备与网络领域，旨在开发可用于工厂内多种环境的多功能传感器，高度可信的有线、无线通信设备及装置。四是兼容性和安全性领域，旨在开发出防止信息泄露、阻断不法入侵的防干扰技术。近年来，韩国持续支持"智能工厂"相关技术开发。例如，韩国于 2018 年 1 月公布的《2018 年产学研合作技术开发项目促进计划》中明确提出了"智能工厂"领域的优先支持方向：智能制造应用、传感器和火伤处理技术、智能制造信息物理系统、制造大数据分析系统、智能制造虚拟与增强现实技术、增材制造系统、可信度高的工业用低压配电网、智能工厂平台等。

（四）俄罗斯提出未来工厂发展目标

建造并发展"未来工厂"是俄罗斯于 2015 年提出的"国家技术计划"中"先进制造技术"优先方向的核心内容。2017 年 2 月，俄罗斯政府发布《国家技术计划之先进制造技术路线图》，旨在保证开发出"未来工厂"发展所需的先进制造技术和商业模式，以满足新一代消费者的个性化需求和高技术产业的需求。路线图提出在"技术网路"路线图的框架下，到 2035 年将设立 40 个"未来工厂"、25 个"未来工厂"多功能测试中心和 15 个数字试验认证中心（实验室）。借助于一系列措施的执行，俄罗斯希望到 2035 年使其占全球"未来工厂"市场份额的 1.5%（2017 年为 0.3%），并使俄罗斯在《全球制造业竞争力指数》（或类似排行榜）中的排名达到第 10 位（2017 年排名为 33 位）。

四、新材料为先进制造业发展提供关键支撑

新材料，也称先进材料，是支持先进制造发展的关键使能技术之一，能够帮助制造产品实现高性能化、高功能化和多功能化，其生产和应用能进一步帮助国家和制造业企业在新一轮产业竞争中抢得先机。目前，在制造业领域，新材料主要应用于提升产品的外观和属性，未来则将集成到产品早期设计阶段，为产品提供各种新型属性，包括生物兼容性、生物降解性、自我修复性和能源效率提

高等。

（一）美国将材料研究列为先进制造业发展优先主题

材料科学是美国提升先进制造业的关键所在。在已经成立的 14 家制造业创新研究所中，先进复合材料制造创新研究所和明日轻量材料制造创新研究所分别聚焦复合材料和先进材料研发，另有 6 家将材料研究视为其优先主题之一。2017 年 1 月，美国新设降低节能减排研究所，重点关注材料回收、再利用和可持续制造技术研发。根据规划，该所布局了五大技术领域：系统分析与集成、材料利用与二次利用设计工具、材料二次利用制造工艺、材料再制造与再利用技术、材料循环与恢复。

另外，2017 年 10 月，美国国家科学基金会宣布投资 1.45 亿美元支持 8 个材料研究科学与工程中心建设，分别为得克萨斯大学材料动力学和控制研究中心、伊利诺伊大学材料研究中心、华盛顿大学分子工程材料中心、加州大学圣芭芭拉分校中心、康奈尔大学材料研究中心、西北大学多功能材料中心、宾夕法尼亚大学中心和威斯康星大学中心。其中，得克萨斯大学材料动力学和控制研究中心、伊利诺伊材料研究中心和华盛顿大学分子工程材料中心是新设中心，其余 5 个中心为持续资助，资助周期为 2017—2023 年。

（二）欧盟确立未来 3 年先进材料与纳米技术研发重点

2017 年 10 月，欧盟发布"地平线 2020"计划纳米技术、先进材料、生物技术和先进制造和加工领域 2018—2020 年工作计划，有关先进材料和纳米技术的研发重点为：（1）开发最先进的材料表征工具、技术和计算模型。包括建立开放的用户驱动的材料表征测试床；推进材料领域相关模型软件在企业界的使用；采用材料模型解决制造过程中遇到的各种难题；建立工业规模的可持续纳米制造技术等。（2）加强对纳米技术的监管。包括加强对纳米技术的危险管理；促进可以从材料模型到材料毒性和生态毒性预测的纳米信息学的应用；从科学到监管维度对材料的尺寸和主要部件进行安全设计等。（3）使用创新材料获得清洁能源。包括开发高性能电动汽车电池材料、非汽车电池的能源存储材料技术、非电池能源存储材料、离岸风力发电材料、能源收集智能材料等。

（三）英国新设 3 家先进材料研究中心

为创建从基础研究到应用开发连贯的未来制造业研发体系，英国自 2009 年起设立创新制造中心，每个创新制造中心都专注于制造业特定领域。2016 年 12 月，英国宣布将新建 6 家研究中心，其中有 3 家瞄准先进材料领域，分别为：

（1）先进粉末加工制造中心，旨在通过基于粉末的制造工艺，提供低能耗、低成本的高价值制造路径与产品，英国政府资助 1000 万英镑，私营部门配套 720 万英镑；（2）未来复合材料制造中心，旨在开发先进聚合物复合材料和自动制造技术，用于航空航天、交通、建筑和能源等行业，英国政府资助 1000 万英镑，私营部门配套 900 万英镑；（3）未来化合物半导体制造中心，旨在开展大规模化合物半导体制造和硅集成化合物半导体研究，英国政府资助 1000 万英镑，私营部门配套 1123 万英镑。另外，英国商业、能源与产业战略部还于 2017 年 2 月宣布投资 2.35 亿英镑成立亨利·莱斯（Henry Royce）研究所，将其定位为英国先进材料研发大本营。

（四）日本提出纳米材料研发优先方向

2017 年 4 月，日本科技振兴机构发布《研究开发俯瞰报告 2017》，重点分析了能源、环境、信息系统、纳米材料和生命医学五大领域的科技发展态势，总结了日本的优势、劣势和面临的挑战。在纳米材料领域，日本认为在未来大数据和人工智能时代，装备及其部件材料成为纳米技术发展的关键；新的数据计算方法给纳米材料的发展带来巨大挑战，研发人员应思考如何降低纳米材料的成本；今后将通过数据驱动型的设计方法来设计和生产新材料。未来日本应加强 10 个方面的工作，包括数据驱动型新材料设计、应用于物联网和人工智能新型芯片技术、量子系统综合控制技术、智能化机器人基础技术、物质精制和分离技术、基于纳米层面动力学控制的超级复合材料技术、通过自主控制生物体间相互作用的生物材料和装置技术、纳米测量技术、开展国际化的产学官合作应对纳米的社会伦理法律问题和环境健康安全问题、形成纳米技术的集成平台并培养专业人才。

五、标准化成为先进制造业进一步发展的必由之路

在经济全球化和现代市场经济条件下，标准是企业和产品通向市场的通行证，是竞争制高点，是规则和话语权。先进制造是制造技术与信息技术的深度融合，需要跨行业、跨领域的多种技术的创新集成，因此构建先进的标准体系能够为先进制造业高质量发展提供强大支撑。同时，健全的标准体系一方面能够引导先进制造业健康有序快速的发展；另一方面通过国际交流与合作还能实现本国先进制造标准的输出，进而引领先进制造领域的国际标准化工作。

（一）德国设立"工业 4.0 标准化理事会"，继续引领"工业 4.0"发展

作为"工业 4.0"的引领者，德国高度重视该领域的标准化工作，早在 2013

年 12 月就推出了《 "工业 4.0" 标准化路线图》，旨在加强德国作为技术经济强国的核心竞争力。路线图提出需要进行标准化的 12 个重点领域，包括体系架构、概念、安全等交叉领域，流程描述，仪器仪表和控制功能，技术和组织流程，数字化工厂等。在 2015 年 4 月发布的《 "工业 4.0" 实施战略》中又将需要制定标准的领域进一步聚焦到网络通信标准、信息数据标准、价值链标准、企业分层标准等。2016 年 4 月，德国宣布正式成立 "工业 4.0 标准化理事会"，旨在提出 "工业 4.0" 数字化产品的相关标准，并协调其在德国和全球范围内落地，德国政府希望通过主导标准化进程持续引领 "工业 4.0" 的发展。参与设立 "工业 4.0 标准化理事会" 的机构包括德国联邦信息经济、通信和新媒体协会、德国标准化学会、德国电气电子和信息技术委员会、德国机械设备制造业联合会、德国电气工程和电子工业协会。

（二）美国聚焦增材制造领域，发布《增材制造标准路线图》

2017 年 2 月，"美国制造" 研究所与美国国家标准学会联合发布《增材制造标准路线图》，在对现阶段增材制造标准进行总结的基础上，确定了 89 个标准方面的空白，并提出了相应建议，包括设计、工艺与材料、质检与认证、非破坏性评估和维护等领域。其中，路线图提出的需要进行标准化的最高优先级领域包括：增材制造医用部件的清洁标准、增材制造相关的技术数据包标准、增材制造材料回收和再利用标准、增材制造材料存储标准、增材制造工艺中的环境安全与健康风险标准、增材制造测量技术标准、增材制造模型验证标准、增材制造零部件的非破坏性测试标准等。

（三）日本战略性地推进标准化及认证，以期实现本国先进制造标准国际化

日本高度重视先进制造领域的标准化工作，出台了一系列相关措施。一是针对骨干企业和中小企业推进标准化的应用，于 2015 年 5 月至 2017 年 3 月，通过日本工业标准调查会开展 28 件先进制造相关提案的标准化工作。二是推进国际标准化，即在尖端医疗器械、机器人等日本领先的技术领域，在无人驾驶系统等具有巨大经济效益的社会系统领域，出台国际标准草案并向国际标准化机构提交相关草案，力争实现日本标准的国际化。三是加强标准化人才培养，具体举措包括制定标准化人才培养行动计划、推进大学和研究院所的标准化教育、针对年轻人开展国际标准化人才培养讲座等。

（执笔人：张丽娟）

第三部分

主要国家和地区科技发展概况

本部分主要介绍了美国、加拿大、智利、欧盟、英国、法国、西班牙、爱尔兰、德国、瑞士、意大利、奥地利、捷克、塞尔维亚、匈牙利、罗马尼亚、保加利亚、希腊、俄罗斯、乌克兰、日本、韩国、印度尼西亚、越南、泰国、马来西亚、印度、巴基斯坦、以色列、澳大利亚和新西兰等国家和地区2017年的科技发展概况，包括最新出台的科技创新政策、举措与计划，科技投入，重点发展领域与产业动向，以及国际科技合作政策等。

◎ 美 国

　　2017 是美国特朗普政府的开局之年。回顾全年,新老两届政府交替,两党政见分歧不断涌现,使美国在科技领域也呈现诸多变数和争端。这一年,由前任总统历经 8 年倾心培育和打造的美国创新生态系统在宏观科技战略、经费预算、人才队伍等方面遭遇多股政策"寒流"。但是,美国作为世界科技强国,得益于多年积累的强大科研和高等教育体系、深厚的创新文化、领先世界的高科技产业体系,以及上届政府致力建设并得到良好发展的创新环境,2017 年,美国整体科技创新事业仍处于快车道,全社会研发投入保持上升趋势,科技产出成果丰硕,创新创业依然活跃,创新实力和综合竞争力继续领先世界。

一、科技创新未成为新政府执政优先议程

　　截至 2017 年年底,特朗普总统尚未明确阐述其关于科技创新的政策主张。由于缺乏系列政策的颁布实施,2017 年,美国各界只能通过联邦预算案、总统及相关机构发布的备忘录和行政令、人事提名等来获取信息,拼凑特朗普政府的宏观科技政策导向,科技创新遭遇政策"寒冬"。

(一)联邦政府创新管理体系功能弱化

　　除了未及时推出科技创新政策议程外,新政府对联邦科技管理体系建设漠不关心,白宫和科技相关政府部门科技官员的提名严重滞后、关键岗位人员严重缺位,全美科技创新缺乏有效政策支撑。白宫科技政策办公室(OSTP)作为总统行政办公室的重要组成部分,主要负责为总统提供科技创新方面的决策咨询,为科技政策制定提供支撑。截至 2017 年 12 月,OSTP 主任仍未提名,这一岗位的空缺时间创下了 OSTP 自 1976 年成立以来的最长纪录。OSTP 的决策咨询功能严重弱化,人员配备锐减。目前,OSTP 工作人员从奥巴马政府鼎盛时期的 140 多

人，减到 30 余人，基本处于看守状态。OSTP 作用的趋弱，也影响了总统科技顾问委员会（PCAST）和国家科学技术委员会（NSTC）等其他总统决策提供咨询机构的正常运行，受到科技界严重诟病。此外，虽然国立卫生研究院院长、国家科学基金会主任得到留任，但国务院、农业部、能源部、专利与商标局等主要涉科联邦机构负责科技事务的副部级官员提名迟缓、缺位现象严重，明显影响了各联邦部门日常科技工作的正常开展。

（二）新政府系列反科学决策使科技界民怨沸腾

特朗普执政以来的一些政策行动表明，他不仅对科技创新缺乏兴趣，甚至为实现其"美国优先"目标不断给美国科技创新添堵。其上任以来的一系列反科学政策行动，包括"美国优先"政策、能源独立行政令、移民禁令、大幅削减科研预算、退出《巴黎协定》、科研信息公开禁令等引发了美科技界的强烈不满。这些行政令的颁布实施，不仅影响了美国的科学发展，也对遍布全球的美国科研合作伙伴的对美创新合作产生了消极影响和阻碍。例如，移民禁令让非美国本土的科研人员和学生们陷入两难境地，对未来职业和生活的不确定和不安全感在学术人员间隐隐蔓延。2017 年年初，超过 7000 名学术人员，包括 40 多位诺贝尔奖得主，签署了名为"学术人员反对移民行政令"的公开信[1]，反对总统的行政令，谴责这项行政令"非人道、没有用而且非美国作风"，也警告这会"大大破坏美国在高等教育和研究界的领导地位"。2017 年 4 月 22 日为世界地球日，美科技界选择当日在首都华盛顿举行"为科学游行"活动，同日，全球 600 多个城市响应，数十万人参与。游行的议题包括鼓励基于实证的政策规划、反对缩减政府提供的科研经费、政府的透明度，以及政府对气候变化和进化论作为科学共识的态度。游行中，科学家高举"科学不要沉默""让科学再次伟大"等口号，抗议科学事实在现今的政治环境下不被尊重，呼吁人们关注气候变化、污染等各种环保议题。

二、总统科技政策姗姗来迟却端倪初现

2017 年 8 月，白宫科技政策办公室与预算管理办公室（OMB）签署了 2019 财年联邦政府研发优先领域备忘录[2]。该文件初步廓清了联邦政府在国家科技发

---

① Academics Against Immigration Executive Order.[2018-04-15].https://notoimmigrationban.com/press-release.html.

② Memorandum for the Heads of Executive Departments and Agencies.（2017-08-17）[2018-04-15].https://www.whitehouse.gov/sites/whitehouse.gov/files/ostp/fy2019-administration-research-development-budget-priorities.pdf.

展中的角色定位，确定了军事领先、国家安全、经济繁荣、能源优势和医疗健康5个优先发展领域；确立了联邦政府支持研发活动的三大原则及2项重点任务。

（一）优先领域

1. 军事领先

明确联邦政府研发投入的第一要务是保证美国军队拥有最领先的技术，以面对日益增长的多方面潜在威胁。各联邦机构要打造一支面向未来的军事力量，包括导弹防御能力、高超音速武器与防御系统、智能天基系统、可靠微电子、未来计算能力等。联邦政府要大力鼓励具有军民两用潜力的技术向民用方向转化。

2. 国家安全

要求联邦政府加强研发，应对自然和人为带来的威胁，预防恐怖袭击，加强边境安全。重点投入方向包括加强关键基础设施承受物理攻击和网络攻击时的安全性和恢复能力，构建强大的海陆空边境监测与执法能力以阻止违禁物品和放射性材料走私等。

3. 经济繁荣

联邦政府的科研投入对于美国的经济增长发挥着关键作用，可促进产生新的行业，并带来大幅就业增长。联邦政府应重点关注新兴技术领域，如无人系统、生物计量、能源存储、基因编辑、机器学习、量子计算等。联邦政府应聚焦基础研究，减少与产业界相重复的研发投入，鼓励私营部门进行技术转化。

4. 能源优势

持续、长期、低成本的能源供给对美国的能源独立与安全至关重要，并能刺激经济发展。美国清洁能源的来源应包括化石能、核能、可再生能源等各种类型。美国政府应投资研发早期、创新型能源技术，从而使全社会更安全有效地利用能源资源。

5. 医疗健康

美国应致力于在改善人民健康状况的同时降低医疗成本。联邦机构应在预防、治疗疾病的创新生物医药项目中加大投入，保持美国在医疗领域的世界领导地位。特别应关注的领域包括老龄化人口相关问题，应对药物滥用及其他公共卫生挑战，以及为新的研发领域开发新的工具与技术。

（二）研发原则

1. 加强政府审计与效率

明确联邦政府的研发计划必须不断提升效率，避免资金浪费。在考虑开展新的研发项目时，必须确保与现有计划没有重复，并有利于增进大众福祉。当发现私营部门的研发活动在某领域更有效率时，应考虑修改或终止相应的研发计划。应为所有的政府研发项目制定量化评估标准。

2. 支持早期、创新型研究

早期的基础研究是美国研发创新体系的关键环节，由于这个环节风险巨大，可能没有直接经济效益，私营部门往往投入有限。美国联邦政府应将研发投入聚焦于此领域，并与私营部门合作，促进技术向市场的转化。联邦政府也应关注私营部门的研发成果，尽量利用现有技术满足联邦部门需求，而不是重新开始研发。

3. 最大限度地推动跨部门合作

跨部门的协调合作比单一部门的研发计划可产生更大影响，因此，各部门应大力支持现有的协调机制，并在可行的情况下加入新的跨部门工作组。各部门应通过国家科学技术委员会（NSTC）最大限度地进行部门研发任务的协调。通过合作，可以避免重复投入，并联合评估研发投入的成效。

（三）重点任务

1. 培养未来的科学、技术、工程与数学（STEM）劳动力

为了保证美国未来的竞争力，各联邦部门的研发计划中应包含 STEM 教育的相关内容，特别是计算机教育。美国政府应扩大 STEM 教育至所有人群。为落实该政策重点，特朗普总统 9 月 25 日签署备忘录，要求教育部把加强全美中小学校和大学本科的理工科教育作为工作重点，其中，又以计算机科学为重中之重。备忘录规定，教育部每年至少拨款 2 亿美元用于加强理工科教育，特别是计算机科学课程，以确保美国年轻人未来能够在科技工程领域获得稳定、高薪工作。

2. 推进研发设施现代化，并加强管理

最先进的研发基础设施为美国提供了独特的创新能力，保证了美国的人才有足够的工具开展世界级的研发工作。不同联邦机构、地方政府、私营部门、学

术机构及国际伙伴之间的合作关系有助于使研究设施的使用效率最大化并降低成本。新设施的兴建必须与现有设施的使用统筹考虑，及时关停已经不必要的设施，加强对长期使用设施投资的管理能力，尽可能减少浪费。

2017 年 12 月 18 日，白宫公布总统特朗普任内首份国家安全战略①，再次对备忘录中提出的科技政策重点进行明确。报告强调，美国将继续寻求在全球科研创新领域保持领先地位，并保护美国的国家安全创新基础。报告指出，为了保证美国经济和国防的领先优势，必须大力投入研发新兴技术，如数据科学、加密算法、自动化系统、基因编辑、新材料、纳米技术、先进计算与人工智能等。美国政府部门需要加强对世界科技趋势的理解，以及如何影响美国的国家战略。美国必须吸引并留住人才，利用私人资本加强协同创新，并快速将创新成果投入应用。报告同时认为，美国的国家安全创新基础面临来自中国的战略对手的威胁，因此美国必须加强知识产权保护，通过改革外国投资委员会（CFIUS）等方式尽量降低安全隐患，适度收紧签证政策，并严格保护数据及相关基础设施。报告还强调，美国必须充分利用自身的能源优势。

三、联邦研发投入起伏跌宕充满不确定

2017 年，联邦研发投入让美国科技界揪心不已。虽然 2017 年的支出法案因国会的坚持，确保了本财年研发投入继续增长，但特朗普政府削减研发预算的意图依然十分强烈，未来 4 年研发预算投入不确定性很高。

（一）2017 财年支出法案与特朗普意图相左，确保联邦研发投入继续增加

2017 年 5 月 4 日，美国国会正式通过 2017 财年拨款法案（Omnibus Bill）。根据法案，美国 2017 财年 R&D 支出达到 1558 亿美元，比 2016 财年增长 5%，国防研发经费 828.59 亿美元，非国防研发经费 728.97 亿美元。按照类型分，基础研究经费 348.87 亿美元，增长 4.1%，应用研究经费 401.61 亿美元，增长 6.3%，开发经费 781.08 亿美元，增长 4.0%，研发与设施经费 26.5 亿美元，增长 2.9%。联邦主要涉科部门除美国地质调查局（USGS）和国家标准技术研究院（NIST）拨款略有下降以外，其他部门均得到可观的拨款增长。其中，国防部研发预算增幅最大，为 7.5%，而国立卫生研究院经费增长总额最多，为 20 多亿美元，增幅 6.2%，总预算达到 340 亿美元，再创历史新高。此外，特朗普一

---

① National Security Strategy of the United States of America.（2017-12-18）[2017-04-15].https://www. whitehouse.gov/wp-content/uploads/2017/12/NSS-Final-12-18-2017-0905.pdf.

直计划削减或废除的项目也得到国会继续支持，如能源部的先进能源研究计划（ARPA-E）拨款比 2016 年增长 5.2%，特朗普建议取消的木卫二登陆器与轨道器共获得了 2.75 亿美元拨款。

（二）特朗普政府研发预算"抱负"意图强烈，2018 财年与 2019 财年研发预算不确定性大增

从目前特朗普总统的预算提案和美国国会通过的 2017 财年拨款法案，以及正在讨论的 2018 财年拨款法案看，美国未来几年研发预算投入面临较大的不确定性。特朗普入主白宫至今，其不重视科技研发的特点众所周知。联邦涉科部门在特朗普的预算蓝图中成为重灾区，在其未来的任期内仍将可能持续这一趋势。2017 年 8 月发布的 2019 年联邦研发预算优先事项[1]，圈定了部分优先支持的科技项目。2018 财年研发预算 1176.97 亿美元，另有 335.47 亿美元为国防部（DOD）和航天航空局（NASA）发展基金（Development Funding）[2]，两项合计 1512.44 亿美元，比 2016 财年支出增加 29.42 亿美元，扣除通货膨胀因素，比 2016 财年支出下降 1.9%[3]。

从部门分布看，8 个联邦机构占全部研发投入的 96.6%。其中国防部 45.4%，突显军事优先。从增减情况看，除国防部和退伍军人部研发预算增加外，其余联邦部门均面临不同程度的削减。从研发结构看，除新增设 531.94 亿美元的试验发展经费外（该指标 2016 财年没有），基础研究、应用研究，以及科研设施和仪器预算均遭遇削减。此外，包括网络与信息技术研发计划（NITRD）、美国全球变化研究计划（USGCRP）、国家纳米计划（NNI），以及国家机器人计划（NRI）、国家制造业创新网络计划（NNMI）、脑科学计划、精准医疗计划、癌症登月计划、材料基因组计划等跨机构科技计划，都未能在特朗普的预算案中得到体现。这些计划一般在政府预算案出台之后数周也会出台本计划的预算，但目前除 NITRD 以外的多数计划未有任何消息。

---

[1] Memorandum for the Heads of Executive Departments and Agencies.（2017-08-17）[2018-04-15]. https://www.whitehouse.gov/sites/whitehouse.gov/files/ostp/fy2019-administration-research-development-budget-priorities.pdf.

[2] 根据特朗普引用奥巴马 2016 财年预算的概念，"研发"预算项下的"发展"替代为"试验发展"（Experimental Development），总统预算办公室（OMB）用此概念更好地将其数据与国家自然科学基金会多项研发调查数据相吻合，也与国际标准对接。这导致 2018 财年研发投入数据技术上减少 335 亿美元（其中国防部 310.36 亿美元，航空航天局 25.11 亿美元），未显示在研发项下，但实际属于研发投入。

[3] John F, Sargent Jr. Federal Research and Development Funding: 2018. Congressional Research Service（CRS），2017-07-31.

（三）税改法案对科技创新事业的长期影响尚不明朗

2017 年年末推出的税改法案号称是美国自 20 世纪 80 年代以来减税幅度最大的一次 [①]。企业所得税有望从 35% 降低到 21%，并取消了企业替代性最低税，使得高科技企业仍能享受研发支出抵税的待遇，但新规定要求企业在 5 年或更长时间冲销研发支出而不是像现在可在 1 年内冲销。在美国科学促进会（AAAS）等学术和教育团体的呼吁下，学费税收抵免仍维持现状。新税法还保留了对可再生能源和购买电动汽车的税收抵免，但对罕见病药的研发支出抵税额度被削减一半；对大学获得捐赠须征税的新规定则可能影响少数大学发放奖学金及内部研发经费。税改法案通过后，预计未来 10 年最多可增加的 1.5 万亿美元赤字有可能对联邦政府科研和教育投入带来削减压力。而新税法通过一次性征税来吸引在海外避税的美国企业将海外利润汇回国内后，美高科技企业是否能就此加大在美投资，对此尚有不同意见。

四、创新实力依然强劲，综合竞争力稳居世界前列

虽然特朗普执政带来的诸多变化对美国科技发展产生了一定的负面影响，但作为世界科技强国和全球创新巨擘，美国拥有的长期霸主地位却非短期的政府更替、政策变化所能轻易撼动，加上联邦科技预算和政策对研发影响存在一定的滞后效应，2017 年美国整体科技创新仍然呈现强劲态势。2017 年 12 月，美国国家科学基金会（NSF）国家科学和工程统计中心（NCSES）最新发布数据显示，2015 年美国研发总投入达 4951 亿美元，预计 2016 年总额将达到 5100 亿美元，去除通胀因素后，2008—2015 年年均增长 1.4%。2014 年和 2015 年，美国研发投入占 GDP 的比重均为 2.73%，预计 2016 年将达到 2.74% [②]。2017 年，美国凭借其雄厚的科研投入、强大的科研体系、高端的创新人才队伍、良好的创新环境，保持了丰厚的科技产出、活跃的科技供给，为经济的复苏繁荣提供有力科技支撑，继续在多个领域引领全球创新大潮。

（一）基础科学实力雄厚，占尽诺奖江山

2017 年，美国基础科学领域成果丰硕。诺贝尔物理、化学、医学、经济四

---

① 截止本文截稿之日，美国国会参众两院尚未投票通过减税法案最终版并由总统签署。新闻报道两院共和党已就减税法案最终版内容达成一致，有关分析基于 2017 年 12 月 15 日发布的两院共和党减税法案最终版。

② U.S. R&D Increased by \$20 Billion in 2015, to \$495 Billion; Estimates for 2016 Indicate a Rise to \$510 Billion.（2017–12–14）[2018–04–15]. https://www.nsf.gov/statistics/2018/nsf18306/.

大科学奖项的 10 位获奖人中，美国占据 8 席，独占鳌头。荣获物理奖的 3 位科学家所领导的 LIGO 项目，是美国国家科学基金会持续支持 40 年的成果。2016年年初，LIGO 第一次直接探测到引力波，对人类深入了解宇宙和拓宽科学边界具有重大意义。2017 年 10 月 16 日，LIGO 科学合作组织与 VIRGO 及全球其他70 个天文观测站共同宣布，首次直接探测到距地球 1.3 亿光年的双中子星合并产生的引力波及其伴随的电磁信号。这是 LIGO 建造以来第一次观测到双中子星合并产生的引力波，也是人类历史上第一次使用引力波天文台和其他望远镜同时观测到同一个天体物理事件，开启了多信使天文学新窗口，自此引力波正式成为天体物理学的重要一员。

科技论文和专利是反映一国科技产出的主要指标之一。据《2017 年科技论文统计结果》报告[①]，2016 年，美国科技论文多项指标保持世界第一，彰显其强大的原创力和高产出。其中，SCI 收录美国论文数量高达 50.23 万篇，占世界总数的 26.5%，位列第一；高被引论文数为 69 976 篇，位居第一。《科技会议录引文索引》（CPCI-S）数据库收录美国论文 13.86 万篇，占世界论文总数的 24.6%，排名第一；《社会科学引文索引》（SSCI）数据库 2016 年收录美国论文 11.67 万篇，占世界论文总数的 38.6%，遥遥领先其他国家。

纵观近 3 年来美国在科技产出方面的表现，虽然多项指标仍保持世界第一，但部分领域也出现了小幅下行趋势，值得关注。例如，美国 SCI 论文的世界占比出现逐年小幅下降趋势，其中 2015 年 27.5%，2016 年 26.9%，2017 年 26.5%。

（二）科技生态依然向好，创新实力国际公认

2017 年 7 月 5 日，中国社会科学文献出版社出版的《二十国集团（G20）国家创新竞争力发展报告（2016—2017 年）》[②]显示，在国家创新竞争力评价排名中，美国位列 G20 成员之首。报告评选的国家创新竞争力，是指一个国家在世界范围内对创新资源的吸引力和创新空间的扩张力，以及对周边国家或地区的影响力、辐射力、带动力，它是增强一国竞争力的原动力，对提升国家竞争力具有根本性的作用。它由 5 个要素构成，即创新基础竞争力、创新环境竞争力、创新投入竞争力、创新产出竞争力、创新持续竞争力。2015 年，只有美国 1 个国家的创新竞争力得分达到 70 分以上，其余国家均低于 60 分。

2017 年 6 月，世界知识产权组织（WIPO）发布《全球创新指数报告》显示，

---

① 中国科技论文统计结果 2017.（2017–10–31）[2018–04–15].http://conference.istic.ac.cn/cstpcd2017/newsrelease.html.

② 中国科技论文统计结果 2017—— 中国国内科技论文产出状况.（2017–10–31）[2018–04–15].http://www.chinanews.com/gj/2017/07–05/8269470.shtml.

美国创新指数排名在全部 130 个经济体中列第 4 名。其优势不仅是在金融市场成熟度和风险资本活动密集度方面表现突出，还体现在这两项指标对于私营部门经济活动的巨大促进作用，领先的优势还包括从事全球研发的高质量大学和公司、科学出版物的质量、软件支出和创新集群的状态 4 个方面。

2017 年 9 月，世界经济论坛发布《2017—2018 年全球竞争力报告》[①]，通过对全球 137 个经济体的基础条件、效能提升和创新成熟度 3 个层面 12 项指标的衡量比对，形成各国年度竞争力指数排名，美国比上一年度上升 1 位，列全球第二，仅次于瑞士。该报告指出，提升美国竞争力排名的两个核心指标是美国的创新生态系统在经济效率提升和创新要素驱动两方面所起的积极作用。2017 年，由于美国面临众多政策的不确定性，其基本指标部分的得分和排名并未进入前十，特别是卫生健康和基础教育两个指标排名靠后，宏观经济环境得分也仅列第 83 名。

（三）创新成果转移转化，为经济发展提供有效支撑

美国政府高度重视发明与技术创新对经济增长的驱动作用，始终要求各部门加强联邦科技成果的转移转化。2017 年 9 月，美国商务部发布的《2016 年度科技成果转化报告》[②] 显示，2016 财年，商务部下属国家标准技术研究院（NIST）、国家海洋大气局（NOAA）及通信科学研究所（ITS）参与 389 项合作研发项目（CRADAs），其中由 NIST 和 ITS 主导的公共宽带信息网络安全项目最多，为 54 项，发布新发明 55 个，申请专利 25 项，其中专利授权 12 项。正在执行的 57 项专利授权中，33 项是专利收入许可（Liensing），获得收益 14.8 万美元，发表同行评议科技论文 3056 篇。国家航空航天局（NASA）2017 年新产生技术 1557 项，其中由政府研究机构主导的 547 项，申请专利 119 件，授权 103 项，专利授权 97 项，软件使用协议 2632 份。农业部 2016 年新发明 244 项，新申请专利 109 项，授权 60 项；正在执行的专利许可 441 项，其中收入许可 439 项，转移给小企业 152 项，给初创企业 7 项，发明授权 370 项，新产生的授权 33 项，正在执行的专利许可产生收益 478.4 万美元。

---

① The Global Competitiveness Report 2017-2018.[2018-04-15].http://reports.weforum.org/global-competitiveness-index-2017-2018/#topic=highlights.

② Annual Report on Technology Transfer: Approach and Plans, Fiscal Year 2016 Activities and Achievements. [2018-04-15].https://www.nist.gov/sites/default/files/documents/2017/09/08/fy2016-doc-tech-trans-report-final-9-5-17.pdf.

五、创新创业成为拉动经济增长的主要动力源

2017 年，新政府执政后，联邦政府明显减少对技术推广示范和区域创新的支持，裁撤商务部的经济发展局，取消中小企业局的 SBA 贷款，同时大幅削减 NOAA、NASA、NSF 等部门的教育培训经费。但是，美国民间科技创新活力持续迸发，企业研发投入保持增长态势，科技企业特别是科技型初创企业蓬勃发展，高科技优势产业势不可当，为促进经济和就业增长提供重要支撑。

（一）企业研发投入继续保持增长态势

根据美国国家科学和工程统计中心和人口调查局 2017 年共同发起的私营部门研发和创新调查（BRDIS）显示①，2015 年美国私营部门执行研发经费 3560 亿美元，比上年增长 4.4%。其中，来自企业自有经费为 2970 亿美元，增长 5%；其他来源的经费为 590 亿美元。从研发类型看，私营部门研发投入重在应用开发。当年有 220 亿美元（6%）用于基础研究，560 亿美元（16%）用于应用研究，2780 亿美元（78%）用于技术开发。从企业规模看，大型企业是私营部门研发投入的主体，但中小企业的研发强度明显高于大型企业。其中，大型企业执行全国企业研发总额的 52%，研发强度为 4.1%，雇佣 51% 的在美企业研发人员；而中小微企业占研发总额的 12%，研发强度为 5.8%，雇佣 23% 的在美研发人员。从行业看，私营企业在美本土投入的研发经费大头由制造业企业执行，达到 2360 亿美元，占全部经费的 66%，其他类型企业仅占 34%。制造业的研发强度高于非制造业研发强度。全美企业研发强度为 3.9%，制造业为 4.4%，非制造业为 3.2%。研发强度较高的制造行业包括制药业（12.9%）、计算机和电子产品（9.8%）、航空产品和零部件（8.5%）；研发强度较高的非制造业行业包括科学研发服务（26.8%）、计算机系统设计及服务（9.5%）和软件出版业（8.2%）。从地域看，企业研发活动集中于美国少数州。其中加利福尼亚州最为集中，占 32%，其后分别为马萨诸塞州（6%）、华盛顿州（6%）、密歇根州（5%）、德克萨斯州（5%）、纽约州（4%）、新泽西州（4%）、伊利诺伊州（4%）和宾夕法尼亚州（3%）。

---

① Business R&D and Innovation Survey. [2018–04–15].https://www.nsf.gov/statistics/srvyindustry/about/brdis/.

（二）科技型创业企业成为创新经济的高增长板块

日前，美国著名智库——信息技术创新基金会（ITIF）发布报告 [1] 称，过去10 年间（2007—2016 年）美国科技型初创企业迅猛发展，为就业、创新、出口和生产率增长做出了巨大的贡献，已成为美国经济增长和竞争力提升的重要驱动力。该报告显示，美国的科技型初创企业经历了 10 年的快速发展期，企业数量增长了 47%，从 2007 年的 116 000 家上升为 2016 年的 171 000 家。期间成长起来的新老科技型初创企业以仅占全美企业总数 3.8% 的份额，贡献了全社会企业 R&D 投入的 70.1%，提供了 58.7% 的 R&D 工作岗位，提供了全美出口总额的27.2%，成为美国创新经济增长的重要驱动力。

（三）中心腹地成为创业者新家园

尽管硅谷和东海岸地区一直是美国的创业中心，但新的创业地图却发生了变化，有更多的公司企业和创新人士开始向美国中部腹地迁移。中部一向以农业著称的印第安纳州和内布拉斯加州等州正在成为创新中心，拥有很高的初创公司增长率，以及日益发展的企业所有者和创业者网络 [2]。2017 年，全美风险投资协会（NVCA）和考夫曼基金会（Kauffman Foundation）合作推出的美国城市创业发展排行榜中，中部的俄亥俄州的哥伦布市（Columbus）、田纳西州的纳什维尔市（Nashville）和印第安纳州的印第安纳波利斯市（Indianapolis）跻身榜首。NVCA总裁鲍比·富兰克林说："硅谷、波士顿和纽约经常会登上全国新闻的头条，但其他地区同时也在不被人注意地发展，静悄悄地扩大它们的生态系统，并在自家后院扶植创业活动。"

（执笔人：吴飞鸣）

---

① How Technology-based Start-ups Support U.S. Economic Growth. [2018-04-15].http://www2.itif.org/2017-executive-summary-tech-based-start-ups.pdf?_ga=2.103834112. 1885627834.1512416361-562167479.1512416361.

② 从硅谷到美国的中心腹地 .（2017-11-19）[2018-04-15].https://share.america.gov/zh-hans/silicon-valley-american-heartland/.

◎ 加 拿 大

2017 年，加拿大科技发展总体稳健，创新举措频现，多角度释放积极信号。围绕年度预算主题——将加拿大打造成为全球领先的科技创新中心，联邦政府出台了一系列以提高创新能力、培育技能型人才和推动经济清洁增长为目标的政策措施。在国内，进一步整合职能，强化联邦科技监管体系，大力投入基础设施建设，拉动创新型经济发展，酝酿创新产业集群效应，打造引领全球的区域竞争优势，多方位培育和吸引高端人才，多渠道增加清洁技术，多手段鼓励中小企业创新发展和技术产业化。在国际上，高调参加全球应对气候变化和清洁增长行动，积极投入和参与国际大科学工程研发项目，国际科技合作趋于深化务实。

一、科技发展概况

（一）全社会研发投入情况

根据加拿大统计局发布的数据，加拿大全社会研发费用投入从 2014 年以来呈现微小下滑趋势，总体保持在 340 亿加元左右。2016 年，加拿大全社会研发费用投入总量为 339.06 亿加元，初步估算约占国内生产总值的 1.61%，比 2015 年的 1.69% 有所下滑。

从研发投入来看，2016 年企业研发投入（BERD）占全社会研发投入的 44.8%，为 151.94 亿加元，比 2015 年减少了 0.7%。相比之下，联邦政府、地方政府和高等教育研发投入分别达到 61.8 亿加元、18.13 亿加元和 65.12 亿加元，较 2015 年均有小幅增加，但由于受企业投入不足影响，全社会研发费用投入仍然呈现下滑趋势。

从研发费用支出来看，企业和高等教育作为两大创新主体，是研发费用的主要支出领域，占全社会研发支出的 91%。与 2015 年相比，高等教育研发支出有所增加，而企业研发支出有所减少，在一定程度上也反映了企业科研水平不高和创新能力不强仍然是加拿大创新体系中比较薄弱的方面。

（二）创新能力与竞争力

世界知识产权组织等共同发布的《2017 全球创新指数报告》显示，2017 年加拿大的全球创新指数排名第 18 位，比 2016 年的第 15 位下滑 3 位。其中，加拿大的创新投入指数排名全球第 10 位，在市场成熟度（第 3 位）、制度（第 7 位）等大类指标中显示特别的优势，但基础设施（第 18 位）、商业成熟度（第 24 位）等大类指标排名则出现下滑；创新产出指数排名全球第 23 位。

近年来，加拿大全球创新指数排名始终未进前十，主要原因在于教育和研发经费不足、生态可持续性不佳、联合创新不畅等。细分指标层面，加拿大在投资（第 2 位）、政治环境（第 6 位）、商业环境（第 7 位）、普通基础设施（第 7 位）、信贷（第 8 位）、监管环境（第 10 位）等领域位居全球前十，具有优势地位。

从全球竞争力来看，在洛桑国际管理学院（IMD）发布的 2017 年世界竞争力排名（World Competitiveness Ranking）中，加拿大排第 12 位，比 2016 年下降 2 位，近 2 年已累计下滑 7 位。

在世界经济论坛（WEF）发布的《全球竞争力报告 2017—2018》中，加拿大排名第 14 位，较上一年上升 1 位。其中，加拿大在劳动力市场（第 7 位）、金融市场（第 7 位）、医疗卫生及基础教育（第 8 位）等领域具有明显优势；在宏观经济环境（第 47 位）、创新（第 23 位）、商业成熟度（第 23 位）、科技准备度（第 23 位）等领域则存在较大提升空间。该报告分析称，国际贸易环境趋于恶化，拖累加拿大政府支出效率大幅下滑（下降 13 位），致使加拿大宏观经济环境有所恶化（下降 6 位），而美国贸易政策的不确定性也使加拿大面临一定风险。

（三）知识产权

根据世界知识产权组织统计，2016 年加拿大受理专利申请 34 745 件，较 2015 年减少 2219 份，排名世界第 9 位；授权专利 26 424 件，较 2015 年增加 4223 件，排名世界第 7 位。另据统计显示，加拿大在研发领域仍然是知识产权产品的净出口国，2015 年加拿大研发企业从国外进口 8.57 亿加元知识产权和技术服务，出口 19 亿加元，顺差超过 10 亿加元。

二、重大科技创新举措

2017 年 3 月，加联邦政府发布 2017 年财政预算，提出"加拿大创新与技能计划"（Canada's Innovation and Skills Plan），确定了近几年加拿大在科技创新和人才培训与吸引等方面的资助计划及相关预算，强调要加大政府对科技创新的支持力度，将加拿大打造成全球科技创新中心。计划主要目标包括：到 2025 年，加拿大资源、先进制造和其他领域的商品和服务出口增长 30%；提高清洁技术行业对 GDP 的贡献；使数字技术、清洁技术和卫生领域高增长公司的数量翻番，从 1.4 万家增加到 2.8 万家；扩大对职业培训的支持力度；等等。并提出将重点支持先进制造、农产品、清洁技术、数字产业、卫生 / 生物科学和清洁资源六大创新关键领域，扩大增长和创造就业。在此框架下，2017 年加拿大出台了一系列重大科技创新政策及举措。

（一）促进创新增长

（1）提出"超级创新集群"（Innovation Super Clusters Initiative）计划。2017—2022 年 5 年内投资 9.5 亿加元，用于支持加速经济增长的创新型产业发展，打造类似硅谷、柏林、特拉维夫、多伦多、滑铁卢创新走廊的超级创新产业集群，重点发展先进制造、农业食品、清洁技术、数字技术、卫生 / 生物科学、清洁资源、基础设施及交通运输等领域的创新型产业。该计划对加拿大来说是首创，是特鲁多政府大力刺激科技创新发展的一项重要措施，目标是通过强化政府、高校与企业之间的合作伙伴关系，支持最具潜力的业务主导型创新超级集群，发挥区域优势，建立创新生态系统，使之成为经济发展的新引擎。该计划将通过评估，最终选定 4 ~ 5 个创新集群进行投资。

（2）创建"战略创新基金"（Strategic Innovation Fund）。5 年投入 12.6 亿加元整合和简化已有的创新计划，涉及十几个联邦部门，包含"航空航天与防务计划"（Strategic Aerospace and Defense Initiative）、"技术示范计划"（Technology Demonstration Program）、"汽车创新基金"（Automotive Innovation）和"汽车供应商创新计划"（Automotive Supplier Innovation Program）等，为创新企业提供一站式服务，为加拿大所有工业和技术部门的各类企业提供资助，以吸引和支持高质量商业投资，从而促进就业、技能开发和创造商业机会。该计划主要支持 4 种类型的创新活动：促进创新型新产品、流程和服务的研究、开发与商业化；推动高潜质企业的成长；向加拿大吸引新投资，为加拿大人创造商业机会和就业；通过学术界、非营利性组织和私人部门间的合作，促进产业研究、开发和技术示范。

（3）任命首席科学顾问。2017 年 9 月，加拿大总理特鲁多宣布任命莫娜·奈默博士为加拿大首席科学顾问。首席科学顾问负责向总理和科学部长提供科学政策的咨询意见和建议，确保联邦政府在科学领域的行动向公众开放，并在做决策时充分考虑科学因素，以支持加拿大科学家在联邦制度框架下进行高质量的科学研究。首席科学顾问应向总理和科学部长提交年度报告，汇报工作并介绍联邦政府部门的科学活动情况，包括科学家和科学基础设施情况等，是联系加拿大联邦政府与科技界的纽带。首席科学顾问办公室设在加拿大创新、科学与经济发展部，年度预算为 200 万加元。与之呼应，加拿大每个科研机构都要求设立类似机构或人员，对口首席科学顾问办公室的工作。

（4）启动"风险投资催化剂"（Venture Capital Catalyst Initiative）计划。3 年内向加拿大商业发展银行注资 4 亿加元，预计带动 15 亿风险投资资本，为加拿大极具潜力的创新型企业提供融资，推动业务发展。

（5）启动加拿大基础设施银行。作为 2016 年计划的延续，加拿大联邦政府于 2017 年 12 月宣布启动基础设施银行（Canada Infrastructure Bank），由联邦基建和社区部部长负责，是一个新的皇家公司，由政府独立运作，董事会管理。加拿大基础设施银行以公共资金为杠杆，12 年投资 350 亿加元，撬动私人投资参与公共交通和高速公路等重大基础设施项目建设，其中 150 亿加元出自"加拿大投资计划"（Investing in Canada Plan），包括 3 个部分：公共交通系统 50 亿加元，贸易和运输走廊 50 亿加元，绿色基础设施项目 50 亿加元。绿色基础设施项目包括减少温室气体排放、提供清洁空气和安全水系统、促进可再生能源等。

（6）启动"加拿大创新解决方案"（Innovative Solutions Canada Program）。以美国"小企业创新研究计划"为蓝本，于 2017 年 12 月宣布启动"加拿大创新解决方案"，将联邦政府研发预算的 3.2% 返还给创新型企业，投资 1 亿加元用于购买初创公司研发产品，此投资比 2017 年预算翻了 1 倍，该计划将指导 20 个联邦部门和相关机构从加拿大的创新者和企业家购买商品和服务，并为该计划预留 1% 的研发费用，支持早期研发工作，帮助创新企业成长和推动就业。

（7）发布基础研究评估报告。2017 年 4 月，加拿大发布基础科学评估报告——《投资加拿大未来：强化加拿大基础研究》（Investing in Canada's Future: Strengthening the Foundations of Canadian Research），对加拿大近 10 年来联邦资助基础研究机制进行全面评估，主要评估对象是加拿大学术机构和研究机构。评估报告认为加拿大在过去 10 年内的基础研究整体水平下降，国际竞争力减弱，主要问题是政府投入不足、资金灵活性差、机构间缺乏协调、基础设施保障乏力、人才政策缺乏远见等，呼吁联邦政府加大支持基础研究，并提出多项建议。加拿大科技界和学术界普遍对报告的观点表示认同和支持，希望政府调整科技政策。作为回应，加拿大联邦政府已经采取了一系列行动：一是修改"加拿大首席研究员计划"（Canada Research Chairs Program），提高筛选工作的多样性、公平性和包容性；二是新成立加拿大研究协调委员会（CRCC），加强联邦三大拨款机构（NSERC、CIHR、SSHRC）及加拿大创新基金会（CFI）之间的协调合作；三是建立首席科学顾问负责制，在联邦政府间搭建顾问咨询网络；四是通过 CFI 投资 5.54 亿加元用于加强研究工具和基础设施，为培养早期研究人员——学生提供条件；五是在首届加拿大总理科学博览会上，鼓励青年人选择科学、技术、工程和数学（STEM）研究职业。

（8）大力投资科研基础设施。CFI 通过"主要科学行动基金"（Major Science Initiative Fund）向加拿大 12 所大学主导的 17 个国家研究机构投资 3.285 亿加元，支持研究型基础设施建设，推动运营方式改革，根据基础设施的用途、规模等设立长效管理机制。目标是确保加拿大研究人员能够使用最先进的国家研究设施开展世界级的研发工作，推动加拿大社会与经济的发展，提高加拿大人健康水平，并获得环境效益。

（9）积极推进《泛加拿大清洁增长与气候变化框架》。加拿大联邦政府总理特鲁多和各省（地区）省长（曼尼托巴省和萨斯喀彻温省除外）于 2016 年 12 月共同签署《泛加拿大清洁增长与气候变化框架》，希望以此推动减少排放、应对气候变化并实现清洁增长。在此框架下，加拿大联邦政府投资 20 亿加元设立低碳经济基金，支持实施有利于清洁增长和减少碳排放的项目，以达到或者超越加拿大在《巴黎协定》中所做的承诺。低碳经济基金包括 2 个部分，一是 2017 年 6 月 15 日启动的低碳经济领导基金，总额 14 亿加元，主要向加拿大各省（地区）落实框架的相关活动提供支持，助其履行承诺；二是低碳经济挑战基金，总额 6 亿加元，用于在全国范围内支持有利于减少排放、实现清洁增长的项目。至 2017 年年底，加拿大各省（地区）实施《泛加拿大清洁增长与气候变化框架》取得了良好进展，碳定价体系、实施减排措施、清洁技术研发等领域均取得了显著成效，另外，加拿大还决定在 2030 年全面淘汰燃煤电厂。

（10）全面改革环境影响评价制度。加拿大政府发布《环境监管评估报告》，深入分析现行环境监管制度，特别是环境影响评价制度的不足，提出系统改革方案。根据评估报告，拟修订加拿大《环境评价法》《国家能源局法》《航海保护法》《渔业法》4 部法律，以全面系统地改革环境评估制度。一是提高环境评估的科学性，权衡项目对环境、经济、社会和健康影响等多方面影响因素，设计评价指标体系；二是引导公众参与从项目建设、运营到淘汰的全过程管理；三是建立信息平台，便于公众与环境评估和监管机构互动；四是建立综合开放的监管数据库，提供统一、权威的信息和数据源，支持科学决策；五是政府设置专门的环境评估管理机构，收回原来分散在国家能源局、核安全委员会、海洋局、海上石油管理局等部门的环评管理职能，明确联邦管理重大项目环评工作，建立重大项目清单制度，并明确联邦对于未纳入清单的项目有权实施监管。

（11）重点扶持优势科技领域。加拿大六大优势领域包括：清洁技术、数字产业、农业食品、先进制造、卫生 / 生物科学和清洁资源，2017 年加拿大将重点扶持前三大领域的技术研发和产业化。其中，清洁技术领域：延续加拿大可持续发展基金（Sustainable Development Technology Canada）旗舰计划，重点支持清洁技术企业研发和出口融资、清洁技术中试和示范推广，投资支持智慧城市建设，推广绿色建筑，大力资助清洁能源、智能电网、低碳交通、矿业、林业、农业、渔业及海洋保护技术项目，助力学界和研究机构开展各阶段清洁技术创新研究；数字产业领域：实施"泛加拿大人工智能战略"（Pan-Canadian Artificial Intelligence Strategy），促进加拿大主要研究中心之间的合作，保留并吸引人工智能和深度学习领域顶尖人才，开设人工智能研究所，支持加拿大儿童和青年学习数字技能；农业食品领域：重点支持应对气候变化和水土保持等新兴优先事项，继续支持农业科技创新与市场开发，推动广泛采用清洁技术进行农业生产。此外，加拿大联邦政府也向干细胞研究、基因组学、脑科学研究、太空探索项目、量子技术等领域增加投资，推动新兴技术的科学研究和创新应用。

（二）培育技能型人才

加拿大政府认为创新的根本在于人，致力于打造一流的技能型、创新型、多样化人才队伍，推动加拿大企业发展和产业创新。

（1）倡导终身学习。在《劳动力市场发展协议》（The Labour Market Development Agreements）框架下，6年增资18亿加元，支持劳动力参与技能培训，帮扶就业创业；4年投入4.54亿加元，然后每年投资4630万加元支持就业人员返校进修；改革就业保险政策，4年投入1.324亿加元，然后每年投资3790万加元鼓励失业人员参加技能培训，以获得或重返工作岗位；4年投入2.25亿加元，然后每年投资7500万加元构建一个新的组织支持技能发展和评估。加拿大自然科学与工程研究理事会（NSERC）启动"发现奖助金计划"（Discovery Grants Program），通过奖学金、研究金、研究补助和设备赠款等方式提供5.15亿加元，资助科研顶尖人才、学生和研究人员开展基础研究和工程研究，通过培训获得更多技能。

（2）推动就业。向加拿大就业基金6年增资9亿加元，扶助残疾人、老龄劳动力等弱势人群就业；向"青年就业战略"（The Youth Employment Strategy），3年提供3.955亿加元，为大学生提供短期就业机会，助力适应就业市场；向加拿大信息技术与综合系统数学组织（MITACS）5年投资2.21亿加元，支持更多高校学生参与校企合作培养。

（3）招揽全球人才。实施全球技能战略，吸引世界各地的高素质人才，支持加拿大公司的发展，促进创新与经济发展；8年投资1.176亿加元用于新的"加拿大首席研究员计划"，新增25个"加拿大150首席科学家"（Canada 150 Research Chairs）席位，以吸引多个学科领域的顶级国际学者和研究人员来加拿大开展研究工作；5年增资2.789亿加元加大力度招收全球技能型人才，然后每年投资4980万加元支持外来人才短期在加拿大工作；启动"全球人才流动"（Global Talent Stream）计划，支持9类外籍人才最快2周内取得签证，助力加大企业更快、更容易聘用高科技外籍临时工；依托移民政策确保高质量劳动力供给，5 年投入 2750 万加元支持技能型新移民就业；修订《移民和难民保护法》（The Immigration and Refugee Protection Act），确保快速移民通道能够满足加拿大市场对技能型劳动力的需求。

三、通过国际科技创新合作贡献于国际社会

（一）积极参与全球应对气候变化和清洁增长行动

为支持绿色发展国家战略并在清洁技术产业国际竞争中获得话语权和竞争优势，加拿大积极履行《巴黎协定》相关承诺，表现十分活跃，力争成为全球应对气候变化和倡导清洁发展的引领者。

1. 出资支持发展中国家实现清洁发展

在《联合国气候变化框架公约》第 22 次缔约国大会（COP22）上，加拿大政府承诺 5 年内提供 26.5 亿加元资金，支持发展中国家向低碳、可持续经济转型。截至目前，加拿大政府已宣布超过 9 亿加元的资金援助，包括支持中美洲气候智能型农业发展、支持塞内加尔农户恢复生产能力、支持越南应对气候变化技术创新、支持墨西哥和智利减少甲烷排放、支持智利等南美 4 国减少污染排放等。

2. 积极引领国际应对气候变化事务

2017 年 9 月，加拿大联合中国和欧盟共同发起的第一次气候行动部长级会议在加拿大蒙特利尔召开，来自 34 个主要经济体和气候变化重要参与方的其他代表出席会议，就《巴黎协定》后续实施细则、气候行动实施等重点问题进行了讨论，并发布气候行动部长级会议主席总结。2017 年 11 月《联合国气候变化框架公约》第 23 次缔约国大会召开期间，加拿大和英国共同领导成立了"助力淘汰煤炭联盟"（Powering Past Coal Alliance），全球有 20 多个国家参与，以实现清洁能源加速发展，淘汰传统煤炭的使用。

3. 力推清洁能源经济增长

加拿大致力于成为清洁发展领域的全球领导者，希望利用现有的化石能源为未来的清洁能源提供解决方案。作为创新使命部长级会议（Mission Innovation）的 22 个成员国之一，加拿大积极增加在清洁能源技术研发和创新领域的投资。2017 年 4 月，在七国集团（G7）能源部长会议上，加拿大积极推动能源安全和

清洁能源等议题，希望能抓住新兴能源经济增长和创造就业的机会。2017 年 12 月，加拿大总理特鲁多宣布，2018 年在加拿大召开的 G7 会议上，清洁增长和气候变化将成为 5 个主要议题之一。

（二）积极参与国际卫生合作

一是参与世界性疾病应对。加拿大卫生部出资支持加拿大国立卫生研究院（CIHR）和加拿大国际发展研究中心（IDRC），与拉丁美洲和加勒比地区的研究人员合作，在诊断、了解、干预寨卡病毒和研发疫苗等领域开展研究。2017 年 10 月，CIHR、IDRC、Azrieli 基金会、以色列科学基金会（ISF）联合宣布，在加拿大—以色列健康研究计划下，挑选出 6 个研究团队开展针对高致死率癌症治疗方案的研究，希望改进现有治疗方法或研发出新的治疗方案。

二是协调全球卫生政策，应对健康挑战。2017 年 1 月，时任加拿大卫生部部长简·菲尔波特出席经合组织卫生部长级会议，探讨在卫生政策领域引入大数据、推进下一代医疗改革的可能性。2017 年 5 月，简·菲尔波特出席 G20 卫生部长会议，探讨了全球卫生挑战、强化卫生体系、抗生素耐药性等重要议题。2017 年 5 月，简·菲尔波特出席第 70 届世界卫生大会，探讨卫生应急、妇幼健康、慢性病防控、抗生素耐药、突发事件应对、2030 年可持续发展议程中的卫生问题等议题，加拿大还捐款支持世界卫生组织的紧急事件应急基金、支持受危机影响的乌克兰民众。2017 年 11 月，加拿大卫生部长佩蒂帕斯·泰勒和首席公共卫生官特丽萨·塔姆在米兰参加了 G7 卫生部长会议，重点讨论了气候变化对卫生状况的影响，妇女、儿童和青少年健康，抗生素耐药性研究 3 个领域的议题。

（三）继续深入推进大科学工程合作

加拿大联邦政府积极参与国际空间站（ISS）相关工作。作为对国际空间站长期承诺的一部分，加拿大 2017 年继续投资 5400 万美元推动太空探索，主要应用于空间站 Canadarm2 和 Dextre 的后续研究与操作，保持加拿大在太空机器人领域的金球领导地位，为新一代机械臂的创新研究奠定基础。2018 年，加拿大宇航员 David Saint-Jacques 将登陆国际空间站执行长期任务。在研发上，2017 年，加拿大航天局一是投资外太空探测机器人系统，辅助近月飞行和空间站维护；二是为国际空间站开发先进的视觉系统，使航天器更易对接，该技术将于 2021 年投入使用。

◎ 智　利

一、2017 年智利科技创新发展权威评估

据联合国统计部门最新预测，2017 年智利人口 1812 万人，国内生产总值（GDP）约 2512.2 亿美元，人均 GDP 近 14 000 美元。按这个估值，智利将连续第五年蝉联高收入经济体。

2017 年 6 月，世界知识产权组织（WIPO）和美国康奈尔大学等机构联合发布《2017 年全球创新指数（GII）报告》。在参与全球排名的 127 个经济体中，智利居第 46 位，与上年相比下滑了 2 位。报告显示，智利 2017 年创新指数排名仍位居拉美和加勒比国家榜首。表现突出的指标有：制度、基础设施、市场成熟度、商业成熟度、知识与技术产出，位列世界前 50 名。特别是"知识与技术产出"指标得到大幅提升，标志着科研成果（如论文、专利和知识产权等）及新业态领域的技术产量和拥有量显著增加。但是，由于人力资本与研究、创意产出等指标呈现弱势，短板表现在投入欠缺、流动性不足、工业设计和创意产品匮乏、全球性研发企业数量较少等，智利跻身世界创新型国家行列任重而道远。

2017 年 9 月，世界经济论坛发布《2017—2018 年全球竞争力报告》。在参与全球排名的 137 个经济体中，智利居第 33 位，位次与上年相同，国家竞争力排名保持拉美和加勒比国家第一。表现突出的指标有：金融市场发展、高等教育和培训、制度、宏观经济环境、技术就绪度和商品市场效率等，位列世界前 40 名。报告指出，智利的竞争力优势在于有健康的政治、经济与社会体系，政府在发展金融市场、加强高等教育和培训、推行职能改革、激发市场活力及促进技术开发方面取得了成效，但工业技术水平和研发创新能力仍有待进一步提高。

二、智利年度国家创新体系和政策的有关进展

1. 总统签署法案将组建科技部

2016 年 1 月 18 日，巴切莱特总统宣布将启动立法程序组建科技部。法案历时 1 年制定完成，于 2017 年 1 月由巴切莱特总统签署提交国会讨论，在场的内政部、财政部、总统府秘书部、教育部，以及经济、发展与旅游部（MEDT）的部长们纷纷表示全力支持。

总统在签署仪式上发表讲话强调，这一举措是智利迈向未来的重要一步。政府力主成立科技部，以期构建科技创新事业新的发展框架，把知识、创新、科学和人文作为发展的重中之重。新框架下，将设立研发局，为科技发展提供政策咨询服务。此外，还将设立国家科技创新理事会和部际科技创新委员会。

总统提案日前经参议院审议通过，现正在国会履行其他法定程序。由于本届政府即将卸任，立法设立科技部的时间表或存在更多的不确定因素。一些科学家担心，倘若提案在换届前未果，则新政府重塑法案的可能性很大，因为皮涅拉总统强烈主张设立一个涵盖科技、教育和工业（创新）领域的新部，以统领产学研活动和促进科技创新协调发展。

无论如何，提案的现有进展预示着科技创新发展已摆在国家议事日程的显著位置。

2. 出台《面向 2030 国家科技创新发展战略指导意见》

2017 年 5 月 18 日，国家创新发展咨询委员会（CNID）耗时 3 年完成的《科技创新：迎接可持续与包容发展——面向 2030 国家科技创新发展战略指导意见》（以下简称《指导意见》）正式出台，其概要见表 3-1。

表 3-1　《指导意见》提出的建议及措施一览

措施要点	具体建议内容
1. 选定国家创新发展重点领域	应对国家发展面临的挑战，鼓励进行解决国家重大挑战问题的研究，如抵御自然灾害、太阳能利用、南半球生物圈研究、儿童肥胖问题、尾矿绿色处理技术
2. 创立各领域企业研发创新委员会	制定完善企业参与创新的税收优惠政策，鼓励企业联合参与研发创新，降低竞争风险
3. 促进国家实现全面数字化服务	建立覆盖全国的宽带互联网基础设施，为未来进一步发展远程医疗保健、物联网、先进制造业、信息技术，促进精准农业等奠定数字化基础
4. 提高各部门研发创新投入	各部门预留至少为期 3 年的研发创新资助经费，用于跨部门、跨领域的科技创新活动
5. 加强校园科普与创新教育	在高中课程框架里，加大科技创新课程比例，同时加强科技创新与教育的互动，鼓励博物馆、国家公园、高校等各类机构与学校建立科普教育合作关系

3.发布《应对气候变化国家行动计划（2017—2022 年）》

2017 年 7 月 12 日，环境部发布《应对气候变化国家行动计划（2017—2022年）》（以下简称《行动计划》），并宣布将建设国家气候监测网。

《行动计划》分适应、缓解、增强和应对气候变化 4 个部分，共提出了 16 项具体目标、30 项行动和 96 条措施。

4.统筹协调促创新升级

对智利工业而言，纳米技术、生物医药、生物技术、能源、水产技术和应用于矿业的信息技术等尤为重要。早在 2014 年 8 月，经济、发展与旅游部（MEDT）就制订了作为各科技创新机构方向指南的《2014—2018 年创新计划》，同时建议改进国家科技创新体系。2015 年 1 月，国家科学发展委员会（Coniision de Desarrollo Cientifico）建议进一步加强科技创新。于是，MEDT 承担起实施巴切莱特政府《2014—2018 年增长、创新和富产议程》（GIPA）的协调工作，相关部委和国家机构都参与了进来。

GIPA 致力于促进本国产品的多样化，促进具有高增长潜力的领域，如食品和农业、制造业、建筑、卫生、旅游和娱乐业的发展，促进公共和私营机构间的合作，促进企业产品的多样化，强化企业竞争力并支持出口增长。

MEDT 所属生产力促进委员会（CORFO）通过组织实施"智利创新项目"（InnovaChile）和"智利创业项目"（Start-up Chile），分别支持企业科技创新和初创型企业发展。

值得一提的是，配合国家《2014—2018 年能源行动计划》的实施，CORFO 自 2014 年发起"太阳能和可再生能源"项目，支持基于可再生能源的能源自给的技术开发。不仅资助在太阳能领域开发新技术和从事商业应用的公司，而且也资助降低发电成本和增强电能储存能力的研发。

三、智利年度人才推进计划

1. 建立人才培养基地，增强区域特色科技发展

2017 年，国家科委（CONICYT）组织实施区域科技创新资助计划，支持国内 5 个大区建立 9 个科技创新研究培训基地。CONICYT 通过项目申报的形式，遴选资助相关领域的优秀研究人员、博士和硕士研究生深入各培训基地进行为期一年的学习，以更好地促进区域科技创新发展。

2. 构筑项目—人才高地，促进科技创新发展

2017 年 1 月，CONICYT 新启动"吸引和安置先进人力资源计划"（PAI），智利高校毕业的博士生可以申请该计划资金。PAI 立项资助博士生们的科研活动，每个项目每年最高资助额度为 2232 万比索（约 3.5 万美元），连续滚动支持 3 年。此外，PAI 还为项目承担人提供用于购买办公和实验室设备的配套资金，首都圣地亚哥地区 1000 万比索（约 1.5 万美元），外地 2000 万比索（约 3 万美元）。

在国际合作框架内，CONICYT 面向全球发起"吸引外国专家计划"（MEC）。该计划用于聘请高水平的外国专家到首都以外地区的大学工作 2 ~ 10 个月，立项机构可按月获得最高 280 万比索（约 4300 美元）的资金，用于补充支付外国专家工薪，并且专家的往返机票等费用亦由 CONICYT 支付。在此基础上，MEC 还将资助专家挑选的两名本科生或研究生赴专家所在的院校或科研机构学习深造，以使智利未来科技人才尽快融入国际科研网络。

2016 年，CONICYT 资助了 43 个卓越研究中心日常运营，累计为 514 个面上项目、288 个研究项目和 13 个矿业技术研究项目提供了经费支持，给 2192 名研究生发放了奖学金。

四、智利年度亮点产学研项目计划

1. 应对社会面临的技术挑战

智利政府将产生社会、劳工和环境利益的工作放在优先位置。2017 年，CONICYT 发起了"社会创新示范"项目计划，鼓励全社会通过创新来解决地区面临的实际问题，激发了个人和公司、研究机构、大学等各类实体的创新热情。例如，智利天主教大学机械和冶金工程学院教授卢西亚诺·蒋（Luciano Chiang）发明了一台绿色发电机，其发电动能可从风能、雨水、人体动能，甚至地震中获取，该发电机通过磁性摇摆臂捕捉周围环境的震动，产生 5 ~ 20 瓦特的电能，可以在山涧无人区或海上浮标上使用。

2. 扩展技术的转移、产出及影响

高校是智利科技创新体系的主力军。2014 年，全国 39% 的研发支出是在高校使用的，政府近几年一直持续地促进这笔投资的资产效益。2017 年，CORFO 新推出了"创新收据"计划。该计划致力于深化企业与知识生产者之间的联系，同时，CORFO 也为高校和公共研究机构设立的技术转移办公室提供稳定持续的资金支持。

（执笔人：李晓贤）

◉ 欧　　盟

　　世界经济仍然在深度调整中曲折复苏，新一轮科技革命和产业变革正在加速推进，以创新推动经济社会可持续发展已成为全球共识。在欧盟，科技创新早已被视为推动经济复苏、增长及创造就业岗位的重要驱动力和提升欧洲竞争力的基石。2017年，欧盟紧密围绕"欧洲2020"战略确定的智能型、可持续、包容性增长的目标，继续积极推行"三开放"（科学开放、创新开放、向世界开放）的科研创新理念，致力于增加全社会研发创新投入，完善创新生态系统，改进研发创新价值链，加速科技创新成果转移转化，创造环境条件鼓励全社会参与到创新进程中，加速向知识密集型经济社会转型升级。

一、着眼未来，若干重大战略举措齐头并进

（一）酝酿新的研发创新框架计划

　　针对科技创新的前瞻规划，欧盟从未止步。尽管"地平线2020"处于中期阶段，距离结束还有3年，但关于新的研发创新框架计划——第九研发创新框架计划（FP9）（2021—2027年）的筹划和制定工作，欧盟已在紧锣密鼓地推进。欧盟"未来将如何安排研发创新领域的投入""哪些是未来的优先支持领域或重点方向""研发框架计划基本架构及管理流程是否会有重大变化"等各类问题，无不牵动着整个欧洲科技界的神经。目前，根据欧盟官方释放的信息和科技界第九研发框架计划开展的讨论，关于第九研发框架计划的出台时间、资金预算、整体结构及支持重点等方面的构想正在逐渐清晰。

　　出台时间方面，欧委会原计划2018年年初形成首份正式版《第九研发框架计划建议》，并提交欧洲议会和成员国政府审议。但由于受到英国脱欧等问题的影响，这项工作不得不延期，将推迟到2018年5月，而有关第九研发框架计划

的公共咨询活动也不得不推迟到 2018 年年初举行。

资金预算方面，与 800 亿欧元的"地平线 2020"相比，第九研发框架计划预算也有望超过 1000 亿欧元。

整体结构方面，第九研发框架计划基本框架不会有大的改变，仍将沿袭"地平线 2020"的三大支柱结构，即卓越科学、工业领先及社会挑战。但是，针对某些特殊问题，欧委会将在第九研发框架计划制定过程中予以考虑，如欧盟创新理事会的创建、欧盟国防科技计划的设立等。

支持重点方面，第九研发框架计划将采用基于任务的（Mission-based）方式部署一系列重大科研任务。2017 年年底，欧盟理事会召开竞争力委员会会议，讨论确定了制定第九研发框架计划的基本原则，并同意欧委会关于"参照美国阿波罗计划部署系列重大科研任务"的提案。在提案中，欧委会建议部署多达 10 项重大科研任务，包括：到 2030 年，在欧洲消除塑料垃圾、揭开大脑的奥秘、实现无碳化钢铁制造；到 2034 年，确保癌症患者存活比例达到 75% 等。

此外，第九研发框架计划还将高度重视数字革命。2017 年 12 月，欧盟科研与创新委员卡洛斯·莫达斯在"数字技术与社会挑战"大会上指出，欧洲当前在健康、交通、能源及其他各个领域均面临巨大挑战，只有一件工具能够帮助欧洲解决这些问题，那就是"数字革命"。数字技术将在第九研发框架计划系列重大科研任务中发挥核心支撑作用，是其取得成功的基石。欧洲在数字技术方面落后于美国和亚洲是不争事实。但必须看到，诸如人工智能、区块链、深度学习等决定未来的数字技术，依靠的仍是基础科学，而欧洲历来以基础科学卓越见长。因此，只要扬长补短，抢抓数字革命机遇，欧洲就拥有再创辉煌的巨大潜力。

（二）抢占第二次量子革命先机

2017 年 11 月 6 日，欧委会与欧盟轮值主席国爱沙尼亚共同主办"未来新兴技术（Future Emerging Technologies，FET）旗舰——联合卓越"大会，盘点 FET 旗舰计划的实施进展。会上，量子技术旗舰计划（Quantum Technology Flagship）高级别指导委员会正式向欧委会提交《量子技术旗舰报告》。报告为欧洲量子技术发展描绘了蓝图，欧委会将把它作为组织实施量子技术旗舰的重要基础。

量子技术旗舰计划将是欧盟继石墨烯和人脑计划之后的第 3 个未来新兴技术旗舰计划。该计划将于 2018 年启动，历时 10 年，研发投入规模 10 亿欧元。整个旗舰计划实施分为两个阶段：一是加速（Ramp-up）提升阶段，时间节点为 2018 年至 2020 年，由"地平线 2020"提供支持；二是稳步（Steady-state）发展阶段，时间节点为 2021 年至 2027 年，由未来的第九研发框架计划提供支持。

目前，在量子技术领域，欧洲处于世界前沿。据麦肯锡统计，该领域超过

50%的学术论文出自欧洲学者。2013—2015年，量子物理论文的所有作者中，有2455位来自欧洲，1913位来自中国，1564位来自北美。

过去20年里，欧盟在量子技术领域累计研发投入超过5亿欧元。欧盟认为，第二次量子革命正在世界范围内广泛展开，必将推动科学、产业和社会取得革命性进步。量子技术发展能为欧洲创造一个回报丰厚的量子产业并带来长期的经济和社会效益，使欧洲更可持续、更高效、更富创业精神和更加安全。欧洲必须在第二次量子革命中保持领先地位，通过释放量子技术潜力，解决全球性难题，同时也为将来发展尚未想象到的能力奠定基础。

（三）构建欧盟层面国防科技计划

防务一体化是欧盟追求的重要目标之一。然而，由于各成员国在政治、发展战略、工业水平等方面存在较大差异，欧盟共同防务的发展一直十分有限。直到近一段时期，在"英国脱欧""特朗普上台"及其"北约过时论"等因素的强力刺激下，欧盟内部不时出现"组建独立于北约之外的欧盟军队"的呼声，其推进共同防务建设的步伐开始加快。

欧委会主席容克多次呼吁欧洲停止"外包"防卫事务，并建立欧洲一体化军事体系。在2017年6月举行的欧洲安全和防卫会议上，他公开指出，美国早已从根本上改变其外交政策，欧洲必须制订共同的防务计划。同月发布的首份《欧盟全球战略年度报告》中，欧盟对外行动署高级代表莫盖里尼特别指出："过去十个月中，欧盟在共同防务方面取得的突破比过去十年还要多"。

欧盟有意把发展国防科技作为推进共同防务建设的试金石。2016年10月，欧盟正式投入140万欧元支持首批3个国防科技试点项目，开启了欧盟预算直接用于军事领域项目研发的破冰之旅。目前，欧盟正在通过"三步走"战略构建欧盟层面统一的国防科技计划，即从国防科技试点项目到国防科技预备行动、欧盟院务基金，再到欧盟国防科技计划（2021—2027年），为大规模支持国防科技研发铺平道路。

1. 国防科技预备行动

2017年4月，欧委会通过决议，正式启动国防科技预备行动，旨在验证建立欧盟国防科技计划的可行性和重要性，并为将来新计划的顺利实施奠定基础。该行动为期3年（2017—2019年），预算总额9000万欧元。如果未来欧盟决定建立并实施欧盟国防科技计划，其7年期（2021—2027年）总预算预计将达35亿欧元。

国防科技预备行动2017年度预算为2500万欧元，重点支持3个方向：无人值守系统、人员防护与士兵系统相关的产品和技术研发、国防领域战略性技术前瞻预测。2017 年 5 月，欧委会与欧洲防务局签署委托协议，正式授权欧洲防务局负责国防科技预备行动的实施和组织管理。2017 年 6 月，国防科技预备行动项目征集工作启动。10 月，欧洲防务局对外公布项目征集情况，24 个项目申请得到受理。根据工作计划，欧洲防务局将于 12 月完成项目评审，2018 年年初完成立项批复和合同签署。2018 年，国防科技预备行动预算可能达到 4000 万欧元。

2. 欧洲防务基金

设立欧洲防务基金是欧盟在国防科技领域发力的另一项重要举措。2017 年 6 月，欧委会宣布设立每年总额达 55 亿欧元的欧洲防务基金，以促进成员国的国防科技研发和共同采购。

欧洲防务基金主要用于协调、补充和扩大成员国的国防科技研发投资，以及设备和技术的采购，帮助成员国减少国防领域的重复投入，提高经济效益。欧委会在声明中表示，欧洲防务基金还将带动成员国间的融资交流，为各国合作研发和共同采购军事技术设备提供支持。欧委会计划让欧盟和各成员国间的防务合作规模在 2020 年达到 9 亿欧元，2020 年后，这个数字将扩大到 10 亿欧元以上。

防务基金将通过欧盟预算直接资助成员国的创新型国防技术和产品的研究，如电子、超材料、加密软件和机器人技术等。预计欧盟和成员国的相关投资在 2020 年之后将达到每年 50 亿欧元的规模。

二、立足当前，"地平线 2020" 积极备战冲刺阶段

2017 年，"地平线 2020" 的整体实施进程过半，迎来由中期阶段（2016—2017 年）跨入冲刺阶段（2018—2020 年）的关键一年。截至 2017 年 10 月，"地平线 2020" 累计共投入 270 亿欧元，资助了约 15 000 个项目，参与者约 65 000 人。

（一）"地平线 2020" 成效明显

2017 年 5 月，欧盟正式发布《"地平线 2020" 中期评估报告》，报告显示："地平线 2020" 实施情况良好，与欧盟政治优先领域紧密相关，在促进经济增长、创造就业、应对社会挑战及提高人民生活等方面都发挥着支撑作用。中期评估主要结论如下：① 与第七研发创新框架计划相比，"地平线 2020" 管理成本下降且管理效率提升，实现了项目管理成本低于 5% 的目标，平均立项时间缩短到 192 天；② 从预期成效看，尽管 "地平线 2020" 只占欧盟 28 国公共研发投入的很少一部分，但新的宏观经济模型预估，到 2030 年，"地平线 2020" 将产生 4000 亿

欧元社会经济效益；③从协调一致性（Coherence）看，"地平线2020"的整体架构优于第七研发框架计划，通过领域聚焦促进多学科交叉，从而提出应对各种社会挑战的解决方案；④从欧盟附加值（EU Added Value）的角度看，无论规模、速度或范围，"地平线2020"比任何成员国或地区层面的科技计划带来的欧盟附加值都高。

"地平线2020"的中期评估结果证实，欧盟层面的科技创新计划在支撑未来经济增长、创造新就业、高效应对社会挑战方面有着不可替代的作用。欧委会一方面将以中期评估结果为基础，继续完善"地平线2020"，使其后3年的组织实施更加高效；另一方面，在下一个研发创新框架计划的设计和制定工作中，将中期评估结果作为重要参考。

（二）2017年"地平线2020"预算投入概况

根据2016—2017年工作计划，"地平线2020"两年预算投入共约180亿欧元。其中，科学卓越（Excellent Science）支柱投入63亿欧元，工业领先（Industrial Leadership）支柱投入约39亿欧元，社会挑战（Societal Challenges）支柱投入56亿欧元。

2017年，"地平线2020"总投入约93亿欧元，较2016年增加了8亿欧元，占7年期总预算约11.8%，比年平均预算比例14.3%低2.5个百分点。针对科学卓越、工业领先、社会挑战，以及三大专项——联合研究中心（JRC）、欧洲创新技术研究院（EIT）、欧洲原子能共同体（EURATOM）的核能专项等，经费具体安排如下：2017年，欧盟在科学卓越方面的经费安排预算总额近33亿欧元，较上年增长10%；工业领先方面预算超过20亿欧元，较上年增长9.4%。应对社会挑战方面总预算约29亿欧元，较上年增长约8%；欧洲创新与技术研究院经费预算总额3.38亿欧元，欧盟联合研究中心非核（Non-nuclear）类工作直接经费约3.3亿欧元；科学与社会行动和传播卓越扩大参与行动近1.95亿欧元；欧洲原子能共同体的核能科研与培训专项计划预算约为2.19亿欧元。

（三）300亿欧元工作计划备战冲刺阶段

2017年10月，"地平线2020"最后3年（2018—2020年）工作计划正式出炉。根据该计划，欧盟将在未来3年冲刺阶段投入300亿欧元支持科技创新。其中，三大支柱领域的预算投入分别为：科学卓越105亿欧元，社会挑战80亿欧元，工业领先45亿欧元。此外，"地平线2020"还专门为欧盟创新理事会（EIC）试点项目提供26.5亿欧元预算。

与以往相比，新工作计划主要有3个特点：一是对能够催生新市场的创新活动启动新的支持手段；二是高度整合了焦点领域的科研项目（如低碳、循环经济、气候变化、安全联盟等领域的技术往往涉及数个科研计划）；三是重视创新成果的扩散，聚焦科研数据的开放获取等。

三、投入稳定，整体创新实力树大根深

（一）研发投入

1. 全社会研发投入

欧盟统计局于 2017 年 12 月 1 日发布了 2016 年度研发投入统计数据。2016年，欧盟 28 个成员国研发投入总计约 3022 亿欧元，研发强度为 2.03%，与 2015年持平。欧盟在 2010 年发布的"欧洲 2020 战略"中，将研发强度于 2020 年达到 3%作为其五大核心目标之一。

与世界其他主要经济体相比，欧盟研发强度落后于韩国（4.23%，2015 年）、日本（3.29%，2015 年）和美国（2.79%，2015 年），略低于中国（2.07%，2015 年），高于俄罗斯（1.1%，2015 年）和土耳其（0.88%，2015 年）。

2. 企业研发投入

企业研发投入是衡量企业竞争力和创新能力的重要指标之一。2017 年 12 月欧委会发布的《产业研发投入记分牌》显示，欧盟产业界在研究开发方面的投入显著增加，增速高于世界平均水平。2016 年全球 2500 强企业的研发总投入达到7416 亿欧元，比上年度增加 5.8%，而欧盟企业的增速达到 7%，主要由信息通信技术、医疗和汽车行业企业的大力投入带动增长。

记分牌显示，在全球 2500 强企业的研发总投入中，美国、欧盟和日本分别占 39.1%、26% 和 14%，欧盟企业投入总量为 1925 亿欧元。这些世界顶级的研发企业总部设立在欧盟的为 567 个，美国 822 个，中国 376 个，日本 365 个，世界其他国家 370 个。

（二）科技人力资源

根据欧盟统计局 2017 年 11 月更新的数据，2016 年欧盟 28 国研发人员全时当量约达 291 万人年，其中约 55%（160 万人年）分布在企业，这一比例远低于美国（约 80% 以上）和中国（2015 年约 77.4%）。此外，政府研发人员占 12.7%（37万人年），高校研发人员占 31.4%（91.5 万人年），私人非营利机构研发人员约为0.9%（2.6 万人年）。欧盟科研人员总量位居世界前列，但企业研发人员比例偏低的问题至今未见改善。

从 2010 年到 2016 年，欧盟 28 国研发人员全时当量增加 40 万人年，增长约 15.7%。研发人员全时当量增长最多的是德国 10.8 万人年，随后是英国 6.9 万人年，意大利和荷兰约 3.3 万人年。但是从增长比率来看，爱尔兰以 83% 高居首位，保加利亚和波兰列第 2 位、第 3 位，分别为 51% 和 33.5%。出现负增长的国家共有 7 个，其中西班牙降幅最大，达 1.6 万人年，其次是芬兰，减少 8468 人年，立陶宛、拉脱维亚、斯洛伐克、克罗地亚和塞浦路斯在该指标上都有所萎缩。

（三）科技产出

在科技论文产出方面，根据美国国家科学基金会发布的 2016 版《科学与工程指标》，2013 年全球科技论文产出总量为 220 万篇。其中，欧盟以 61 万篇继续领跑世界，随后是美国 41 万篇、中国 40 万篇和日本 10 万篇。2003 年至 2013 年，尽管欧盟科技论文产出的数量一直在增长并遥遥领先，但其在全球占比上的下降趋势却始终难以扭转，从 2003 年的 33% 降至 2013 年的 27.5%。而以中国为代表的发展中国家，科技论文产出占比的上升势头十分明显，与欧美差距不断缩小。

在专利申请方面，欧盟统计局 2017 年 1 月 9 日更新的数据显示，2005—2014 年，世界各国向欧洲专利局（EPO）提交的专利申请量累计达 135 万件。其中，欧盟 28 国累计达 57.3 万件，占 42.4%。

（四）创新能力

2017 年 6 月 15 日，世界知识产权组织（WIPO）和康奈尔大学、欧洲工商管理学院（INSEAD）在日内瓦联合发布了《2017 全球创新指数报告》（GII）。报告显示，与前两年一样，欧盟共有 7 个成员国进入全球最具创新力国家 10 强，分别是：第 2 名瑞典、第 3 名荷兰、第 5 名英国、第 6 名丹麦、第 8 名芬兰、第 9 名德国和第 10 名爱尔兰。瑞士已经连续 7 年排名世界第一，虽非欧盟成员国，但属欧洲研究区（ERA）国家。荷兰上升势头最快，从第 9 名升至第 3 名。全球 10 强中，欧洲国家常年占据 8 席，足见欧洲创新实力。排行榜中，美国、韩国在第 4 位和第 11 位，与上年持平。日本排名上升 2 位，列第 14 位。中国排名上升 3 位，列第 22 位。

四、扩大开放，继续深耕国际科技创新合作

一直以来，欧盟始终把国际科技创新合作视为研发框架计划不可或缺的重

要元素之一。面向全世界开放已成为欧盟欢迎并鼓励全球科研力量参与"地平线2020"的最响亮口号。欧盟强调，当今世界没有任何一个国家或区域能够独自面对复杂严峻的全球社会挑战，因此科技创新需要全球相互合作开放，加强全球科技创新合作，保持科技创新卓越，创造新商业机遇和促进全球可持续发展。

（一）将科技创新合作战略作为外交与安全政策的重要组成部分

欧盟自 2014 年开始实施新版国际科技创新合作战略，其主要目标是强化欧盟科技创新卓越，创建吸引世界一流科技创新人才的欧洲研究区，努力提升欧盟工业企业全球竞争力，共同应对全球社会挑战和支持欧盟统一对外政策。

为推动国际合作，欧盟设立了欧盟研究区域网络（ERA –NET）计划，旨在推动欧盟成员国之间、欧盟成员国与主要国际合作伙伴之间的合作，建立联合行动，促进相关国家及区域层面科技计划的相互开放。实施以来，资助了"黑海地区"国际合作网络建设、欧盟俄罗斯国际科技合作、欧盟印度发展与整合计划、欧盟韩国科技合作计划、东南欧主要科技机构整合计划等国际合作网络计划，有效地促进了欧盟与上述地区的国际科技交流与合作。

截至 2017 年 12 月，欧盟已经和 20 个非欧盟国家签订了科技合作协定，包括中国、美国、日本、韩国、俄罗斯、加拿大、澳大利亚、巴西、印度、南非、阿尔及利亚、阿根廷、智利、埃及、约旦、墨西哥、摩洛哥、新西兰、突尼斯、乌克兰。

（二）通过建立科技创新伙伴关系开展技术援助

2017 年 6 月，欧洲议会通过决议，同意启动地中海科技创新伙伴关系（PRIMA）计划，以帮助地中海地区解决日益严峻的水资源和粮食短缺问题。PRIMA 计划执行期为 2018—2028 年，将由欧盟和参与方共同出资，其中欧盟将通过"地平线 2020"投入 2.2 亿欧元，其他参与方将投入 2.69 亿欧元。PRIMA计划面向全球开放，欧盟成员国及其他第三国均可积极参与。PRIMA 计划是欧盟科技创新"面向全世界开放"的一个典型范例，它的启动实施也意味着地中海一些地区的水资源和粮食严重短缺问题将很快能够得到处理，这将有利于从源头上解决欧洲移民问题。

（三）"地平线 2020"将加大力度支持国际合作旗舰项目

2017 年 10 月，欧盟在发布"地平线 2020"第三期（2018—2020 年）工作计划的同时，分别针对中、美、日等 12 个国家发布《科技创新合作路线图》。路线图盘点了欧盟与各国科技创新合作的政策对话情况及最新进展，明确了未来合作的重点领域和方向。根据计划，欧盟会以旗舰行动的形式与非欧盟国家开展科技创新合作，未来 3 年将投入 10 亿欧元设立 30 个旗舰行动。例如，与中国开展食品、农业、生物技术、新能源等方面的合作；与加拿大开展个性化医疗合作；与美国、日本、韩国、新加坡和澳大利亚开展道路交通自动化合作；与印度开展水资源问题合作；与非洲国家开展食品安全和可再生能源领域的合作。

（执笔人：宋海刚）

◉ 英　　国

2017 年，英国经历了脱欧谈判、提前大选、恐怖袭击等多个突发事件，英国各界更加关注国家的发展前景及未来英国经济增长态势，科技界对脱欧后能否继续保持世界科技强国地位、继续与欧盟保持紧密科技创新合作伙伴关系极为关切，依靠科技创新实现经济平稳增长和维持大国地位成为英国政府和社会的普遍共识。

一、英国科技创新总体情况

1. 全社会研发投入

据英国国家统计局最新统计数据，英国 2015 年全社会研发支出为 316.26 亿英镑，较 2014 年增加 12 亿英镑，增幅为 4%。2015 年全社会研发投入增加的最大来源是企业，企业投入增加 11 亿英镑，达到 209 亿英镑，年度增幅达 5%。从 1990 年到 2015 年，全社会研发投入从 201 亿英镑（以不变价格计算，去除通货膨胀影响）增长至 316 亿英镑，增加 58%，年均增长约 1.8%；人均 R&D 支出从 206 英镑增至 486 英镑，增长 136%，去除通货膨胀影响，增长 39%。

2015 年，英国全社会研发支出占 GDP 的 1.68%，比 2014 年的 1.66% 略有提高，低于欧盟 28 国的均值 2.03%，在欧盟 28 国中排名第 11 位。全社会研发支出中，政府本级研发支出为 13.24 亿英镑，较 2014 年的 13.91 亿英镑略有下降，也是 2013 年以来的连续第 3 年下降；研究理事会支出为 7.73 亿英镑，比 2014 年的 8.19 亿英镑略有下降；企业支出为 208.85 亿英镑，比 2014 年的 198.19 亿英镑有所增加，也是自 2012 年连续第 4 年增加。总体来看，2015 年英国全社会研发支出中，政府及研究理事会支出占 7%，企业支出占 66%，高等教育部门（高校）支出占 25%，非营利组织（慈善基金等）支出占 2%。

2. 企业研发投入

欧盟 2017 年 12 月发布的《2017 企业研发投入排行榜》显示，此次入榜企业的年度 R&D 投入均超过 2400 万欧元，共 2500 家企业入榜，包括欧盟企业 567 家，其中英国企业 134 家。这 134 家英国企业年度 R&D 总支出为 291 亿欧元，占 2500 家企业总计 7416 亿欧元研发投入的 3.9%。英国企业的研发强度（企业研发支出与其销售总额的比例）为 2.9%。与 2016 年相比，英国企业的 R&D 增长在欧盟表现最为突出，达到 9.2%。英国企业葛兰素史克 R&D 增幅达到 12.9%，在欧盟企业中排第 9 位。

3. 研发创新绩效

2017 年 10 月，英国商业、能源与产业战略部（BEIS）发布了《英国科研实力国际比较 2016》报告，对英国在科学研究方面的表现进行国际比较研究，报告分析得出了 5 个方面的判断：一是英国仍是超过其体量的全球领先的研究强国。2014 年，英国占全球 0.9% 的人口、2.7% 的研发支出、4.1% 的研发人员、6.3% 的论文数、9.9% 的论文下载量、10.7% 的论文引用率、15.2% 的高水平论文引用率。英国在人均高论文引用率、论文引用率、论文下载量、数字阅读量、论文数、专利引用率方面均位列全球第一，仍然处于全球领先地位。每 100 万美元研发投入产出的研发人员、论文数、论文引用率、高论文引用率、论文下载量、数字阅读量、专利数、专利引用率方面，英国均位列第一（除专利数外），且远远好于其他国家。二是英国科研实力强，在多个研究领域表现卓越。其学科归一化影响因子远高于世界平均水平，继续排名第一。高学科归一化影响因子和高加权下载及影响因子展示了英国在不同研究领域的卓越表现，以及英国研究日益增长的国际引用。英国以各种不同的模式向用户提供的文章超过世界平均水平，20% 的文章在出版时可免费查阅。三是英国是全球合作研究和研究者流动的主要合作伙伴。四是英国有紧密的产学研结合和跨界知识扩散。五是英国国际领先的科研地位正在受到挑战。虽然英国科研水平在很多世界排名榜上居于前列，但越来越多的迹象表明，英国在科研领域领先的地位正受到新兴国家的挑战。

二、英国科技创新政策动向

2017 年，英国科技发展势头依然强劲，2016 秋季财报和 2017 秋季财报都强调要继续加大对科技创新的支持。英国政府制定出台《产业发展战略》白皮书，着手组建新的研究和创新署（UKRI），在清洁增长、汽车电池、生物医药、精准农业、金融科技等领域都取得了很好的成绩。

1. 把加强科技创新作为应对脱欧的关键举措

英国首相特雷莎·梅在其脱欧纲领中，把发展科技作为应对脱欧变化的关键举措，强调要把英国建设成为世界上最适宜科技创新的国家。承诺加大科技创新投入，2021/22 财年的财政科技投入达到 125 亿英镑，未来 10 年全社会研发投入将增加 800 亿英镑，到 2027 年全社会 R&D 投入占 GDP 的比例达到 2.4%，恢复到 20 世纪 80 年代的水平。2016 年英国政府秋季财报中确定设立国家生产力投资基金和产业战略挑战基金，2017 年秋季财报中再次提出将加大对国家生产力投资基金的投入。

2. 不断完善科技创新管理体制机制

2016 年梅上任后，在原"商业、创新与技能部"（BIS）的基础上，组建成立"商业、能源与产业战略部"（BEIS），更加强调创新管理体系的综合性、战略性和灵活性。英国政府在原七大研究理事会、创新署、英格兰高等教育基金委员会的基础上重新组建"英国研究与创新署"（UKRI），由政府原首席科技顾问兼政府科学办公室主任马克·沃珀爵士（Sir Mark Walport）担任首席执行官。

3. 出台一系列战略规划

一年来，英国政府出台《国家产业发展战略》《清洁增长战略》《生命科学产业战略》、5G 战略、《英国数字战略》《国防创新行动计划》《互联网安全战略》《发展英国人工智能产业》《数据信息国际战略 2017—2021》《未来工作技能 2030》等多个以科技创新为主题的产业发展规划或产业预测及评估报告，做好科技创新产业发展的规划与评估。

4. 加大国家科技创新基础设施建设

在国家基础建设投资中继续加大对科技创新设施的投入。自 2010 年以来，英国科技类重大基础设施投入约 85 亿英镑。最重要的建设项目包括：一是英国生物医药领域最新最大的研究所——位于伦敦的弗朗西斯·克里克研究所 2017 年正式运行。该研究所由英国医学研究委员会、英国癌症研究所、维康基金、伦敦大学学院、帝国理工和国王学院 6 家单位共同支持，投入 6.5 亿英镑建设的研究所为非营利性科研机构，人员规模约 1500 人，面积达 7.8 万平方米。二是建设亨利·莱斯先进材料研究所。该所在曼彻斯特建设，已获得英政府 2.35 亿英镑投入，预计于 2019 年投入使用。三是北部振兴计划中支持建设的高性能计算中心——哈垂中心。该中心主要为英国各领域研究提供高性能计算支持，目前全球首家也是最大的商用认知超算平台 IBM Watson 就设立在该中心内。2017 年

5 月 31 日约克公爵安德鲁王子为中心揭幕。四是建造英国最新的极地考察船。该船采用先进的节能发动机技术和遥控机器人技术，预计船员 30 人，可支持 60 名科学家在船实验。五是由英国工程与物理科学研究理事会、创新署和先进推进中心共同建设的法拉第电池研究所成立。该所重点开展新型电池技术研发，以加快新型电池规模化应用。六是在科技设施研究理事会的支持下，成立新的计算科学中心，汇集英国计算科学领域的数千名研究人员重点解决大型科学计算软件的开发、运算和维护工作，为包括生物医药科学、物理学、工程学、核聚变、脑科学等在内的多学科提供计算支撑。

5. 进一步促进产学研合作

2017 年，英国政府继续推动产学研合作，一是弹射中心稳步发展。英国细胞与基因治疗弹射中心、海上风能弹射中心、高值制造弹射中心等一批弹射中心发展顺利，调整撤并精准医学弹射中心，把精准医学弹射中心的一些业务和人员分流到其他两个同类中心。据评估，英国政府每在弹射中心投入 1 英镑，可为英国经济创造 15 英镑产值。弹射中心已成为英国推动知识扩散、技术转移和企业创新的重要力量。二是加大对知识转移伙伴计划的支持，增资 3000 万英镑以进一步促进产业界与知识界合作，支持新毕业生带着新技术进入企业发展。知识转移伙伴计划已在英国实施 40 余年，成为英国政府帮助毕业生就业的最大资助计划之一。2017 年，该计划支持了 630 名毕业生和博士后在企业开展技术创新项目。三是启用促进产学研合作的网络新工具 konfer。该在线网络工具既能够帮助企业更快找到合作机会，包括研究项目、研究人员、设施和资金支持等，也能为大学研究人员提供寻找研究合作伙伴和合作项目的机会。

6. 积极构建全球研发伙伴关系

充分利用国际发展援助（ODA）资金，通过牛顿基金（Newton Fund）、全球挑战研究基金（GCRF）、繁荣基金等渠道加强与发展全球研发伙伴关系。英国国际发展援助资金已经占其 GDP 的 0.7%，达到 107.65 亿英镑，成为 G8 国家中首个实现对外援助承诺的国家。牛顿基金 2014 年启动，英方计划到 2021 年投入 7.35 亿英镑，各合作伙伴国投入相应经费，共同开展科技创新合作。截至目前，牛顿基金的合作伙伴国家已经达到 18 个，合作项目成果丰富，影响广泛，已经成为英国政府与合作伙伴国家加强科学与创新务实合作的重要平台。

三、重点科技领域取得的进展

1. 粒子物理学

英国科技设施研究理事会参加了欧洲最大的粒子物理学试验设施"欧洲核子研究中心"（CERN）的建设及研究工作，当前目标是完成描述已知粒子及其作用的"标准模型"。自由电子激光加速器是当今世界加速器领域的研究重点，具有其他光源所无法比拟的优势，可广泛运用于物质结构探索、新能源发现、疾病防控等多个领域。英国成功建造 CLARA 加速器将为 FEL 技术和理论的验证提升提供很好的实验装置基础。

2. 天文学

天文学是英国最古老的科学分支之一，英国科技设施理事会实施"天文和空间科学计划"，该计划由英国天体物理技术中心和卢瑟福·阿尔普顿空间中心负责，资助内容包括科学研究经费、科技设施理事会设施的使用时间、人员津贴、学生奖学金等。此外，英国还参加了欧洲南方天文台正在智利建造的世界最大可见光和红外望远镜（ELT）工程。ELT 科学应用前景巨大，在行星生成、生命产生、暗物质研究等方面都可给予很好支撑。ELT 建造是一项多国参与的国际合作巨大工程，其中英国正发挥关键作用。建成后，英国将拥有该望远镜的先期使用权。此外，英国正在设计供国际空间站上使用的新设备 TARDiS。该设备将使用太赫兹遥感技术来测量上层大气中的氧原子和星际介质的发射辐射，对气候变化如何影响大气组分提出新见解。该设备的研发由卢瑟福空间中心和牛津大学物理系共同领导，开放大学、利兹大学、伦敦大学学院、STARDundee 公司和空客公司共同参与，由英国航天局提供资金支持。

3. 核物理

英国核物理研究重点关注原子核的结构和性质，以及核形成机制，对质子、中子、夸克及把它们紧密联系的强力进行深入研究。核物理研究的成果具有广泛应用，是引领未来科技革命的重要领域。英国为推动核物理研究后备人才储备，还专门设立了"核物理夏季学校"，将英国（及部分海外）核物理专业一、二年级博士生组织起来到英国大学或科研机构进行集中学习，博士生能开展实验和参观，参加英国不同机构优秀物理学家的讲座，展示自己的研究成果和职业设想，初步开始自己的学术交流。该活动每 2 年夏季举办一次，2017 年夏季在女王大学贝尔法斯特校区举办了第 19 届活动。

4. 能源领域

英国是应对气候变化的先行国家，在新能源开发、提高能效、减少碳排放等领域都有很强的研发能力。英国的能源领域研究特别强调学术界与企业界的合作，诸多项目都有企业的共同参与。

氢能：2017 年 6 月，英国商业、能源与产业战略部宣布两项共计 3500 万英镑的新能源研发项目投资，分别为 980 万英镑投入能源弹射中心用于开展智能供热系统研发，2500 万英镑投入氢气供热技术研发，包括供氢管道和氢燃料锅炉研发等。英国政府计划到 2021 年在能源领域的创新和研发投入超过每年 4 亿英镑。

核能：位于曼彻斯特大学的英国国家石墨烯研究所（NGI）研发出新型石墨烯薄膜装置，可使核能利用中的重水生产降低能耗数百倍，大幅降低核能生产成本，并可每年减少数百万吨二氧化碳排放，使核能生产更加绿色安全。此项石墨烯膜技术是一项颠覆性技术，英国已用制备出的石墨烯薄膜研制了一个同位素氢分离原型机，可大幅降低分离机的成本和能耗。

海上风能：2017 年 11 月，英国海上风能弹射中心宣布将与欧洲 10 个合作伙伴共同开展新型海上风力发电机叶片技术的国际合作研究，这些技术有望将海上风能的电源成本降低 4.7%。该海上风能叶片研发展示项目主要支持海上风机叶片的技术创新和示范，重点开展叶片的空气动力学结构增强、叶片监测系统和叶片腐蚀保护解决方案等方面的研究。

5. 干细胞

2017 年英国涉及干细胞研究的新启动项目（项目经费在 100 万英镑以上）共有 84 个，2017 年启动的最大项目为伦敦大学学院牵头开展的"未来医疗制造中心"项目，项目由工程与物理科学研究理事会资助，总经费达到 1.032 亿英镑，项目参与单位 39 家，涉及英国的相关大学、企业和研究机构，也包括美国的相关制药企业。"未来医疗制造中心"的基本理念是未来世界的发展状态取决于我们对生命系统的本质的理解和应用，通过对生命本质的理解来指导生物与人造材料之间的交流，通过功能材料与生物学成分的对接，扩大功能材料的范围，模糊"活"与"非活"世界之间的界限。这些新的功能材料混合了活性生物系统，具有强大的自修复、自进化功能，将有广阔的应用空间。

6. 生命科学

英国在生命科学领域一直保持全球领先优势，从发现首个抗生素（青霉素）到 10 万基因组计划，英国在医药领域一直有着值得骄傲的成绩。生命科学产业对英国经济和国民健康至关重要，该领域英国约有 5000 家公司和 23.5 万名雇员，

2016 年创造 640 亿英镑产值。2017 年 8 月 30 日，英国发布《生命科学产业发展战略》，提出要实施健康先进研发计划，在产业界、国家卫生服务部门和资本方之间建立新的合作，改革英国健康保障体系，推动英国在未来 20 年的医药发展趋势中获利。为配合该战略，英国还宣布通过国家健康研究所投入 1400 万英镑支持 11 个医药技术研究中心与产业界合作开发新技术。

7. 量子物理

2017 年，英国在量子调控相关领域新启动科研项目 38 个（指项目总经费在 100 万英镑以上），其中研发项目 35 个，人员资助性项目 3 个。项目由工程与物理科学研究理事会和科技设施理事会资助，其中最大项目为"超冷分子的量子科学"，项目经费 673 万英镑，拟研究分子级别的量子行为。该研究将利用这些性质按需生成单个光子，控制单个光子，并存储量子信息。

8. 电动汽车

2017 年，9 月，英国创新署与英国低排放汽车办公室出资 2000 万英镑，资助开展零排放汽车研发。其中 1800 万英镑用于应用研究，200 万英镑用于可行性研究。2017 年 10 月，BEIS 部宣布成立法拉第研究所，主要开展电池技术的基础研究及新技术推广应用。该机构将是英国独立的国家电池研究所，在未来 4 年内的预算为 6500 万英镑，用于机构建设、建立电池技术培训计划，并对法拉第研究所学术部门开展的系列研究项目提供资金，目的是使英国成为汽车电池及其他更广泛应用电池研发、制造和生产的主要国家，让电池在英国实现研发、创新和规模化生产。

9. 人工智能

英国计算机科学家阿兰·图灵被公认为是 AI 的开创者，英国被视为 AI 的专业知识中心。2017 年 10 月，英国政府发布《发展英国人工智能产业》独立评估报告，指出发展 AI 产业可以为英国带来重大的社会和经济效益，要让英国成为世界上开发和部署人工智能开发、成长和发展的最佳场所。2017 年 11 月，英国工程与物理科学研究理事会宣布英国工业战略挑战基金将为机器人和人工智能系统的研究创新项目投入 6800 万英镑，重点研发可用于离岸能源、核能、太空和深度采矿等行业的机器人和自主控制系统。

10. 金融科技

英国是全球传统金融中心，为了进一步巩固其世界金融之都地位，英国政府大力支持金融科技的创新发展，不仅快速成为众多国际金融机构发展金融科技的首选之地，金融科技产业也已初具规模。据统计，英国金融科技市场规模达到 66 亿英镑，吸引投资 5.24 亿英镑，从业人员 6.1 万人，占英国金融业从业人数的 5%。目前，欧洲近一半的金融科技初创企业落户在英国。安永公司对金融科技产业发展进行了全球比较研究，根据人才、投资、政策与消费 4 个方面的定量分析，英国金融科技发展全球排名第一。

四、国际科技合作

自 2008 年金融危机以来，英国提出国家发展战略目标是要把英国建设成为世界上科研、创新与商业环境最好的国家，加强国际科技合作、积极参与全球科学与创新体系被英国视为实现国家目标的重要战略举措。

1. 与发达国家的合作

英国的国际科技创新合作强调强强联合。英国与美国的科技创新合作是英美两国经济发展的基石，两国每年的海外合作伙伴研究经费超过 10 亿美元。英国对英联邦国家（如加拿大、澳大利亚、印度、南非等）一直奉行特殊的优惠政策，积极吸引其优秀科学家到英国工作，参与科技项目，力图将这些国家的科技优势纳入英国整体科技优势领域中。

在脱欧背景下，英国与欧盟的科技合作伙伴关系正受到挑战。在脱欧谈判中，英国出台了《科技创新合作面向未来的伙伴》报告，对脱欧后英国与欧盟新的国际科技合作前景进行了展望，表达了其希望继续与欧盟保持紧密科技合作关系的愿望。对正在实施的"地平线 2020"计划，英方已经承诺将兑现其在仍是欧盟成员国时所提交的项目任务书，将确保相应的资金支付，并与"地平线 2020"相关参与方继续正常合作直至项目结束。

2. 与发展中国家的合作

英国与发展中国家的国际科技合作主要通过其发起的"牛顿基金""全球挑战研究基金""繁荣基金"来实施。

牛顿基金。2014 年英国政府决定未来 5 年（2014—2019 年）从国际发展援助中拿出 3.75 亿英镑（每年 7500 万英镑）设立牛顿基金。2015 年确定对牛顿基金总投资翻倍，总计达 7.35 亿英镑，全部从国际发展援助预算支出，并从 2019 年延长至 2021 年，财政资助额度从每年 7500 万英镑提升为到 2021 年时每年 1.5 亿英镑。目前，牛顿基金共有中国、印度、印度尼西亚、菲律宾、越南、泰国、马来西亚等 18 个合作伙伴国。牛顿基金的合作形式一是资助人员交流，二是资助科学研究，三是推动成果转化。牛顿基金合作重点是应对全球性挑战问题，领域包括卫生保健（抗生素耐药性），环境、食品和水，城镇化，气候变化与能源，教育和创意产业等。

全球挑战研究基金。英国政府 2015 年宣布设立全球挑战研究基金，额度为 15 亿英镑，执行期为 2016/2017 年至 2020/2021 年。重点是对人类共同面临的挑战开展多学科的研究，为人类提供全面的、整体系统的认识。该基金主要支持 3 个方面的合作研究：一是公平享受可持续发展，其愿景是创造新知识并推动创新，确保世界上的每一个人可以享受到：以可持续的海洋资源和农业资源为基础的安全的、适应性强的食品系统；可持续的健康和福祉；包容与平等的素质教育；清洁的空气、水和卫生设施；可负担的、可靠的、可持续的能源。二是经济和社会的可持续发展。以包容性经济增长和创新为强大基础的可持续发展；对短期环境冲击和长期环境变化的适应力和行动力；可持续发展的城市和社区；原料和其他资源的可持续生产和消耗。三是社会公正，包括了解和有效应对被迫的流离失所和多种难民危机；减少冲突，促进和平、公正和人道主义行动；减少贫困和不平等现象，包括性别不平等。实施一年来，全球挑战研究基金已启动了 474 个项目，共 1.12 亿英镑，有 50 个国家参与。其中，执行项目最多的 3 个国家为南非（108 个项目），印度（95 个项目），肯尼亚（90 个项目）。

繁荣基金。发起于 2011 年，从 2011 年至 2016 年 3 月名为外交部繁荣基金，2016 年起更名为跨政府部门繁荣基金。英国设立该基金的目标包括：一是增强透明度，反对腐败，加强国际经济体系的规则；二是促进低碳经济和适应性的能源市场；三是促进英国科学与创新作为应对全球挑战的解决方案；四是提高英国国际影响力；五是帮助英国企业赢得新的商业机会。繁荣基金项目合作的国家有：巴西、中国、印度、墨西哥、南非、韩国和土耳其等。此外，还设有非洲、拉丁美洲和东南亚区域办公室，开展更加广泛的全球合作，以及通过英国驻国际能源署、经合组织代表团，与国际组织开展合作。繁荣基金的总规模为 13 亿英镑，由跨部门部长级委员会和国家安全理事会负责统筹管理。未来基金将重点支持对英国具有明显高影响潜力的国家和行业，包括"黄金路线"的开发，如商业环境、反腐败、贸易和法规。

3. 参与多边科技合作和国际组织

英国目前参与的多边科技合作，主要包含英国参与欧洲的大科学前沿研究项目，以及国际热核聚变国际组织（ITER）和正在推动成为国际组织的平方公里阵列研究（SKA）等。

（执笔人：谈　戈）

◎ 法　　国

2017 年，新旧政府更迭对于法国科技创新发展既是难得的机遇，也是巨大的挑战。一方面，是奥朗德政府的科技战略和政策的延续，包括实施《振兴法国工业竞争力报告》《促进增长、竞争力和就业国家公约》等为企业减负、鼓励中小企业发展的政策，出台《法国欧洲 2020》《高等教育和科研法案》（2013）和《国家创新计划》《国家科研战略（2015—2020）》（2015 年）、《构建知识型社会》（2015 年）、《国家科研基础设施战略》（2016 年）等重大科技战略，发布《国家高等教育和科研白皮书》（2017 年），提出到 2027 年研发占 GDP 比重达到 3% 的目标，以及一系列改进性措施，大力支持未来工业发展，宣布实施国家人工智能发展战略等。这些战略、计划和举措，有一些已经接近尾声，可以自然平稳过渡，但很多才刚刚开始布局，而且部分已经通过议会审议。另一方面，新政府积极兑现竞选承诺，为提升国家竞争力实施了新的大规模投资计划和鼓励以企业为主体的创新等。全年看来，科技创新战略及政策出台和执行既保持了很好的延续性，也有明显的断档。比较而言，新政府出台的一系列政策明显更加聚焦，将更加有力地推动发展。

一、以聚焦重点领域为引擎带动整个国家创新体系发展

2017 年法国没有延续上一年和年初国家创新体系建设全面铺开的势头，新政府执政后，即聚焦重点领域，着力推动企业创新、科研卓越和以科技提升法国的全球影响力，以此来带动整个国家创新体系的活力，并为下一步战略和政策的出台实施留有足够的空间。

（一）科技创新投入和产出

1. 科技创新投入基本平稳，企业是研发投入的主体

在激烈的全球竞争下，法国依然保持了 R&D 投入的稳步增长。2014 年，法国 R&D 占 GDP 的比重为 2.24%，为 479 亿欧元，落后于韩国 4.3%，以色列 4.1%，日本 3.6%，德国 2.9%，美国 2.7%，但高于英国 1.7%。 2015 年预计达到 480 亿欧元，占 GDP 的比例为 2.23%。法国研发投资大部分来自于企业，2014 年企业投入占全社会研发投入的 65%，总计 316 亿欧元。公共研发投入 2014 年累计 163 亿欧元，54% 都集中在国立科研机构中，高等教育机构占 46%。

2. 产出持续增加，创新绩效略有提升，创新地位面临严峻挑战

法国科技论文的产出从 2005 年至 2015 年增长了 64%，但由于中国、韩国、印度科技论文产出的迅猛增长，法国占全球科技论文产出的份额下降至 3.3%，在欧盟国家中排名第三，位居英国、德国之后，在全球排名第 7 位。10 年间，法国科技论文的影响力指数迅速上升，和德国相当。中国和韩国的影响力指数尽管还低于全球平均水平，但上升非常快。法国科技论文的国际合作率处于世界最高水平，超过一半的法国科技论文是国际合作论文，与英国、德国持平，主要论文合作国家为欧盟国家和美国。亚洲国家科技论文国际合作率比较低，中国 2005—2015 年一直处于停滞水平，只增长了 5.4%。

由于中国、韩国专利申请和授权量的迅猛上升，欧盟国家在欧洲专利局的专利申请量普遍下降。法国是唯一一个保持专利申请量比例不变的国家，为 6.3%。2014 年，法国仍然保持了在欧洲专利局排名第四的专利授权量。由于美国市场对法国的吸引力，自 2010 年以来，法国在美国专利局的专利授权量大幅上升。

据世界知识产权组织（WIPO）公布的《2017 年全球创新指数报告》，2017 年法国依然排在全球主要创新经济体的前 25 位内，比 2016 年又提升了 3 位，居第 15 位。中国居第 22 位。2017 年全球创新指数的主题是"创新养育世界"，探讨在农业和粮食系统进行的创新。

（二）发布《高等教育与科研白皮书》

2017 年 3 月，奥朗德政府发布法国《高等教育与科研白皮书》，提出未来 10 年法国高等教育与科研的预算目标。这是法国自 2013 年 7 月发布《高等教育和科研法案》以来的第一部白皮书，集合了自法案出台以来有关高等教育和科研的所有战略。一般每 5 年公布一次白皮书。《白皮书》提出，未来 10 年将高等教育经费投入占国内生产总值（ GDP ）的百分比从目前的 1.4% 提高到 2%，将科研经

费投入占 GDP 的百分比从目前的 2.23% 增加到 3%。未来法国将在高等教育与科研领域增加 100 亿欧元的财政支出。对高教科研领域的再投资将有望在 2027 年前拉动法国 GDP 增长 10 个百分点（2200 亿欧元），并将保护被自动化生产威胁的 40 万个就业岗位。

3 月 9 日，历时 5 年酝酿和准备，教研部、文化部联合发布《法国国家科学、技术、文化、工业战略》，该战略同白皮书一起每两年接受议会的评估。该战略的宗旨是启迪公民的科学精神，激发好奇心、开放和批判精神，促进科学方法的共享。目标是使 6700 万法国人从事科学技术事业或拥有科学精神。在该战略下，提出了 4 个优先议题：男女平等、气候变化和可持续发展、欧洲及科技史。五大战略导向为：认知与再认知、数字化、民主讨论、科普、技术工业和创新文化。教研部每年拨款 2.5 亿欧元用于文化、科学、技术和工业领域的执行机构，包括音乐艺术学院、博物馆、工艺馆、大学及科研机构等。

（三）推出大投资计划

2017 年 7 月，新政府总理菲利浦首次提出总额为 570 亿欧元的大投资计划（The Big Investment Plan 2018—2022，GPI），9 月 25 日正式解读该政策，以此带动整体改革进程的推行，强化法国经济，提升发展潜力。通过 5 年时间支持结构性改革和应对当前法国面临的四大挑战：碳中和、就业、以创新推动竞争力和数字化国度。GPI 计划将在四大领域中进行投资分配：第一，加速生态转型（200亿欧元）。90 亿欧元用于改进低收入人群居住和公共建筑的能源效率。40 亿欧元用于短途交通发展。70 亿欧元用于可再生能源产量提高，加速生态转型，实施智慧和可持续城市项目，开发替代能源资源。第二，建立技能型社会（150 亿欧元）。培训和资助 200 万低技能工人（100 万低技能离职青年和 100 万低技能长期失业人员）实现就业，在最缺乏技能的工人（该人群的失业率为 18%）中提供具体的应对失业的办法。创造新的教育和培训模式。第三，通过创新提升竞争力（130 亿欧元）。35 亿欧元用于支持法国的卓越科学研究，加强世界一流综合性大学的建设，加强整个高等教育和研发体系。46 亿欧元用于改进企业创新，鼓励未来产业的风险尝试，如人工智能、大数据开发利用、纳米技术，以及网络安全。50 亿欧元用于投资加速农业、渔业、农业食品和森林木材等部门的工具改进和产业变革。第四，建立数字化国度（90 亿欧元）。44 亿欧元用于提升国家的反应力，改进公共服务的质量和可获得性。加快公共服务机构的数字化转型，目标是 100% 实现公共服务电子化（发放身份证件业务除外）。推动到 2020 年公共支出的持续减少。49 亿欧元用于加速健康和社会融合数字化，目标是在医生短缺的地区建立跨领域的健康中心，推动医院设备现代化和支持医学研究。

GPI 计划总体上不增加公共财政赤字，以不同的渠道筹资资助：贷款、股权或担保基金（110 亿欧元），特别是由国有金融机构组织动员；激活或对现有投资进行再分配（120 亿欧元）；新的财政措施（240 亿欧元）；最后，GPI 会资助未来投资计划（100 亿欧元），用于已经确定但还未获得资金支持的优先领域。

（四）推动企业成长和创新

2017 年 9 月，总理菲利浦宣布启动"企业投资和增长行动计划"（Action Plan For Investment and Growth）的制订，目的是研究推出激励企业增长和创造就业的政策，简化现有体系。预计 2018 年春天通过该项法案。该计划的要点包括：一是逐步调低企业税。法国企业所得税在欧盟国家中相对偏高，计划逐步调低企业所得税，预计 2019 年降至 31%，2020 年降至 28%，2021 年降至 26.5%，2022 年降至 25%。年营业额在 763 万欧元以下的中小企业，所得在 38 120 欧元以下可享有优惠所得税率 15%。废除 3% 的营业贡献税。二是废除 CICE。自 2018 年起将奥朗德总统任内推出的 CICE 原本 7% 的劳动成本租税抵免额降低为 6%，至 2019 年起全面废除，改为对工资水平在 2.5 倍最低工资（SMIC）以下者，推出 6% 的雇主工资贡献抵减额。三是将资本利得税设定为 30%，自 2018 年起将资本利得税固定为 30% 税率，简化税制，鼓励储蓄。四是以房地产税取代财富税，自 2018 年起废除社会团结财富税（impot de solidarite sur la fortune，又名巨富税），缩减财富税课税范围，改为仅针对房地产课税。房地产税税率分级与巨富税相同。五是成立工作小组，讨论未来经济政策方向，每个工作小组由一名企业家和一名国会议员共同担任主席，同时咨询外部专家和各界利益相关者的意见和建议。

新政府希望通过减税、简化行政、加强政企关系来推动企业成长，吸引海外资金，鼓励企业投资创新，并创造更多就业。预计新举措实施后到 2022 年，制造业减税可达 20 亿欧元，中小企业也可获得 15 亿欧元减税。

（五）继续实施未来投资计划

2017 年 10 月，教研创新部和未来投资计划署宣布了未来投资计划（PIA3）第一轮获得支持的 29 个机构及获得的资助金额。该轮投资重点是大学高级研究实验室，提高其在科学领域科研教育的国际影响力和吸引力。项目筛选由国家科研署（ANR）实施，本轮总预算 3 亿欧元，最长为 10 年期的项目。投资目的是在法国推广国际公认的研究生院模式，体现法国教育科研创新体系的特点，加强教育和科研之间的联系，突出各机构和地区的优势。8 位来自不同国家的专家组成的国际专家委员会对 191 个入选项目进行了评审，最终选择了 29 个。这些项目的重点是数字化、公共卫生、经济和社会科学、物理创新和工程、神经科学、可持续水管理、海洋科学、人文和文化转移。

（六）重组大学科研体系，成立大学群，创建"明日之城"

法国将在位于巴黎东部、拥有 15 000 名学生和 1200 名研究人员的笛卡尔校区（Cite Descartes）创建名为"明日之城"的大型科研机构，目标是在 2019 年成立包含一所公立大学、一个国家级别研究所、一所建筑学院和两所工程师学校的综合研究机构，使其拥有与美国麻省理工学院相当的国际影响力。在 10 年期间，该机构每年将获得政府 900 万欧元补助。"明日之城"的建设背景是 2008 年，兴建"21 世纪 12 个大型校园"（12 CAMPUS DU XXIe SIECLE）是前总统萨科奇时期提出的计划，其中一项是在巴黎南郊萨克雷把法国 19 所精英名校、大学、研究机构，总共 7.6 万学生及 1.1 万教授和研究员合并为一个世界级的大学与科技中心（Universite Paris-Saclay），目标是将来与英国剑桥大学和美国的斯坦福大学、伯克利大学竞争。然而，法国公立大学的公共服务性质、宽进严出等特点，导致其与大学严挑细选的精英气质不相符，合并效果不理想。马克龙总统遂在 10 月提出一分为二方案，第一个大学群保留原名称"巴黎 – 萨克雷大学（Universite PARIS-SACLAY）"，集合 PARIS-SUD 大学、Versailles-Saint-Quentin 大学、EVRY 大学、中央理工 – 高等电力学院、巴黎高等师范学院（ENS）及巴黎高等光学学院（IOGS）。第二个大学群即"明日之城"，参与者包括巴黎马恩河谷大学（UPEM）、法国交通与网络科技研究院（Ifsttar）、国立城市和领土规划学院（EAV&T）、巴黎埃森学院（l'Esiee Paris）和巴黎工程师学院（EIVP）。参与者会在"巴黎智能城市"（Paris Smart City 2050）计划中扮演积极角色。早在 30 年前，笛卡尔城就集中了 25% 的智能城市研究项目。

二、主要优势领域进展

（一）创新创业

1. 成立 100 亿欧元的创业基金

6 月 15 日，马克龙在考察法国科技创新产业展会 VivaTechnology 期间，提出"必须强化创新生态系统，密切实验室等研发机构和大型企业的联系""法国将成为超级创新的领导者，将竭力推动法国走在 21 世纪数字化、创新的前列"。为实现其将法国打造成"创业国度"的目标，马克龙承诺成立规模 100 亿欧元的创新基金，以促进法国创业发展，并强调"企业家代表新法国"。

2. 推出法国科技签证

奥朗德执政期间，法国政府启动了 FrenchTech 计划，通过举办"法国科技之门"（French Tech Ticket）全球创业竞赛，为外国创业者们提供融资支持，已经成为法国一张重要的科技外交名片。此次，马克龙推出"法国科技签证"（French Tech Visa），简化及加速创新科技人才及家属取得居留签证的申请流程。该举措进一步丰富了 FrenchTech 的内容。

3. 全球最大的创业孵化中心落户巴黎

6 月 29 日，全球最大的创业孵化中心 Station F 在巴黎落成。Station F 由拥有法国"创业教父"之称的法国电信巨头 Free 创始人泽维尔·尼尔全额 2.5 亿欧元资助建成，占地 34 000 平方米，能够同时容纳上千家创业公司。Station F 一年的运营成本高达 700 万～ 800 万欧元。Station F 的目标不仅是成立一个创业孵化中心，而是创建一个更为完善的企业生态系统，拥有投资基金和对公众开放的实验工厂，高效的公共服务部门，以及众多扶持项目，每一个项目都是一个独立的孵化器，覆盖数字生态系统的各个领域。法国科技投资基金 ISAI 主席尚博东（Jean-David Chamboredon）认为，成立一个专门致力于科技发展的中心并非关键，重要的是形成围绕企业生态系统兴起的市场。

（二）农业——出台面向 2025 年的法国农业科技发展战略

为应对稳定气候变暖现象、减少粮食的不安全性、确保能源转型、打造未来农业、迎接"开放科学"及"大数据"等机遇和挑战，维护农业科技强国地位，2017 年由法国农科院牵头，制定了《面向 2025 年的法国农业科技发展战略》。

未来 10 年的总体战略将分成五大优先主题——总体目标：在转型及全球变迁下，实现粮食安全的总体目标；多效能：法国农业的多效能（经济、环境、卫生与社会）与多样性，更多元的农业生态学与数字农业方法；气候：农林系统如何适应气候异常现象，如何缓解这些系统对气候的影响，这些系统如何协助控制温室效应气体的排放；食物：发展安全可持续的粮食系统；生物资源：针对粮食需求、能源、化学和生物质材料，研究生物资源的互补性和竞争性。

（三）信息技术——全面布局 5G 发展战略

法国在过去 10 年以 ICT 发展为核心的世界科技与经济腾飞中并没有占据主动，不但丧失了法国原有的阿尔卡特、汤姆逊等知名品牌的优势，更没有创造在移动通信和互联网行业的旗舰型企业，无论软硬件领域都和其世界强国的地位不符。为此，法国开始布局以 5G 通信技术为核心的未来信息和数字领域发展战略，以期在下一轮的技术变革中占据主动地位。

法国国有电信公司 ORANGE 制定了 5G 通信技术的发展路线图，体现了法国政府对新一代信息与数字技术的重视。12 月，政府对民众展开针对 5G 通信技术的公共调研，以期根据调研结果在 2018 年第一季度发布针对 5G 通信技术的国家战略。

12 月，外交部部长勒德里昂在法国南部普罗旺斯地区公布《数字领域法国国际战略》，表示法国将继续推动国际互联网管理实现多元化。目前在有关互联网核心资源、基础设施及技术标准等方面的国际组织内往往是美国占据主导地位，法国将致力于推动改变这种局面。该战略提出了法国在互联网管理、数字经济和网络安全等领域未来实施和发展的原则及目标，旨在提高法国在数字领域的国际影响力。此外，还将大力推动法国数字企业走出法国和欧盟，开辟国际市场。

（四）医疗卫生——发布《国家卫生健康战略 2018—2022 年》

新政府上台以来，高度关注卫生医疗体制优化与改革，2017 年 12 月，由法国社会团结与卫生部正式发布《国家卫生健康战略（2018—2022 年）》，确定了预防、医疗资源便捷性、质量和安全及相关性、创新 4 个方面是未来 5 年政府的优先发展方向。该战略的实施勾勒出法国卫生健康 2.0 的总体框架，即大力推行数字医疗服务，并进一步推行电子病历系统。

在未来 5 年内，政府将投入 49 亿欧元着力加强卫生医疗系统数字化建设，特别是发展缺少医生资源地区的医疗机构、更新医院设施及支持医学研究。其中，11 亿欧元用于医院数字化转型，30 亿欧元用于医疗设备更新和医院基础建设。未来，患者将在在线预约、网上支付、入院前服务和住院信息、通用病历等方面体验到数字服务的好处。同时，数字化建设还将实现同一地区医院之间的信息共享。

对于 11 亿欧元的医院数字化转型，其中 4.2 亿欧元用于继续实施卫生部前部长 Marisol Touraine 于 2012 年启动的医院信息系统发展和现代化"数字医院"计划；1.3 亿欧元用于开发"电子课程"计划，该计划将有助于促进卫生专业人员之间的信息交流；5000 万欧元用于推广农村和远海地区的远程医疗；1 亿欧元用于开发大型公共卫生数据库和开发人工智能工具，目的是改善患者的预防、诊断、治疗和随访；4 亿欧元将用于家庭和保健中心建设，其中 3 亿欧元由全法 300 家国家信托局等机构提供，旨在将目前 930 个保健院和 350 个保健中心的数量翻一番。此外，医疗研究也将从未来投资计划（PIA）的 5 亿欧元中获益。

（五）人工智能——出台人工智能国家战略

2017 年年初，法国发起人工智能战略，前总统奥朗德亲自关注，前主管数字与创新事务的国务委员和前主管国民教育、高等教育与研究事务的国务秘书共同挂帅，动员和组织科研、企业和金融等各界力量，成立 10 个工作组和 7 个分组，按三大内容和 10 个关键主题研究法国人工智能发展战略，集中约 560 名各界人士的智慧，形成了战略研究报告。三大内容包括：法国人工智能发展"地貌图"；人工智能对经济社会的潜在影响；以科研和培训应对未来挑战。10 个关键主题包括：发展现状、基础研究、人才培养与培训、技术转移、生态系统、电动汽车、客户关系、金融、主权与国家安全、经济与社会影响。

为落实人工智能战略，法国拟采取以下行动：成立法国人工智能战略委员会，汇集科技、经济和社会各界人士，负责战略举措的落实；由法国来协调一项在欧盟 FET 旗舰计划框架下资助的人工智能旗舰计划；启动一项新的计划，动员科研机构鉴别、吸引和留住人工智能的一流人才；资助一项科研共用设施；成立一个公私合作集团以筹备和建立一个人工智能跨学科中心；将人工智能系统地纳入政府所有支持创新行动的优先计划；动员"国家投资银行"和"未来投资计划"等公共资源和私人资源，以期在未来 5 年投资 10 个法国初创企业，每个企业投资额达 2500 万欧元以上；动员汽车、客户关系、金融、健康、轨道交通行业在 2017 年年底完成各行业人工智能战略的制定；开展建立行业数据分享平台的项目招标（3 ~ 6 个行业）；完成对算法伦理的讨论；启动有关人工智能对就业影响的法国战略协调行动。

三、对外国际科技合作

马克龙就任总统以来，外交上相当高调，其外事顾问堂泽认为，"法国有能力在世界扮演重要角色，而马克龙有机会成为自由世界的领袖。"总体外交全面铺开，科技元素不断展现，特别是科技外交战略运用得将相当好，取得了非常积极的效果。

（一）全方位开展对话

2017 年，马克龙在国际舞台上展开了一系列对话，对话而并不期望施加影响力，目的是让世界认识马克龙，塑造法国开放包容的国际形象。

2017 年 8 月，马克龙面对 150 名驻法国使节首次揭示其总体外交政策的"三大轴心"，分别为国民安全、法国独立地位及法国在世界上的影响力，希望将法国塑造成"一个更强大、更团结与更开放"的国家。未来将在国际事务中扮演更为重要的角色，并愿意为解决当今世界几乎所有的危机做出自己的贡献。

（二）建设性地提出欧盟重建方案

2017 年 9 月，马克龙在巴黎索邦大学发表演讲，提出全方位倡议的欧洲重建关键计划，坚信巴黎和柏林始终是欧洲的引擎。这是欧盟其他各国领导人都没能够做到的。希望欧盟实现更大规模的经济和社会趋同。在他提出的 20 多条首批建议中，包括成立欧盟数字创新机构、欧盟避难署、欧盟共同干预部队，欧元区共同预算，以及统一的基础研究商业化机构，加速研究成果产业化，如人工智能方面的创新等。

（三）主场科技外交取得巨大胜利

马克龙就任总统以来，践行了他积极参与国际事务的承诺，并在主场科技外交领域取得巨大胜利。2017 年 9 月，第 10 届融合世界论坛在巴黎举行。来自 50 个国家的经济、政治、非政府组织和媒体界的 5000 多名代表会聚巴黎，讨论实施可持续发展目标的创新解决办法。

12 月，法国与联合国、世界银行在巴黎成功共同举办"一个星球"气候行动融资峰会，与会者包括全球 60 多个国家或政府领导人，以及来自国际组织、非政府组织、企业、研究机构、地方政府等非国家主体的代表近 4000 人，取得了非同寻常的国际反响。加上此前，马克龙在特朗普宣布退出《巴黎协定》一天后即宣布，一周后法国国家科研署开启优先研究计划通道，最终延揽了 18 位全球气候变化领域的顶尖科技人才。法国正在显著加强已经在全球布局的强大科技外交网络，包括核能、医药卫生等多个领域。

（执笔人：孔欣欣　孙玉明）

◎ 西 班 牙

连续执政的人民党新一届政府在执政首年秉持既定改革发展理念，继续深化"调结构、促就业、保增长"政策措施，聚焦中长期平衡、稳健和可持续增长目标，经济持续向好。据储蓄银行联合会智库预测，2017 年国内生产总值有望增长 3.1%，就业增长 2.9%，失业率将降至 16% 以下。

一、科技创新战略规划与政策举措

1. 下调国家研发投入指标

《国家改革计划》深刻剖析国家科技创新体系弊端，清醒认识国家研发投入不足之害，正视现行研发强度（占 GDP 的 1.22%）与欧盟设定成员国 2020 年研发投入指标（3%）的巨大现实差距，主动下调 2020 年研发投入指标至 2%。

推出 5 项改革措施：修改《国家科技研究与创新计划》；启动落实国家研究局职能；完善公共研究机构研发创新融资机制；改进私人研发创新支持计划；强化支持企业及其国际化的税收抵免政策。

2.《国家科技研究与创新计划（2017—2020 年）》

该国家中期科技规划备受干扰延误，至今仍停留在草案层面。

草案针对欧盟、欧洲理事会和经合组织所指"研发创新投入不足、绩效不佳、政策协调弱"等系统缺陷，查找现行规划（2013—2016 年）存在的"融资分散，官僚主义，征集预见性差，跟踪评价机制缺失"突出问题，提出"加强公私合作，促进企业创新，保持投资增长和强化行政管理"系列举措，并修改融资工具，以实现"人才激励，科研能力，私人投资，社会挑战，开发创新与央地协同"目标。

3. 试水公共采购政策创新

经济、工业与竞争力部与发展部签署"从需求侧推动商业创新"协议，通过创新公共采购政策，鼓励私人研发创新投入。以"商业前公共采购招标"形式，为公路防雾保护系统创新技术试验原型融资，确定在 A8 高速公路某测试路段验证该防雾创新解决方案，开启了政府采购激发企业创新的新模式。

4. 强强联合提振科研实力

25 家获国家认可的"塞维罗·奥乔亚"卓越研究中心和 16 家"玛丽亚·玛埃兹图"卓越单位组建联盟，旨在加强协同，推动合作，促进技术、方法和学科融合，激发研发创新体系活力，提升科学国际知名度，产生吸引人才并推动研究进步的倍增效应，增强国家和国际层面科学政策制定话语权。

二、研发创新投入及产出

（一）研发创新投入

1. 研发预算平缓回升

《2017 科技创新指标报告》显示，2017 年国家科技创新预算 65.01 亿欧元，增长 1.2%，实现 4 连增。其中，民用 60.39 亿欧元，军用 4.62 亿欧元。预算自 2009 年创 96.73 亿欧元（占 GDP 的 0.90%）纪录后，受制于经济危机，逐年递减至 2013 年的 59.32 亿欧元（0.58%）；2014 年始，恢复逐年小幅增长，但至今仍较峰值少 32.79%。

2. 地区投入分化严重

马德里、加泰罗尼亚、巴斯克、安达卢西亚和瓦伦西亚五大区研发投入占全国的 81%。研发投入的 GDP 占比情况为：巴斯克（2.03%）、纳瓦拉（1.75%）、马德里（1.68%）、加泰罗尼亚（1.47%）和安达卢西亚（1.03%）居前，埃斯特雷马杜拉（0.67%）、卡斯蒂利亚拉曼恰（0.51%）、加纳利（0.46%）、巴利阿里（0.32%）和休达与梅里利亚（0.09%）断后。

3. 企业研发投入成短板

企业研发投入占总研发投入比重长期裹足不前，自 2007 年最高比重的 55.9% 滑至 2010 年的 51.5%，此后再未突破过 53%。企业研发投入少，创新动能不足，削弱了国家研发创新活力。

（二）科技创新产出

1. 创新指标

2015 年，技术创新型企业 18 269 家，占总企业数的 12.81%；开展技术创新活动企业 15 736 家，创新支出 136.74 亿欧元；企业创新强度 0.87，少于 250 人的中小企业创新强度 0.61，大型企业 1.12；开展研发创新活动的企业 7563 家，占 5.3%；综合创新指数排名欧盟第 18 位。

2. 科学产出

2015 年科学产出排名全球第 11 位，较上年下滑 1 位。SCOUP 论文 78 740 份，WOS 论文 58 130 份。其中，10% 高引用科学产出最多的是空间科学、分子生物学和遗传学、神经科学和行为学，以及物理学。2011—2015 年，与西班牙合作科学产出最多的国家依次为美、英、德、法。

3. 专利

2016 年，居民申请西班牙专利量及授予量分别为 2710 件和 2087 件；申请欧洲专利及其授予量分别为 1558 件和 752 件，占欧洲专利授予总量的 0.78%。

三、延揽全球科技人才政策与举措

针对近年科技人才流失局面，采取如下求才措施：一是出台高层次人才签证便利政策，为国际科技人才进入大开方便之门；二是通过构建或利用现有区域研究网络平台，促进研究人员流动，延揽国际人才；三是创建博士和博士后职位资助工具，吸引国际高端人才来西班牙开展研究；四是借鸡下蛋，服务自身需求，如与中国国家留学基金管理委员会签署协议，为年轻学子来西班牙访学开绿灯；五是通过驻外使馆，召集成立西班牙籍科学家协会，激发爱国热情，凝聚赤子心智。

（执笔人：翟　跃）

◎ 爱 尔 兰

2017 年爱尔兰经济继续高速增长，国家财政几乎已从金融危机的阴影中走出。科技创新活动方面，按照《创新 2020》战略规划加快布局，动作频频；国际科技合作方面，面对英国脱欧因素的影响，政府研究出了第一波对策；此外，爱尔兰科研活动十分活跃，发表了一些高水平成果。

一、半年内创新部长 2 次换人，科技创新政策总体稳定

2017 年，爱尔兰政坛一度动荡。总理思达·肯尼受到党外责难、党内逼官，5 月 17 日被迫宣布辞职。6 月 14 日，年仅 38 岁的社会保障部原部长利奥·瓦拉德卡当选爱尔兰新总理，随后组成的新政府中，副总理弗朗西斯·菲茨杰拉德女士接替玛丽·米切尔·奥康纳女士兼任企业和创新部部长。11 月 28 日菲茨杰拉德为避免引发危机提前大选，宣布辞职。11 月 30 日，文化、遗产和盖尔语部原部长希瑟·汉弗莱斯转任商业、企业和创新部部长。

部长换届同时，创新部的名称也经历了 2 次变动。先是由就业、企业和创新部改为企业创新部，几个月后又确定为商业、企业和创新部。虽然短期内创新部部长频繁换人，但由于执政党依然是统一党，负责创新事务的国务部长没有发生变化，机构总体职能也没有大的改变，《创新 2020》依然是爱尔兰科技创新领域的总纲领，因此，爱尔兰政府科技创新政策目前没有发生大变化的迹象。

二、面对英国脱欧，爱尔兰抓紧调整国际合作策略

英国脱欧给英国、欧盟及其成员国，以及其他关联国家在经济、科技等各领

域带来了许多不确定性。爱尔兰作为与英国各方面关系密切的近邻，对英国脱欧可能产生的影响更加关注和担忧。

作为坚定的拥欧派，英国脱欧让爱尔兰重新审视自己在欧盟的地位和作用，希望在减少负面影响的同时从中获益。爱尔兰政府认为，英国脱欧将产生 3 个方面的影响。一是英国科研能力在全球具有举足轻重的地位，在获得欧盟"地平线 2020"计划经费前 10 位的大学中，英国占了一半，英国脱欧将削弱欧盟科技创新的总体实力。二是移民政策是英国脱欧的一个重要因素，而英国大学研究人员中有 17% 的人（约 3.374 万人）来自欧盟其他国家，在生物、数学、物理等自然科学学科中的英国大学员工有 23% 来自欧盟其他国家。因此，英国脱欧可能导致在英国的其他国家籍的科技人才向外大转移。三是从经费方面看，在欧盟的各类研究创新计划中，英国的总资金贡献占 12.5%，而获得的项目经费为 15.9%，是研发资金的净收益国家。英国脱欧后，爱尔兰将有机会从欧盟获得更多的科技项目和经费。

为了应对英国脱欧，爱尔兰主要从如何充分利用英国的科技实力和研究人才、如何提高欧盟科技计划项目的申报成功率，以及如何扮演好欧盟与域外国家科技合作的桥梁等 3 个方面提出了初步的应对措施。

传统上，爱尔兰国际科技合作的基础是欧盟，重点是英美国家。随着英国脱欧，爱尔兰提出将调整研发合作策略，实现重点伙伴的多样化。爱尔兰政府首席科学顾问表示，中国有望成为第一梯队的战略合作伙伴。

三、爱尔兰加大投入，加快实施《创新 2020》规划

随着爱尔兰经济状况不断好转，爱尔兰在实施《创新 2020》规划方面步子明显加快。2017 年，爱尔兰政府发布了一份跨部门小组撰写的规划实施第二份进展报告，认为总体实施情况良好。

（一）加入国际低频阵列天文望远镜合作计划（LOFAR）

在《创新 2020》规划中，爱尔兰计划有重点地加入部分国际大科学计划和工程，加入 LOFAR 是规划行动之一。2017 年 6 月，爱尔兰政府正式宣布加入 LOFAR 计划，并投资 1400 万欧元在爱尔兰奥法利郡建造一座射电天文望远镜，以便爱尔兰科学家开展太阳活动、恒星和行星的研究，发挥爱尔兰在大数据和数据分析方面的科技优势。项目建成后将与分布在欧洲其他 11 个国际地面站形成一个网络并分享数据。

（二）加快建设国家级研究中心

《创新 2020》要求到 2020 年爱尔兰要整合、归并各高校、国家研究机构的

相关优势学科，建设 20 个国际一流的国家级研究中心。截至 2016 年，爱尔兰财政共投入 3.59 亿欧元，分批组建了 12 个国家级研究中心。这些中心的人员总数已超过 2000 人，与 367 个企业建立了紧密的合作关系，获得企业合作经费 4000 万欧元，欧盟框架计划项目经费 8500 万欧元。中心运营效果十分明显，对产业发展的带动作用已初步显现，社会知名度和公众评价良好。

2017 年 9 月，爱尔兰政府宣布再投入 7000 万欧元新组建智能制造、生物经济、神经系统疾病、先进制造 4 个研究中心，计划吸引企业投入 4000 万欧元，组建超过 650 人的高水平研究人员队伍。

（三）加大技术转移体系建设

爱尔兰政府十分重视技术转移体系建设，从 2007 年开始启动技术转移促进计划。在该计划的支持下，爱尔兰成立了知识转移平台（Knowledge Transfer Ireland，KTI）负责具体运作。全国 26 个大学、技术学院和国有研究机构组成了 8 个联盟，在各地成立了一批技术转移办公室，培育了一批技术转移职业经纪人（技术经纪人）。2016 年，平台共促进了 748 个合作研究协议，孵化了 31 个企业，达成了 206 个技术许可合同。

技术转移促进计划第三期建设为 2017—2021 年，共投入 3450 万欧元，重点支持技术转移办公室组织开展合作研究、咨询、许可新技术和培育新企业，特别是要促进国家科技计划成果的产业化。

爱尔兰政府经调查发现，同研究机构开展合作开发项目的企业，其销售额和出口额是其他企业的 1 倍以上。因此，政府希望第三期计划进一步促进企业与高校研究机构的合作。此外，政府还提出一个具体目标，希望爱尔兰成为人均注册技术经纪人最多的国家。

四、爱尔兰在科研创新上取得多项突破

总体来说，爱尔兰科研质量较高。据汤森路透的 InCites 数据分析，爱尔兰的科学研究质量 2016 年排名全球第十。其中，动物和乳制品免疫、纳米排在国际第 2 位，材料科学位排第三，农业排第四，化学排第五，基础医学研究和计算机科学排第六。

在纳米技术方面，2017 年爱尔兰科学家在材料结构分析领域取得突破。7 月底，《科学》杂志发表了圣三一学院牵头，英国、美国科学家和英特尔公司研究人员共同完成的一项研究成果，即发现纳米铜膜表面不是平滑的。这项研究重点针对集成电路中广泛使用的纳米级金属铜，用扫描隧道显微镜测量其三维结构，发现构成铜表面的晶体颗粒不能完美契合，相互之间有倾斜和角度变化，造成错

位和表面粗糙。这项研究对纳米级材料的设计产生前所未有的影响。课题组找到了如何通过控制晶粒的旋转从而操控材料性能的方法。如通过设计减少电阻，从而延长手机等移动终端的电池寿命。该项成果对医学植入和诊断等也有应用价值。

在再生医学方面，爱尔兰科学家在帕金森病大脑修复研究方面取得突破。2017 年 11 月，《自然》杂志发表了高威大学和 CURAM 医疗器械国家级研究中心合作研究的成果，使用胶原蛋白作为基质可有效提高大脑修复的细胞存活率。目前，对帕金森病的治疗可以采取移植健康脑细胞来替代退化和死亡的脑细胞，但植入脑细胞存活率低是一个主要难题。爱尔兰科学家将脑细胞放入天然胶原蛋白基质中，通过基质提供了一个支撑环境，从而显著提高了植入细胞存活率。

五、2018 年展望

2018 年爱尔兰将面临英国脱欧、政府地位不稳、经济能否稳定发展等挑战。对科技创新领域的发展变化情况总体判断有以下几个方面：一是科技创新宏观政策将保持稳定。2018 年爱尔兰存在提前大选的可能，因此，不排除主要官员变动和政策调整的情况。但由于发展科技教育事业是爱尔兰各党派的长期共识，《创新 2020》战略也得到社会的广泛肯定，现有政策预计将会延续。即使提前大选，政府更替，要出台新的战略也需要一定的时间周期。因此，预计 2018 年科技创新政策不会有大的调整。二是面对英国脱欧，爱尔兰将继续调整对外创新合作政策。爱尔兰将更加关注欧盟的科技创新计划。过去 3 年，爱尔兰从"地平线 2020"计划共获得 4.75 亿欧元项目经费。爱尔兰政府正在动员大学、科研机构和企业申报"地平线 2020"最后 3 年的计划，但要完成《创新 2020》中提出的 12.5 亿欧元目标，任重道远。对欧盟第九框架计划，爱尔兰政府也已提出了初步意见。在欧盟成员国内部，爱尔兰将加大与德国的合作力度，以替代原来英国的角色。爱尔兰同中国、巴西、印度等新兴经济体的合作也将进一步加强。三是爱尔兰科技投入将进一步增加，但仍落后于其他发达经济体。爱尔兰在《创新 2020》中提出到 2020 年将研发经费从 2014 年的 29 亿欧元增加到 50 亿欧元，相当于国民生产总值的 2.5%。但由于经济危机，爱尔兰 2014 年研发支出占 GDP 的比重只为 1.51%。这几年研发经费投入虽然有所增长，但由于经济增长速度快，占比上升速度不佳。目前来看，完成这个任务难度极大。

（执笔人：洪积庆）

◎ 德　　国

德国是世界领先的科技创新强国之一。2017 年是德国政府实施《新一轮高技术战略》的最后一年，以及为制定新的创新战略提出措施建议之年。德国政府继续重视科技创新，增加公共财政科研投入，强化科研体系建设，营造宽松的创新氛围，促进中小企业创新，优化科技人才支持政策，吸引全球顶级人才和科研后备力量，进一步深化和拓展国际合作，在科技前沿领域取得了一批重大成果。

一、科研投入状况

德国研发投入近年来持续增长，研发领域从业人员数量也创下历史新高。根据德国联邦教育和研究部（BMBF，以下简称联邦教研部）2017 年 5 月公布的数据，德国政府和经济界研发投入在 2015 年达到了新高，约为 900 亿欧元，约占到其 GDP 的 3%，率先实现了欧洲 2020 战略确定的 3% 的目标。德国联邦政府 2017 年的研发预算达到 172 亿欧元，较去年增加约 9%。据联合国教科文组织《2015 年科学报告：面向 2030》，在所有欧盟国家中，只有德国在过去 5 年中真正增加了公共研发投入。另据德国联邦统计局数据，2014 年德国研发领域从业人员数量首次超过 60 万人，较 2000 年增长 22%。大量的研发投入确保了德国创新力的持续增长。

德国政府非常重视基础研究，联邦政府直接或通过项目间接支持用于购置开展基础研究所需大型仪器的经费 2017 年约为 12.8 亿欧元，较 2016 年增加了 2.3%。2017 年德国国家财政支持高校的研发总经费中用于基础研究的经费为 110.92 亿欧元、支持高校外其他来源的研发经费中基础研究经费为 46.86 亿欧元，均较上年增多。其中高校基础研究投入约占其总研发经费的 70%。

联邦教研部是支配科研经费的主体。从 2017 年研发经费预算执行部门看，联邦教研部支配联邦层面 58.3% 的研发经费。其他 10 余个联邦部门支配比例合计约为 41%，其中联邦经济和能源部（BMWi，以下简称联邦经济部）负责创新政策和产业相关研究，管理能源和航空领域的科学研究及面向中小企业的科技计划，占经费的 20.7%；农业部、交通部、环境部、卫生部等管理与本部门职能相关的科技计划，约占经费的 9.2%。

2017 年联邦政府研发经费预算分布在 21 个领域中，其中健康研究和卫生经济领域最多，约为 24.2 亿欧元，占总经费的 14%。超过 10 亿欧元的有能源研究和能源技术、气候环境和可持续发展、航空航天、人文经济和社会科学、中小企业创新、基础研究大型设备 6 个民用领域。各领域支出比例与 2016 年基本保持平衡，总量均有增加。

二、重点科技战略和计划

（一）通过新一轮《教育和研究国际化战略》，促进德国教育和研究的互联和创新的国际化

2017 年 2 月，为充分利用全球知识社会的潜力，德国联邦内阁通过了新一轮《教育和研究国际化战略》。战略围绕"国际合作：互联与创新"主题，确立了 5 个行动导向目标：一是保持和提升德国科研体系卓越性；二是在国际上更大程度施展德国创新力；三是更加国际化地开展职业培训和资质培训；四是将新兴国家和发展中国家作为合作伙伴，与构建全球知识社会更紧密地联系起来；五是加强与欧洲及国际的合作，共同应对全球危机。

该战略将促进德国的科教与创新形成以下局面：一是更加注重吸纳国际尖子人才；二是在推动欧洲研究空间深入发展方面有更积极的作为；三是支持中小企业参与国际科研创新合作网络，在知识产权保护方面为科研创新创造最佳框架条件；四是从德国企业"走出去"战略高度，继续做好向其他国家输出职业教育模式的工作，拓展与发达国家和新兴国家的职业教育合作；五是简化外国学历的认可程序，缓解国内技术人才紧缺问题；六是充分利用数字化带来的机遇，把新兴国家和发展中国家视为共塑全球知识社会的合作伙伴，实现全球统一的规范和标准；七是加强国际科研合作互联，更加主动地参与应对气候变化、健康卫生和粮食安全等全球挑战的行动。

（二）发布数字平台白皮书，持续推动数字经济转型

德国联邦经济与能源部在继 2016 年 5 月发布绿皮书后，2017 年 3 月在汉诺威 Cebit 展会上发布了以"数字平台——增长、创新、竞争、分享的数字秩序政策"为题的白皮书，这是在持续近一年的公众讨论的基础上形成的联邦政府对数

字平台的具体调控政策。"数字平台"白皮书是联邦政府实施《数字战略 2025》的具体步骤，其核心目标是实现公平竞争的基础上的投资创新增长，同时保障个人的基本权利和数据主权。"数字平台"白皮书为德国经济和社会的数字化转型创造有序的法律环境。

（三）实施新能源汽车发展支持计划，继续促进能源转型

2016 年 9 月，联邦政府批准国家氢能及燃料电池技术创新项目第二阶段实施计划（NIP II），把氢能和燃料电池技术政府资助计划由 2006—2016 年，延长至 2026 年，支持的重点从第一阶段的研发向第二阶段的研发、示范运行及市场培育并重转移，抢占世界新能源汽车产业领先地位。NIP 计划第一阶段的经费是14 亿欧元，重点支持通过采用可再生能源制氢的方法和措施，开发氢能及燃料电池市场，并应用于汽车、客车、商用车和轨道交通等领域。

2017 年 2 月，德国联邦交通部正式启动了电动汽车充电基础设施建设资助计划，以促进德国电动汽车的发展。该计划是德国 2016 年实施购买电动汽车补贴政策后促进电动汽车发展的又一重要举措，以支持私人投资者在城市和乡镇及社区建设完善的充电基础设施。该计划也是德国政府实现 2020 年达到 7000 个快速公共充电点和 36 000 个普通公共充电点目标的有力措施，它无论是对德国促进电动汽车产业的发展，还是对履行巴黎协定、推动能源转型都将发挥积极作用。

2017 年 6 月，德国联邦交通部发布世界首份自动驾驶编程指导原则，使得德国在"移动出行 4.0"方面处于世界领先地位。该指导原则同意给予自动驾驶系统的准入，但在安全、人类尊严、个人决策自由及数字独立方面提出了特别要求。

2017 年 11 月，德国联邦政府推出"清洁空气应急计划 2017—2020"，制定一系列改善城市空气质量的措施，包括城市交通电气化和充电基础设施建设、交通系统数字化，以及通过加装废气后处理系统改造柴油公共汽车等，涉及经费10 亿欧元。该计划是配合联邦交通部电动汽车计划和联邦环境部与联邦经济部的"电动—流动"计划而制订的，旨在推动和发展电动汽车，支持受污染的城市和县区改善空气质量。

（四）推出航空航天 2030 战略，提升航空航天领域核心竞争力

2017 年 7 月，德国经济部与德国航空航天研究院发布"航空航天 2030 战略"（DLR 2030），以应对未来的新挑战，提高德国航空航天领域的核心竞争能力。该战略将通过 10 个新的横向项目和 1 个横向领域——数字化来实施。横向项目

将从基础研究到应用研究瞄准航空运输的需要，通过自动化、数字化和虚拟化，进一步开发卫星通信和导航技术，如通过光学系统和光子加密系统，为未来的数字化和智能交通做出重要贡献；通过结合机器人技术使卫星更加长寿和价廉物美；新的传感器、信号传输技术和高效的地面设施将使服务行业和科研能永久地拥有地面观测和勘探数据，进而产生新的信息和知识。在新的横向研究——数字化中，德国航空航天研究院将着力建设其核心能力，与联邦政府的数字化战略相呼应，推动经济和社会的数字化转型。

（五）构建自我学习型系统专家平台，助推人工智能技术发展

2017 年 5 月，在德国创新政策高端智库"高技术论坛"向联邦政府递交研究报告的背景下，"自我学习型系统专家平台"首轮指导委员会会议在柏林召开。该专家平台是联邦教研部自"工业 4.0 平台"以来设立的第 2 个数字化领域的平台机构。"自我学习型系统专家平台"的功能是厘清人工智能技术在促进经济增长、推动社会发展过程中的作用及其对人类可能带来的风险，强化跨制造商层面的研发，拓展数据分析工具的应用范围，并通过日常应用场景的设计和演示，优化研究与应用间的合作，助推人工智能技术的发展。专家认为，自我学习型系统可应用于各类服务业和交通业，尤其在卫生领域能给医务人员的治疗过程带来很大变化，如借助人工智能快速解读分析 X 光片等海量数据信息，可协助诊断，提高治疗质量。专家指出，如何定义好人工智能的应用范围，保障 IT 技术的安全性，是自我学习型系统面临的最大挑战。

（六）制订医疗技术创新专业计划，改善医疗服务

2016 年 11 月，德国政府制订医疗技术创新专业计划，将从 2017 年开始实施，为期 10 年。核心目的是资助以健康服务需求为导向的医疗技术的创新，包括提高供给的效率、供应链上的产业合作、临床应用研究开发、提高中小企业的创新能力和研发力度。该计划分为 2 个阶段，第一阶段为建设和动员期，时间为 2017—2021 年，第二阶段为实施和巩固期，时间为 2022—2026 年。在第一阶段计划资助 2.4 亿欧元。2017 年资助 4000 万欧元，2018—2021 年每年资助 5000 万欧元。该计划包含在德国联邦政府健康研究框架计划内，将瞄准 5 个领域：围绕病人的利益开发创新的治疗方法，如慢性病的早期治疗、心理和神经性病人的训练治疗，门诊治疗和家庭治疗的移动解决方案等；增强健康领域的创新动力，如保健供给的数字化；促进中小企业的创新，包括促进中小企业创新解决方案在临床的应用；改善创新流程，为创新产品进入临床实际应用打开通道，包括开发临床研究的产品设计，研究医疗产品效果评估的标准等；构建创新体系的

协同作用，如提高德国医疗技术创新能力和改善创新氛围。

（七）继续实施精英大学计划，促进大学尖端研究

2016 年 4 月，德国科学联席会（GWK）通过了新一轮精英大学计划及其 2 个补充计划，以促进德国大学尖端研究，加速研究成果的转移转化，改善青年科学家职业发展路径。联邦政府从 2017 年起至 2032 年将提供 10 亿欧元用于提高高校青年科学家职业道路的可预见性和可计划性，增强德国对本国和国外青年人才的吸引力。2017 年 9 月，一个由国际学者组成的专家委员会从 63 个德国高校递交的 195 份精英集群立项申请中认定 88 个项目进入终审评选，其中 40% 的项目已在前期"精英大学倡议"框架内获得支持，60% 是新申请的项目。绝大多数入选项目属于多学科研究，2/3 的项目采取跨高校协同科研模式。拥有 2 ～ 3 个精英集群的高校可于 2018 年年底前向科学评议会申请"精英大学"资助计划。

（八）推动实施海洋研究计划"可持续海岸、海洋和极地研究"，加强对海洋资源的利用

2016—2017 年是德国海洋科学年，联邦政府将实施"可持续海岸、海洋和极地研究"（MARE:N）的海洋联合研究计划。有关海洋的未来将成为今后几年德国科学界的研究重点。德国政府希望通过实施 MARE:N 计划，制定针对海洋污染、过度捕捞和酸化等问题的研究战略，以缓解由于气候变暖、经济高速发展、环境污染，对人类和海洋生态造成的巨大环境压力。该计划集合了联邦教育与研究部、联邦经济与能源部、联邦粮食与农业部、交通与数字基础设施部和联邦环境、自然保护和安全部等多部门的措施。仅联邦教研部就将在今后 10 年为相关研究项目提供超过 4.5 亿欧元的资助经费。加上德国研究机构的持续支持，今后 10 年针对海洋未来的研发投入将超过 40 亿欧元。

（九）继续实施工业数据库计划，加速"工业 4.0"国际化

2017 年 7 月，12 家弗劳恩霍夫协会研究所利用最先进的信息技术成功确立了更安全的数据空间架构模型。该成果是 2014 年制定的数字经济时代的标准化解决方案，即工业数据库（Industrial Data Space）计划的组成部分。该计划致力于打造一个更安全和标准化的数据交换虚拟空间，联邦教研部提供 500 万欧元资助。未来的目标是确立该工业数据库在全球的地位。目前，德国正在与国际伙伴，如阿根廷、中国、印度、日本、墨西哥和美国商讨在国际层面确立工业数据库架构的可能性。为使工业数据库符合不同国家的数字标准，目前，该计划的科研人员正在研发数据主权的技术解决方案模型。

三、创新体系建设

德国注重构建面向未来的科研体系，建立以高校为核心的、竞争与合作网络交错、功能和机构分工明确的多元化科学体系，核心关注点包括增强高等院校、强化大学外科研机构、突出各科研主体的战略优势、促进科研体系内机构间的合作。

（一）成立新的科研机构或研发团队

2017年3月，德国以大学与大学外研究所合作的形式，新成立亥姆霍兹转移肿瘤研究所（HI-TRON）、亥姆霍兹新陈代谢、肥胖症和血管研究所（HI-MAG）和亥姆霍兹核糖核酸与传染病研究所（HIRI）3所亥姆霍兹研究所，以增强医学领域的创新能力，致力于开展世界领先的癌症免疫治疗、新陈代谢和传染病研究。这3家新研究所在2017—2020年的建设阶段将由各自的州政府和大学资助，2021年起，将由联邦资助90%。10%来自所在地的州政府。

2017年4月，由柏林四大高校、8家高校外研究机构及20家企业共同支持的爱因斯坦数字未来研究中心在柏林成立，并将自身定位为"跨高校的科学经济和社会数字结构的研究促进中心"。中心计划招聘50位青年教授，主要从事数字基础设施、方法与算法等核心领域，以及数字健康、数字社会、数字工业和服务等创新领域新应用的跨学科研发工作。

2017年4月，11家弗劳恩霍夫协会研究所与2家莱布尼茨学会研究所共同制定并启动跨地区"微电子与纳米电子研究工厂"的项目方案。旨在通过组建跨地区的技术团队，共同开展研究，为中小企业提供众多最优条件下的尖端技术，增强德国和欧洲半导体与电子行业的全球竞争力。德国教研部为该项目方案提供经费支持，弗劳恩霍夫协会将获得2.8亿欧元，莱布尼茨学会获得7000万欧元。研究工厂的扩展和运行将由一个公共办事处协调和组织，位于不同地方的研究所仍然保留，以利于给大企业、中小企业及大学的客户直接提供一站式的有关微电子和纳米电子技术的整个价值创造链的技术服务。研发工作主要瞄准4个未来技术领域：硅基技术、化合物半导体及特定衬底、异质整合和设计检测及可靠性。

2017年5月，亥姆霍兹感染研究中心（HZI）和维尔茨堡大学合作成立亥姆霍兹核糖核酸（RNA）感染研究所。这是世界范围内首家RNA感染研究机构。该所建在维尔茨堡大学的医学园区，致力于研究RNA及其在感染过程中的作用。

（二）制订创新计划

2017年8月，联邦教研部启动"通过区域创新转型"（WIR！）计划，并将此作为最迟于 2020 年拟在全德实施的"创新与结构转型"新资助方案的开端。WIR！计划着眼于各方广泛参与的区域联盟及其新的发展路径，采取技术和主题开放的资助措施，特别纳入了社会、机构、非技术方面的创新领域。主题主要涉及人烟稀少区域的医疗保障、能源转型实施新构想、提升农村作为居住和工作地的吸引力等，支持当地民众以新的具有吸引力的联盟形式，挖掘本区域优势，采用战略性措施发展本区域并参与区域结构转型，尤其针对德国东部地区。该计划的实施将打破行业、机构及管理界限，企业、高校、研究机构和其他参与方之间将建立新的合作关系，同时集成民间社会组织和没有创新经验的利益相关方。

（三）开展创新体系评估

2017 年 2 月，德国研究创新专家委员会（EFI）向联邦政府提交了第 10 个《德国研究、创新和科技能力评估报告》。报告回顾了过去 10 年德国的研究与创新政策，并将下面 4 条归纳为所取得的重要成效：一是实现总研发投入占 GDP 3% 的目标；二是通过实施精英计划和一系列其他措施，德国科学体系的能力得到大幅提升。EFI 非常赞同这些举措并强烈建议延续下去；三是改善了企业创立和风险投资的框架条件，进而使得企业损益情况得到改善；四是针对电子政务的重要立法程序已经通过，创新型电子政务很快将在德国实施。报告指出德国目前面临的挑战包括气候变化和可持续性、人口变化、公平参与、能源供应、交通、数字化转型、欧洲研究空间与国际合作、新的创新途径及灵活的政府管理等方面，尤其是在数字化转型方面还需要做很多工作，建议加强政府在这方面所承担的责任，更加灵活地应对变化。数字化不仅仅是技术和经营模式的问题，还需要所有参与方的开放性和适应力。报告从 6 个方面给联邦政府提出了应对挑战、持续提升德国创新力的措施建议：加快数字化转型、强化科学体系建设、加强知识转化、改善政府管理并继续推动高技术战略的实施、改善初创企业（Start-ups）的创业条件、大力支持企业尤其是中小企业创新。报告明确了至 2025 年德国在研究和创新领域的 6 个目标：研发投入占 GDP 的 3.5%；至少有 3 所德国大学进入世界前 30 名；风险投资翻一番，占 GDP 的 0.06%；在数字化基础设施领域位于 5 个世界领先国家之列；数字化方面的资助经费翻一番和在电子政务领域处于欧洲领先地位。EFI 的专家在报告最后还建议通过减免研发投入部分或研发人员个人工资收入的税收优惠政策间接支持企业特别是中小企业的研发创新。考虑到更好的计划性和资金流动的影响，专家们更倾向于后者。

2017 年 5 月，联邦政府创新政策的核心智库"高技术论坛"召开第 7 次大会，向联邦政府递交了 2 份评估总结报告，"让好创意发挥作用——高技术论坛关于高技术战略的实施建议"和"共同更美好，数字化时代的可持续价值创造、富裕及生活质量——高技术论坛的创新政策指导思想"，为德国近 3 年的创新实践"把脉",提出未来创新政策的实施建议,明确今后全社会创新活动的重点和联邦政府创新政策走向的指导思想,并将网络安全、数字平台与"工业 4.0"、生物经济、自我学习型系统、个性化医学与合成生物及自主互联汽车 6 项技术确定为具有高度创新潜力的未来技术,为下一届政府制定新的"高技术战略"奠定了坚实基础。

四、支持中小企业创新

2017 年 1 月,德国联邦教研部、联邦经济与能源部和联邦财政部称,联邦政府将全过程陪伴快速增长的创新型企业并为其提供足够的资金保障,并将积极扶植私有风险投资公司,按"同等权益"的原则与其共同支持处于种子阶段的创新型企业,促进初创企业的成长。联邦政府还利用欧洲复兴计划(ERP)特别资产和欧洲投资基金创立了金额达 5 亿欧元的"增长资助基金",与私人投资者一起共同对进入快速增长期的创新型企业的数千万欧元以上的大项目进行投资。联邦政府还计划与复兴信贷银行联手设立数十亿欧元的"技术增长基金",专门为增长势头强劲的初创企业提供"风险债务"。

2017 年 3 月,弗劳恩霍夫协会"数字网络"能力中心在柏林成立,旨在通过数字化转型开发和提供接近实际的解决方案,为从初创企业到中小企业直至大型康采恩提供广泛的研究和应用支持一条龙服务,也为柏林作为数字化领域领先所在地的定位树立了新的里程碑。"数字联网"能力中心将由柏林州和欧洲地区发展基金(EFRE)提供资助。

（执笔人：王金花　尹　军）

◎ 瑞　　士

　　2017 年，瑞士在科技和创新领域有许多亮点值得关注。2017 年是瑞士实施《2017—2020 年促进教育研究及创新计划》的开局之年，所确定的科技计划和调整科研体制的任务已陆续展开，进展顺利；瑞士科学家雅克·迪波什（Jacques Dubochet）获 2017 年度诺贝尔化学奖，时隔 15 年后瑞士再添一位"货真价实"的诺贝尔科学奖得主；瑞士发起的首次多国联合环南极科学考察航行顺利完成；瑞士与欧盟科研领域关系出现转圜，瑞士大学、科研机构及企业的科研人员在申请欧盟科研计划项目时，重新与欧盟成员国的合作伙伴享有同样权利。

一、继续保持高强度研发投入

　　瑞士具有世界上独有的经济、教育、科研与创新"四位一体"政府管理体制，联邦政府将教育科研与创新作为一个整体来安排经费预算。2017—2020 年的联邦政府预算中，计划总投入 257.39 亿瑞郎，与上一个 4 年（2013—2016 年）实际投入 238 亿瑞郎相比，增加近 22 亿瑞郎，年均增长率将保持在 2%，这在经济形势复杂多变和联邦政府财政紧缩的大背景下，实属不易。

　　瑞士研发投入占 GDP 的比例上升至 3.4%，处于 OECD 国家的最前列，居世界第 4 位（前三位是以色列、韩国、日本）。瑞士联邦统计局 2017 年 5 月公布最新统计结果，2015 年瑞士全社会研发投入总计 221 亿瑞郎，相比上一次统计（2012 年）结果增加 10.5%，创历史新高。瑞士研发投入在 2012—2015 年继续保持稳步增长，增速远高于 GDP 平均增速。统计结果显示，企业仍是研发活动的主体，投入占总量的 71%，大学则是基础研究的主要载体，其研发活动占研发总投入的 27%。

　　此次统计结果也反映出几个值得注意的趋势。瑞士大学的研发活动继续保持上升态势。2000—2015 年，瑞士大学的研发活动占全社会研发投入的比例从

23% 逐步上升至 27%，增速超过其他研发主体（企业、政府科研机构等）。瑞士企业更加重视对基础研究的投入，统计结果显示，2012—2015 年瑞士对基础研究的投入增长了 44%，其中主要贡献者是企业，在此期间企业对基础研究的投入呈现加速增长态势，至 2015 年已实现翻番。研发领域从业人员数量与研发投入基本实现同步增长，按照全时就业计算总数达到 81 451 人，实际增加 7.9%，其中直接从事研发的人员近 44 000 人，增加 22%。

二、《2017—2020 年促进教育研究及创新计划》进展顺利

瑞士联邦政府提出并经过联邦议会批准实施的 4 年为周期的《促进教育研究及创新计划》，是确定瑞士国家科技发展战略、发展目标和确定经费投入等重大问题的纲领性文件。《2017—2020 年促进教育研究及创新计划》已经进入实施阶段。未来 4 年，瑞士在教育科研创新领域的几大重点战略任务包括：优化科研后备人才培养和支持体系，重点是创造年轻科研人才尽早独立开展研究工作的环境；加强对科研基础设施的投入，建设具有国际领先水平的科研基础设施；加强科研成果转化，大力搭建科研和经济之间的桥梁，促进大学科研机构与企业合作；将能源领域研究开发作为重点，加大支持力度，助推能源转型目标的实现。未来 4 年，联邦政府对教育科研创新的经费投入每年将递增 2%，总额达 257.3 亿瑞郎。2017 年的重点工作是切好"蛋糕"，确定对国家层面的科研主体和科研促进机构的投入，同时明确各自承担的任务目标。

瑞士联邦理工大学联合体是瑞士最高层次的自然科学和工程科学领域教学科研高度结合的综合机构，联合体内的大学和科研机构有苏黎世联邦理工大学，洛桑联邦理工大学，保罗－谢尔研究所（PSI），联邦材料研究所（EMPA），联邦森林、雪及景观研究所（WSL），联邦水资源研究所（EAWAG），均具有世界顶尖水平，是瑞士科研"国家队"，技术创新和技术转移过程的主要源头，以及瑞士政府教育科研投入的主要对象，《2017—2020 年促进教育研究及创新计划》中，确定对其投入总额达到 104 亿瑞郎。瑞士联邦理工大学联合体委员会根据瑞士联邦政府的总体目标要求，提出在教学、科研和技术转移方面的目标任务，并提出具体实施措施和路线图，已上报联邦政府。

《2017—2020 年促进教育研究及创新计划》确定支持的竞争性科研项目和国家重大科研计划的经费为 41 亿瑞郎，这部分经费由联邦政府委托瑞士国家科研基金会管理，具体使用需要根据瑞士联邦政府所确定的重点任务和目标进行分解落实。41 亿瑞郎经费将主要用于 3 个方向：支持通过竞争性申报过程确定的科

学家自选科研项目，计划投入 21 亿瑞郎，占总经费的 50%，确保瑞士科研的全面发展和处于世界前沿地位；支持年轻科研人才专项，计划投入 7.55 亿瑞郎，优化科研后备人才的培养和支持体系，重点是创造年轻杰出科研人才尽早独立开展研究工作的环境，以及对女性人才的特别支持措施；继续实施国家层面的两大战略性科研计划，即瑞士国家研究重点计划（NFS）和瑞士国家科研计划（NFP）。瑞士国家研究重点计划是面向科学、经济和社会未来发展需要，重点支持大学和科研机构，通过科研基础设施建设，加强学科间横向交流与合作，支持科研领军人才和团队，形成代表国家最高水平的科研和创新中心，打造瑞士科研领域的"国家队"。瑞士国家科研计划是对关系瑞士社会经济发展全局的重要领域展开综合性的基础性研究并提出对策建议。

三、积极布局应对数字时代

瑞士联邦委员会发布《数字化瑞士战略》，提出充分利用数字化带来的机遇，确保瑞士维持世界最具吸引力的生活环境，确保瑞士作为面向未来的创新型经济体和教育科研创新资源集聚地的领先地位。瑞士联邦委员会在 2017 年 1 月发布了《瑞士数字经济框架条件》报告，该报告分析了瑞士发展数字经济的基础、优势及主要制约因素，确定了一批预研专题，为完善和制定适应数字经济发展的法律法规和政策措施提供决策参考。涉及的专题有：分享经济、多模式服务业（如公共交通与个人交通工具的有效集成）、数字经济条件与公平竞争、影响数字经济发展的法律法规因素、适应数字经济的教育科研和创新、数字经济与国际合作。

2017 年 7 月，瑞士联邦经济教育研究部牵头提出《瑞士教育科研领域数字化行动计划》，提出的目标任务主要有继续大力推进瑞士知识型社会建设，通过教育和科研领域最新数字化技术的应用加强科研和创新能力，依托数字网络提供广泛的教育（包括继续教育）内容和产品，推进文化事业数字化进程。

此外，政府还启动了瑞士国家重点科研计划大数据专项。该专项计划投入资金 2500 万瑞郎，执行期为 2017—2020 年。经过瑞士国家科研基金会组织专家评审，最终确定了 36 个项目。参与计划的主要是瑞士 15 所大学及联邦的科研机构。根据研究内容和目标，该专项可分为 3 个板块：大数据信息技术（大数据分析基础性研究、大数据基础设施构架、数据库和计算中心）；大数据相关社会及法律问题（大数据对社会经济发展的影响预测，如对贸易、商务模式、人员交通及物流的影响，个人隐私及空间的保护，以及相关的社会伦理和法律问题及对策等）；大数据应用（大数据在交通、健康、灾害及社会风险控制、能源转型领域应用基础性研究）。另外，瑞士联邦委员会已批准启动一个新的国家重点科研计划（"N 专项"——数字时代经济与社会的转型），已进入项目申报阶段。

2016 年曝出瑞士国防部与军工企业 RUAG 受到黑客攻击事件，随后瑞士召开首次信息安全大会，联邦政府提出《瑞士防范数字风险国家战略》，加强信息安全领域研究，为信息安全提供技术支撑。瑞士国防部所属国防装备科技中心与瑞士苏黎世联邦理工大学信息安全研究中心密切合作，已取得系列成果，联合开发的一种新型网络安全工具可快速监测网络恶意攻击行为。

四、加强和优化对中小企业创新的支持

2017 年 1 月 1 日，瑞士创新法（Innosuisse-Gesetz，SAFIG）生效，核心是将现有的瑞士技术创新委员会（KTI）改组为按照公法组建的瑞士技术创新促进机构（Innosuisse）。2006 年修改的瑞士宪法第 64 条将促进科研与技术创新列为联邦政府的任务，2008 年修订的瑞士科研法明确瑞士技术创新委员会承担瑞士联邦政府促进技术创新的职能。此次专门通过立法手段明确其国家技术创新促进机构的地位，目的是使其更好地担负促进技术创新的职能，形成瑞士创新促进机构与主要支持自然科学基础研究和人文社会科学研究的瑞士国家科研基金会双雄并列的局面，形成覆盖基础研究、应用研究和技术创新整个创新链的完整支撑体系。

瑞士政府通过技术创新委员会支持中小企业创新创业的手段主要有以下几种形式：研发项目，主要支持中小企业及应用技术大学开展的有明确应用背景的研发活动，目前涉及的领域主要是工程技术、交叉科学、生命科学、微纳米技术、新能源及节能技术等；科技创业（Start-up），具体的措施有为科技型初创企业提供专家辅导（CTI Start-up）、创业者导师（CTI Entrepreneurship），以及创业者与投资方互动的创业投资平台（CTI Invest）；科技成果转化平台（WTT），如已组建瑞士碳复合材料、创新型表面技术、生物技术、食品研究、木材综合利用技术、光电子和集成物流系统等创新网络平台；瑞士政府新能源研究计划，主要抓手是设立瑞士能源研究能力中心（SCCER），为中小企业参与能源转型提供技术平台和支撑。

改组后新设立的瑞士创新促进机构将继续瑞士创新委员会的任务和功能，但具有更大的灵活性和自主权，以便在创新领域竞争日益激烈的环境下给予中小企业切实的支持。但内部机构设置将有较大的扩充和调整，设立管理委员会、秘书处、创新专家委员会、监督处四大板块，实现顶层设计与实际操作分离，并具有独立的监督管理。

瑞士国家科研基金会和瑞士技术创新委员会联合实施的"桥"计划（Bridge）2017 年正式启动，这是瑞士两大科研和创新促进机构间的首次直接合

作，目的是促进基础研究、应用研究、技术创新和科研成果转化之间的衔接，搭建科研和经济之间的桥梁，支持大学科研机构与企业的合作，支持年轻科研人才创新创业。该计划首先推出的是两个类别的支持项目：一是概念验证（Proof of Concep），支持年轻科研人才依托自身的科研成果开发新产品、新型服务和各种实际应用，并提升和积累与经济界开展合作的能力和实际经验；二是发现（Discovery），支持有经验的科研人员释放创新潜能，加速具有社会经济应用前景的科研成果转化为现实的新产品、新技术和服务。

瑞士政府与欧洲空间局合作设立的空间技术企业孵化中心（ESA BIC）2017年正式开始运作，为瑞士空间技术相关领域的初创技术型企业提供经费和企业经营及技术开发方面的支持，重点是空间技术领域创新技术及在其他领域的创新型应用，首批获得资助的有 3 家高技术初创企业。空间技术企业孵化中心是瑞士政府和欧洲空间局开展的一项合作计划，目前暂定实施期为 5 年，每年支持 10 个项目，每个项目最高资助额 50 万瑞郎，设在瑞士苏黎世联邦理工大学的办事机构负责计划的具体实施。

五、继续着力打造基础研究和重点领域科研创新"国家队"

2017 年，瑞士联邦政府组织专家对瑞士政府主导的两个国家级科研计划——瑞士国家研究重点计划和瑞士国家科研计划进行了全面评估。

瑞士国家研究重点计划自 2001 年开始实施。所谓"国家研究重点"，是面向科学研究、经济和社会未来发展需要，有重点地持续支持大学和科研机构通过科研基础设施建设，加强学科间横向交流与合作，培育科研领军人才和团队，形成代表国家最高水平的科研和创新中心，并以其为核心构成具有国际水平的国际科研合作网络，是瑞士在科研领域打造的"国家队"。每个"国家研究重点"的建设时间最长为 12 年，前期经费由政府通过国家科研基金委员会提供，中期将进行阶段评估，根据结果确定后续经费支持，同时承担建设的大学和科研机构需要配套部分资金。该计划已于 2001 年、2005 年、2010 年、2014 年进行 4 轮，支持 36 个研究重点的建设，政府累计投入资金 23 亿瑞郎，形成了 101 位在各自领域具有世界一流水平的教授群体和 10 个研究中心，有效提升了在优势领域的科研能力，在科研基础设施和人才队伍建设上成效显著。在资金投入上，政府投入占 30%，承担国家研究重点建设的大学和科研机构投入占 15%，企业界合作伙伴投入占 42%，其他第三方资金投入占 13%，形成了政府、大学科研机构、企业合力推动基础性研究的良好局面。2017 年新一轮"国家研究重点"的申请和遴选工作已经开始启动。

瑞士国家科研计划由瑞士联邦政府推出，目的是对关系瑞士社会经济发展全局的重要专题展开综合性的基础性研究并提出对策建议。对每个科研专项的资助为 1000 万～ 2000 万瑞郎，执行期可长达 6 ～ 7 年。从 1982 年至今，瑞士国家科研计划已开展 75 个专项，其中有 64 个已经完成，还有 11 个正在执行。

为推动瑞士能源转型目标的实现，瑞士联邦政府自 2013 年起推出瑞士新能源协同研究行动计划，其中瑞士能源研究中心建设是其主要内容，瑞士联邦政府委托瑞士技术创新委员会具体组织和实施，已累计投入资金 1.18 亿瑞郎，初步建成 8 个能源研究中心：高能效建筑和社区、工业加工过程节能、未来电气基础设施、热能及电能储存、电能供应、新能源及社会转型、电动汽车、生物质作为未来能源。瑞士联邦政府经过评估后认为该计划成效明显，决定 2017—2020 年开展第二期建设，计划投入 1.19 亿瑞郎。第二期建设重点是继续完善相关的基础条件和设施，加强各个新能源研究中心间开展横向联合，增强承担跨领域研发任务的能力，为能源转型提供关键技术和综合性解决方案，成为新能源领域新技术验证和应用示范基地。

六、瑞士与欧盟科研创新合作关系出现重大转圜

欧盟科研计划是瑞士开展科研国际合作最重要的平台。2016 年，瑞士联邦政府曾发布报告，全面总结了瑞士参与欧盟第 7 科研框架计划的情况。瑞士大学、科研机构、企业共参与了 4269 个项目，其中 972 项由瑞士牵头，从欧盟获得科研经费总计相当于 24.82 亿瑞郎。欧盟科研框架计划成为可与瑞士国家科研基金会比肩的科研资助渠道，从其他国家吸引的高素质科研人才资源对瑞士则更加宝贵。

由于 2014 年 2 月瑞士举行"全民公投"，通过"限制欧盟国家向瑞士大规模移民"提案，欧盟委员会立即发表声明，指该公投与瑞士与欧盟签署的人员自由流动协议相悖，欧盟与瑞士当年签订的一揽子协议是不可分割的，由此殃及科研领域合作，而科研合作被认为是瑞士获利最大的领域。欧盟随后中断与瑞士就参与"地平线 2020"的谈判，作为过渡性安排，2016 年年底前提出的部分研究项目继续对瑞士开放，但瑞方需自行提供参与科研计划的经费。2017 年起瑞士以何种身份参与欧盟科研计划，将另行决定。瑞士联邦政府多次主动提议与欧盟就参与欧盟科研计划条件进行谈判，修订科研合作协议，但均被欧盟以各种理由婉拒。为打破僵局，瑞方主动妥协，2016 年 12 月瑞士联邦议会发表声明，依据瑞士联邦宪法有关条款，瑞士将继续遵守所有与欧盟签订的双边协议。与此同时，瑞士联邦委员会批准了瑞士与克罗地亚的人员自由流动备忘录，满足了欧盟方面提出的先决条件。欧盟方面宣布，2017 年起将接受瑞士作为正式合作伙伴国

参与欧盟科研计划"地平线2020"。瑞士根据欧盟科研计划经费分担规则，按照GDP份额向欧盟交纳相应比例的科研经费，瑞士大学科研机构和企业的科研人员在申请欧盟科研计划项目时，与欧盟成员国的合作伙伴享有同样的权利，特别是可担任科研项目发起人和牵头人，直接从欧盟获得科研经费支持。

（执笔人：张　快）

◎ 意 大 利

2017 年，意大利经济加速回暖，科技发展有序，陆续发布和启动了《国家工业 4.0 计划（2017—2020 年）》《国家能源战略 2017》等几个重点科技创新计划；重视对研究机构的绩效评估，发布了《研究机构评估指南》；力保基础研究和重点产业科研投入略有增长；积极参与国际合作。

一、启动实施意大利国家工业 4.0 计划，推动产业转型升级

为抓住工业革命历史机遇，推动国家产业结构调整和转型升级，意大利于 2017 年启动了"国家工业 4.0 计划（2017—2020 年）"（The Italian Industrial National Plan 4.0），聚焦投资、生产力和创新三大主题，确定了四大战略：一是创新投资，促进私营企业对工业 4.0 的研发投入，加强财政支持；二是提高研发能力和技术水平，推广教育和培训，支持对工业 4.0 的研究，建设数字化创新中心和工业 4.0 竞争力中心；三是加强基础设施建设，实施超宽带计划，在物联网开放标准和互操作性标准方面开展合作；四是加强政策支持，支持社会投资，推动企业国际化。

该计划的国家指导委员会由总理府，财政部，经济发展部，教育、大学和科研部，劳动与社会政策部，农业部，环境、领土及海洋部，以及各大区政府代表组成，各大高校和大学校长会议、各主要公共研发机构、国有金融机构，以及各类工业协会和工会参与管理活动。

二、发布《国家能源战略 2017》，建设更加清洁、安全的能源体系，提高国家竞争力

意大利经济发展部，环境、领土及海洋部牵头，根据近年来国内外能源发展

的新趋势、新特点，以及《巴黎协定》要求，制定了《国家能源战略 2017》，主要内容包含能源领域的现状、发展趋势分析、目标和优先行动、编制说明，以及对减少温室气体排放的贡献等。

战略的总体目标是：降低能源价格，提高国家竞争力，缩小与欧洲北部国家的天然气成本差距，缩小与欧盟平均水平的电价差距，保证能源友好型工业生产的竞争力，避免产业转移，保护就业；能源体系去碳化，根据《2030 能源和气候框架》及 "清洁能源包"（Clean Energy Package）规定的 2030 年目标，出台《能源和气候规划》，确定重点任务；提高能源体系及设施的安全、灵活性和适应性，整合可再生电能（包括分布式电能）等新的市场主体，推动电网和市场向灵活、弹性的智能化方向发展，加强对天然气的管理，推动天然气来源多样化。为实现上述目标，该战略还围绕可再生能源、效率、安全、去碳化、市场竞争力、科技与创新等方面确定了一系列优先发展任务。

三、研究制定《国家可持续发展战略》，明确发展目标和重点任务

2017 年 1 月，意大利环境、领土及海洋部发布了《联合国 17 个可持续发展目标：意大利的位置》报告，针对联合国《可持续发展 2030 议程》设定的 17 项可持续发展目标和 169 个具体目标，明确了意大利发展现状及差距。在此基础上，该部牵头制定了意大利《国家可持续发展战略》，从《可持续发展 2030 议程》的 "5P" 理念出发，分别在 "以人为中心（People）、全球环境安全（Planet）、经济持续繁荣（Prosperity）、社会公正和谐（Peace）和提升伙伴关系（Partnership）" 5 个方面提出了 13 个重点领域的 52 项国家战略目标。同时，确定了从 "常识、政策、规划、项目监督和评价，制度、参与和合作，交流、敏感性、教育，公共管理效率和公共财政资源管理" 5 个方面落实《可持续发展 2030 议程》及其目标，还提出了制定《国家可持续发展战略 2017—2030 年》实施和监督的具体细则或办法的基本原则。《国家可持续发展战略》将由议会审批后发布。

四、重视对研究机构的绩效评估，发布《研究机构评估指南》

为提高决策和管理水平，提升公共经费投入效率，意大利于 2011 年成立了国家大学与科研机构评估署（ANVUR），建立了新的科研评价制度 VQR。VQR 评估领域有 14 个，由 ANVUR 成立的各领域专家评估小组采用同行评议与文献

计量学相结合的办法独立开展评估工作。从实施效果上看，VQR 评估结果对科研体系的影响不断深化，高校和研究机构经费分配、机构人员招聘等对 VQR 的依赖显著增强。

2017 年，ANVUR 发布了《研究机构评估指南》，对评估活动的方式方法、质量控制等做出了规定。该指南将公共科研机构评估活动分为科学研究评估、机构评估和第三任务（科技与经济社会结合）3 类，并对每类评估活动提出了基本要求。ANVUR 虽然是教育大学科研部所属的独立机构，但法令规定，《研究机构评估指南》同样适用于其他部门管理的公共研究机构，如国家统计研究所、环境保护研究所等。

五、加大对基础研究和重点产业的研发支持力度

意大利教育、大学和科研部确定的"公共研究机构基本基金"（FOE）预算与前 2 年基本持平，约 17 亿欧元。其中，国家研究委员会（GNR）获得预算 5.63 亿欧元，航天局（ASI）获得预算 5.33 亿欧元，国家核物理研究所（ANFN）获得预算 2.6 亿欧元，国家天体物理研究所（INAF）获得预算 0.88 亿欧元。"高校基本基金"（FFO）预算也与前 2 年基本相当，为 69.8 亿欧元，其中包括 500 万欧元的"青年科研人员计划"专项经费。

新的"国家利益研究项目"（PRIN，主要用于支持基础研究）3 年经费预算是前 3 年计划的 4 倍，达到 4 亿欧元。这是近 20 年对基础研究投入最高的一次，其中 1.5 亿欧元来自部门预算，2.5 亿欧元来自国家技术研究所（IIT）的结余经费。该计划经费的增长，得到了科技界的广泛支持。

在高科技产业发展方面，"国家工业 4.0 计划"预计共投入约 130 亿欧元财政经费，其中 2017 年计划投入 53 亿欧元（其中 39.5 亿来自企业所得税抵扣）。教育、大学和科研部为《国家研究计划（2015—2020 年）》确定的航空航天、农产品、文化遗产、蓝色增长、绿色化学、设计创意与制造、能源、智能制造、可持续交通、卫生、智慧社区、生活环境技术 12 个重点发展产业提供了近 5 亿欧元科研经费，启动了一批研发项目。其中，航空航天、农业食品、智能制造、健康4 个领域分配较多经费，各有 6000 万欧元，其余 8 个领域各 3000 万欧元。

六、全面参与欧盟"地平线 2020"计划，积极推动 与欧盟国家的科技创新合作

意大利非常重视与欧盟战略和政策的协同，广泛参与了欧盟"地平线 2020"

计划各项工作，并与其他成员国开展了大量合作研发活动。总体看来，意大利在"地平线 2020"计划中得到了较大资助，截至 2017 年 10 月，共有 6033 名意大利科研人员从"地平线 2020"计划得到近 21.8 亿欧元经费，位列获得资助国家的第 5 名。但是，其申报成功率为 11.9%，低于欧盟平均水平。据意大利政府 2017 年 5 月发布的数据，意大利在"卓越科研""产业领导力""社会挑战"3 个主要领域得到的经费分别占该领域的 5.8%、9.8% 和 9.3%。表现较好的具体领域包括空间技术、风险融资、中小企业创新、食品、能源、交通、环境、包容性社会、安全，以及纳米技术、先进材料、生物技术和生产。

"卓越科研"领域获得经费较少，仅占该领域的 5.8%。其中，在欧洲研究理事会（ERC）项目、未来和新型技术（FET）项目、玛丽·居里计划（MSCA）项目和基础研究设施（INFRA）项目中获得经费分别占该项目的 4.4%、7.7%、6.4% 和 10%。

"产业领导力"领域获得经费占该领域的 9.8%。其中，获得空间技术项目经费的 13.9%，纳米技术、先进材料、生物技术和生产项目经费的 11.0%，风险融资项目经费的 12.7%，中小企业创新项目经费的 10.5%，信息与通信技术项目经费的 8.6%。

在"社会挑战"方面获得经费占该领域的 9.3%。其中，获得健康项目经费的 6.8%、食品项目经费的 10.4%、能源项目经费的 9.5%、交通项目经费的 10.6%、环境项目经费的 8.9%、包容性社会项目经费的 10.0%、安全项目经费的 10.3%。

除主动参与欧盟成员内部合作外，意大利还与众多非欧盟国家开展了双边科技创新合作，包括阿尔及利亚、阿根廷、澳大利亚、加拿大、中国、韩国、埃及、日本、印度、墨西哥、塞尔维亚、美国、南非和越南等。主要合作方式包括开展双边人员交流和开展合作研究。主要合作领域涉及能源和环境、生命和医学、农业、信息和通信、纳米和先进材料、空间、文化遗产保护等。

2017 年启动新一轮双边合作项目的国家（包括欧盟成员国）有：俄罗斯、阿根廷、以色列、智利、中国（国家自然科学基金委员会）、墨西哥、瑞典、南非、英国、美国、新加坡、印度等。其中，与中国国家自然科学基金委员会的合作项目重点方向包括新材料（二维材料和石墨烯）、环境（城市循环经济）、物理和天文（量子和暗物质）和健康（个性化诊疗、基因组学和慢性病）。

七、科技创新概况

（一）科技创新投入

据意大利统计局 2017 年 11 月 17 日发布的数据，2015 年全国研发（R&D）

支出为 221.6 亿欧元，占 GDP 的 1.34%。据临时数据显示，2016 年 R&D 经费支出为 216.1 亿欧元，较 2015 年减少 2.5%。2017 年与 2016 年相比，企业 R&D 支出减少 2.2%，公共财政 R&D 支出增加 3.8%，私营非营利机构 R&D 支出增加 0.8%。

25～64 岁科技人力资源人员总量从 2011 年的 866.1 万人增长至 2016 年的 929.9 万人，占总活动人口的比例从 34.6% 增加至 35.7%。2016 年 R&D 人员全时工作当量临时数据为 25.9 万人年，其中企业为 13.5 万人年，高校为 7.8 万人年。

（二）论文、专利和技术转移情况

1. 论文发表情况

据意大利国家大学与科研机构评估署 2017 年 2 月基于 Scopus 数据库统计结果发布的数据，2001—2016 年意大利共发表科技论文 124.8 万篇，年度发表论文数量占全球数量的比例不断提高，2015—2016 年发表论文数量占全世界的 3.9%，数学、计算机和信息系统、物理和空间科学、地球科学和医学领域具有较强优势。

2. 专利和国际技术交易

据欧盟知识产权局（EPO）2017 年 11 月发布的数据，2014—2016 年意大利申请欧盟专利数量持续上升。2016 年申请欧盟专利数量为 4166 件，较 2015 年增长 4.5%，每百万人申请量为 67.2 件。排在申请量前五名的行业分别是交通、货物运输、专业机械、医疗技术和土木工程。

据世界知识产权组织（WIPO）网站 2017 年 11 月数据，意大利 2015 年专利、商标和工业设计申请数量分别为 21 608 件、299 453 件和 55 017 件。2001 年以来，申请专利数占前十位的行业分别是货物运输、制药、专用机械、交通、土木工程、医疗技术、电子设备和能源、有机精细化工、家具和游戏、机械部件。申请国际专利（PCT 体系）的数量逐年上升，2015 年为 3072 件，国际排名第 11 位。

据经合组织（OECD）数据库 2017 年 11 月临时统计数据，意大利 2015 年国际技术交易收入为 132.4 亿美元，支出为 120.2 亿美元。国际技术交易总量与德、英差距较大。

（三）初创企业状况

据意大利经济发展部 2017 年发布的初创企业发展情况报告，截至 2016 年年底，意大利初创企业总数达 6745 家，较 2 年前增长 112%，但仅占全部企业总数的 0.42%。在某些领域，初创企业占比很高，如研发企业中 25.6% 为初创企业，软件行业中 8% 为初创企业。初创企业中，75% 从事服务业，18% 从事工业。

虽然数量有所增加，但初创企业效益处于较低水平，融资困难。超过 7 成的初创企业投资为"家庭和朋友"式，风投资本注资初创企业意愿较低。2016 年，初创企业获得的风投资金仅为 2.17 亿欧元。影响初创企业获得风投的主要原因是初创企业收益较少，平均年营业额约 5.2 万欧元，近一半的初创企业年营业额在 3 万欧元左右，营业额超过 50 万欧元的初创企业不到 300 家。但是，创新型初创企业投资增长率明显高于其他初创企业，特别是在无形资产（研发、商标、专利）方面。

（四）年轻人才外流加剧

意大利移民基金会发布的《2017 年全球意大利人报告》显示，截至 2016 年，约有 500 万意大利人离开本国，其中 18 ～ 34 岁年龄段移民占到 40%。意大利国家统计局发布的数据显示，仅 2015 年一年，就有 2.3 万受过高等教育的年轻人出国发展，这一数字相比上一年增加了 15%。在全球各地 24 岁以上的意大利移民中，有 31% 的人拥有大学学历，而在意大利本土拥有大学学历的人数仅占全部人口数量的 14.8%。虽然意大利人员向外流动现象已持续多年，但不断增长的数据再次引发社会的热议。有学者认为，造成人才外流的原因，一是政府对产业发展重视不够，特别是高技术产业发展乏力，优秀年轻科技人才难以找到适合的工作及待遇；二是国家就业政策造成年轻人就业困难，《劳动法》对已拥有正式合同员工的保护，使企业在裁减人员方面非常困难，严重影响了企业增加新员工的意愿，同时也弱化了国家对外资企业的吸引力，造成年轻人就业困难，更希望出国发展。

（执笔人：韩苍穹　曹建业）

◉ 奥 地 利

2017 年奥地利经济向好，科研投入增长，在欧盟国家创新能力比较中排名上升。奥地利政府重视企业在科技创新中的重要作用，给予政策扶持，鼓励企业增加科研投入；围绕汽车支柱产业，制定电动汽车发展目标，推出补贴政策，支持发展电动汽车；借力"一带一路"建设，吸引技术投资，推进技术出口。

一、经济稳定上升，科研投入持续增长

根据奥地利经济研究所报告，2016 年奥地利经济继续保持增长势头，全年增幅为 1.5%，为 2012 年来最高增幅。奥地利经济研究所对奥地利未来 5 年的经济发展做出预测，2017—2021 年奥地利年均增长率将为 1.5%，高于 2012—2015年的实际增长率，与欧元区平均增长率基本持平。

据奥地利研究技术报告（2017）统计，2017 年奥地利 R&D 经费投入预计达到 113.3 亿欧元，同比增长 3.8%，比 2016 年增加近 4.2 亿欧元，GDP 占比达到3.14%，提前完成并超过欧盟 2020 年 GDP 占比达到 3% 的目标。奥地利的目标是，2020 年实现 R&D 经费投入占 GDP 的 3.76%。

2017 年奥地利 R&D 经费投入中，企业投入占 48.2%，约为 54.6 亿欧元；公共经费投入占 36%，约为 40.8 亿欧元；外资投入占 15.4%，约为 17.4 亿欧元，其中包括来自欧盟计划的经费投入；私人非营利机构的经费投入约 5100 万欧元，占 0.4%。

2016 年奥地利专利与商标申请量创新高。奥地利专利局统计，2016 年奥地利在全球范围内共递交 1.5 万件专利和商标申请，远高于 2015 年的 11 576 件，接近 2000 年的 3 倍（5153 件）。奥地利政府补贴 80% 专利申报费，并实施"快速注册通道"，2 周内可完成注册手续。机械制造、电气、测量与控制技术、化工行业专利注册量分别为 1177 件、454 件、375 件和 359 件。AVL 李斯特公司

以 137 件专利注册量成为奥地利最具创新性企业，维也纳技术大学、奥地利技术研究院（AIT）跻身前 10 位。

根据世界知识产权组织（WIPO）发布的 2017 全球创新指数报告，在全球创新排名中，奥地利名列第 20 位。报告对奥地利的积极评价是，政治和监管环境稳定、法律确定性高、员工训练有素、研究支出相对较高，而在市场开发融资、大型集团公司创新方面则处于劣势。报告认为，全球创新指数前 25 个经济体中有 15 个位于欧洲，这显示欧洲在人力资源、研发、基础设施和公司发展方面处于世界领先水平。

二、在欧盟国家创新力比较中排名上升

根据奥地利研究促进署（FFG）统计，截至 2016 年 9 月，欧盟"地平线 2020"已支出 772 亿欧元总体预算的 1/4；奥地利获得资助经费 5.64 亿欧元，占比 2.9%，与以往欧盟框架计划相比，奥地利获得资助经费占比稳步提升（第 4 框架计划为 1.99%，第 5 框架计划为 2.38%，第 6 框架计划为 2.56%，第 7 框架计划为 2.63%）；在 10 460 个获得支持的项目中，奥地利有 948 个项目，占项目总数的 9.1%；参加的单位包括 2967 家高校、2981 家企业、1721 家高校以外的科研机构、178 家公共机构。

欧盟国家创新排行榜 2017（EU Innovation Scoreboard 2017）显示，奥地利从 2016 年的第 10 名上升至第 7 名，紧跟欧盟创新领导者国家（Innovation Leader）之后；前 6 名依次为瑞典、丹麦、芬兰、荷兰、英国和德国。

三、政府鼓励支持企业投入科研创新

奥地利政府针对企业的研发活动给予优惠政策。企业的科研支出可申请 12% 的退税，2018 年这一退税比例将提升至 14%，为企业节约了研发活动中的房租、人力、设备等运营成本。

奥地利创新能力的提升得益于中小企业的成长和进步。根据 2017 奥地利中小企业研究报告，在欧盟 28 国中，99% 以上的企业是中小企业，为就业人口提供了 2/3 的工作岗位，占欧盟内部市场销售额的 56%。奥地利 327 500 家企业雇员低于 250 人，占奥地利企业的 99.7%，提供 356.1 万个工作岗位，占奥地利就业人口的 2/3 多；销售额约 4560 亿欧元，约占奥地利企业总体销售额的 64%，超过欧盟国家平均水平，被视为奥地利经济的中坚力量。3 年来，奥地利中小企业数量增加了 17 000 家，新增加就业岗位 94 000 多个，销售额增加 160 亿欧元。奥地利绝大多数中小企业认为人才和创新是企业成功的重要因素，而创新的内涵

是数字化、新产品研发、新技术（软件、网络）、效率（快速的反应、降低成本、节能）、服务客户、人才（能力、再培训）、认清大趋势（对新生事物的开放态度）。

奥地利中小企业高度认同数字化，75% 的中小企业将创新等同于数字化，20% 的企业认为数字化将发挥一定作用。绝大多数中小企业认为数字化与创新息息相关，将数字化视为机遇而不是威胁，认为数字化将赢得新老客户，可以打开新的市场，降低成本，节约人力。奥地利经济服务公司（ aws）2017 年共投入 30 亿欧元支持中小企业创新创业。

四、政府加大力度支持发展电动汽车

机械制造、汽车工业、汽车零配件加工工业是奥地利实体经济中的支柱产业。发展电动汽车是全球共识。按照目前的增长速度，到 2020 年全球电动汽车保有量将达到 2000 万辆。据国际能源署（IEA）预计，如果遏制全球变暖的最高目标得以实现，到 2040 年电动汽车保有量将达到 1.5 亿辆。奥地利政府看好电动汽车未来发展趋势，支持电动汽车发展，制定了到 2020 年电动汽车保有量达到 20 万辆的目标。2016 年奥地利电动汽车新车注册 3826 辆，同比上升 128.2%；占新车注册总数的比例为 1.2%，上升幅度和占比均居欧盟第一。2016 年欧盟 28 国共注册电动汽车新车 6.33 万辆，其中注册量前 3 名的国家分别是法国（2.18 万辆）、德国（1.13 万辆）和英国（1.06 万辆）。为加快发展电动汽车，奥地利政府加大了对电动汽车发展的支持力度，从 2017 年 1 月 1 日起购买一辆电动汽车可获得 4000 欧元的补贴，购买一辆混合动力汽车可获得 1500 欧元的补贴。目前奥地利注册汽车总量为 480 万辆，电池驱动的汽车占比仅为 0.17%，但仍高于欧盟平均水平。欧盟每 10 万居民电动汽车平均拥有量为 37 辆，德国为 47 辆，奥地利为 94 辆。目前推广电动汽车的主要障碍是充电设施不够完善。奥地利专家认为，在驱动方面，电力将成为未来的标准技术。未来 20 年将是汽油、柴油、电动、燃料电池的混合过渡期，在过渡期的最后阶段电动汽车将占主导地位。目前电网建设仍是电动汽车发展的一大挑战，如果让电动汽车占汽车总量的比重达 1/5，奥地利还需额外兴建 2 个水力发电站。

五、借力"一带一路"吸引技术投资、扩大技术出口

奥地利与中东欧、东南欧地区经济技术联系密切，在连接中东欧、东南欧方面发挥着重要的枢纽作用，区位优势明显。据维也纳国际经济比较研究所（WIIW）

报告，2016年中东欧、东南欧国家在奥地利投资设立了约70家企业，约占当年奥地利吸引外资总企业数的1/5，匈牙利、斯洛文尼亚、斯洛伐克和俄罗斯等国对奥地利投资大幅增长。这些国家正是"一带一路"沿线国家。报告认为，虽然奥地利并不是"一带一路"沿线国家，但"一带一路"将至少带给奥地利1.28亿欧元的收益，为奥地利的GDP贡献0.03%的增长。"一带一路"目前在巴尔干地区已确定的投资项目总额达100亿欧元，而奥地利与该地区一直维持着良好的经济技术合作关系，"一带一路"将促进奥地利的经济技术出口增长，巴尔干地区收入的增加，将引发对奥地利技术产品的更大需求。报告称，为使奥地利持续从"一带一路"中受益，奥地利将继续深化与巴尔干地区的经济技术关系，扩大奥地利企业对该地区的投资。此外，"一带一路"还使得欧洲至中亚、东南亚的运输成本大大降低，奥地利可利用此机遇，扩大对亚洲的技术出口。

（执笔人：李　刚）

捷 克

2017 年，捷克总体政治经济形势较好，社会发展平稳。由于内需强劲和投资稳健增长，经济发展超过预期。2017 年预计捷克 GDP 增长 4.5%，将居欧盟国家前列。同时，政府继续实施"2016—2020 年国家研发创新政策"，推动科技创新，鼓励企业创新和科研成果产业化，并积极促进对外科技合作。

一、国家科技政策动向

1. 捷克科技创新政策进展

2017 年，捷克政府继续推动实施"2016—2020 年国家研发创新政策"，重点发展应用型研究。此外，捷克还将改进科研管理和经费资助体系，希望取得更多前沿科技成果，并鼓励企业广泛参与科研成果产业化。为了大力促进捷克的经济发展，政策确定的重点发展的应用研究领域包括生物技术、纳米技术、数字经济、自动化、航空和铁路交通，以及机械、电子、钢铁和能源等传统领域。此外，文化和创意产业也在重点领域中有所体现。

"2016—2020 年国家研发创新政策"还明确了捷克科技发展过程中亟须完善的 5 个方面工作：一是整合科研管理部门。捷克政府将整合现有科研管理部门，设立一个全新的政府部门——科学部，统一负责科研院所的科研经费管理，并对外负责开展政府间国际科技合作和科技外交工作。二是推动科研机构创新。主要包括改进科研机构评估体系，推动取得更多尖端科研成果并实现产业化；鼓励科研人员开展国际合作；对研究中心和大型科研基础设施的经费投入遵循公开透明的原则。三是加强公立机构与私营机构的合作。主要通过改进科研经费的评估和使用方式，促进科研人员与企业开展合作。捷克现有的部分研究机构将改造成应用研究中心，公立研究机构的科研设备也将对企业开放，用于开展研发工作。

四是鼓励企业创新。捷克目前主要是大型跨国公司注重研发投入，未来将通过国家创新基金等财政和服务激励的方式促进中小企业开展研发工作。五是明确战略发展方向。由于应用研究领域广泛，捷克政府将根据面临的挑战和发展的需要及时确定重点发展的相关领域。

2. 国家研发创新预算支出新提案

2017 年 5 月 10 日，捷克政府批准了"2018 年及 2019—2020 年中期展望中用于研发创新的国家预算支出框架"提案。该提案是编制科学和研究预算的准备工作，也是捷克金融稳定支持战略科技研发的一部分。根据该提案，捷克将会加强对应用研究的支持，并对 2020 年后欧盟结构经费的预期资金急剧下降进行准备。

3. M17 研究机构评估新方法

2017 年 2 月 7 日，捷克政府批准了由副总理别洛布拉代克与研发创新理事会（RWVI）合作提出的《研究机构和研发创新支持项目评估方法》（简称"M17"）。

新的评估体系将在未来 3 年逐步推出。将对研究机构进行定期的年度评估，同时也将进行全面的评估。从 2020 年起，将以 5 年为周期进行完整的评估。

新评价体系的基本原则为，根据三类不同研究机构的管理需求进行评价。三类研究机构分别为：高等教育机构、捷克科学院的研究机构和部属研究机构，以及工业研究机构。

新评估方法还将对各个研究机构的国际合作水平进行评估。采用新颖的方法对研究机构质量进行 5 个指标的评估：选定的成果质量、研究效率、研究的社会关联性、可行性，以及研究组织的模式战略和概念。

4. THETA 应用能源研究计划

2016 年 12 月 19 日，捷克批准了由捷克技术署提交的名为 THETA 的研究支持计划。这是捷克技术署第一个以部门为导向的计划，是经过与能源行业领域的主要代表进行深入的讨论、论证后提出的。计划总支出为 57.2 亿克朗，国家预算支出 40 亿克朗，重点支持项目有 3 类。

第一类是为了公众利益进行的研究。这类项目的目标是从公共行政方面改善能源部门的管理，并通过支持能源部门的研究和发展制定战略和政策文件，重点是支持公共利益项目的研发。该类计划主要是为了支持核电装置的可靠性和技术发展，以及能源管理和能源部门其他相关领域的研究和发展。

第二类是战略能源技术方面的研究。该类项目的目标是通过支持战略能源技术的研发和创新，实现能源部门转型和现代化的愿景。研发高潜力的能源技术和系统部件，使其快速应用于新产品、制造工艺和服务中。

第三类是长期技术观点类研究。该类项目旨在支持能源领域的长期技术观点的发展。

二、研发投入和产出

捷克 2015 年经济增长 4.1%，2016 年经济增长有所放缓，为 2.6%，2017 年因内需旺盛和投资活跃，预计 2017 年 GDP 增长 4.1%。

科研投入方面，捷克近年科研投入增长有所放缓。根据捷克统计局数据，2016 年捷克 R&D 投入共计 801.09 亿克朗，相比 2015 年的 886.63 亿克朗，下降 9.7%。从 R&D 投入经费来源看：来源于商业部门的经费为 482.17 亿克朗；在总投入中占比为 60.2%；来源于政府财政的经费为 285.35 亿克朗；来源于国外的经费为 26.67 亿克朗。

从支出来看，用于商业部门研发的经费 489.8 亿克朗，占总投入的 61%；政府机构 145.49 亿克朗，高等教育机构 163.82 亿克朗，私人非营利机构 1.97 亿克朗。

研发人员方面，捷克 2016 年研发人员全时当量为 6.58 万人年，较 2015 年的 6.64 万人年有所减少。其中，商业部门增加约 1 万人，而高等教育部门减少约 1.6 万人。

专利产出方面，2016 年捷克境内有效专利共 307 件，新专利 61 件，专利授权费用 33.56 亿克朗，较 2015 年均有所增长，但幅度有限。实用新型专利从 2015 年的 276 件下降至 2016 年 248 件；技术秘密则增长明显，从 2015 年 321 件增长至 510 件；外观设计专利从 2015 年 118 件增长至 2016 年 126 件。

三、国际科技创新合作新情况

1. 捷克向美国使馆派遣科技外交官

5 月 24 日，捷克政府主管科技创新研发的副总理别洛布拉代克在新闻发布会上介绍了即将派驻到美国的科技外交官莫拉韦茨。他将是捷克继 2015 年秋季派驻到以色列的莫克拉索娃之后的第 2 个科技外交官。作为派驻美国的新任科技外交官，莫拉韦茨的主要任务包括与美国相关研究机构建立更为密切的关系，如美国国家科学基金会、美国航天局和美国国立卫生研究院等。他也将参加美国举办的会议和专业论坛，支持捷克科学家和科研团队与美国开展合作。他还将成为组织两国科学界之间的桥梁，把两国的大学和研究机构与企业联系起来。未来他的重点工作领域包括国防和安全、节能、健康、空间研究、IT 和生物技术、先进材料、汽车工业等。

2. 捷克对以色列合作密切

在捷克驻以色列科技外交官莫克拉索娃的推动下，两年来，捷克和以色列之间组织和实施了超过 100 个人员交流项目，推动了多个领域的科研合作，尤其是在纳米技术、植物基因组学和技术转让领域。

她在以色列还成功推动了捷克科学院和以色列著名的魏茨曼科学研究所签署合作协议，以及利贝雷茨技术大学与本·古里安大学的合作。同时，捷克国际合作计划 INTER-EXCELLENCE 也将支持捷克的研究人员与以色列合作。

目前，捷克与以色列的合作双方在科研领域的合作主要集中在生物技术、纳米技术、控制论、机器人技术、汽车工业和植物基因组学等领域。

3. 捷克对中国合作

中捷两国开展科技合作的历史悠久，双方于 1952 年 5 月签订的科技合作协定是中华人民共和国对外签署的首个科技合作协定。2017 年首批联合支持的 8 个研发合作项目已经开始实施，与原有的人员交流项目相互配合，丰富了中捷务实科技合作的内涵。目前，中捷两国科技部门已举办 42 届联委会，支持了数百项科技交流项目，支持双边科技人员开展学术交流、科研合作、学者互访、培训等。两国还建立了高层次人才交流机制，每年选派捷克科技专家赴华参加短期的科技交流或长期的"外专千人计划""高端专家计划"等科研合作。

4. 对其他国家的合作情况

捷克作为欧盟的一员，与欧盟国家合作密切，在欧盟范围内一直有较为活跃的科研人员交流合作。而与欧盟外国家主要以 INTER-EXCELLENCE 计划等为载体，支持捷克科学家广泛参与到高质量的国际科研活动中。

该计划下项目平均持续时间为 3 年，用于支持捷克与中国、美国、以色列、印度、韩国、日本等在内的欧盟以外国家开展合作，每年支持经费 49.8 亿克朗。

（执笔人：张云帆　郭晓林）

◎ 塞尔维亚

2017 年，塞尔维亚政局稳定，经济形势向好，科技创新开始受到前所未有的重视。新一届政府努力降低国家财政赤字，增加就业，继续推动国有企业私有化，推进国家现代化、数字化。政府设立信息技术办公室，增加投入，在中小学开设计算机课程，将推动数字经济发展放在首位。科技创新改革任重道远。

一、科技投入产出现状及科技发展面临的挑战

近年来，塞尔维亚科研能力得到提升，占世界科学产出的 0.3%，全球排名第 48 位（SCImago Journal & Country Rank 2015）；贝尔格莱德大学在"上海名单"（世界大学学术排名，Academic Ranking of World Universities）上，排在世界第 300 名～第 400 名；塞尔维亚科学家在国际著名期刊上发表的论文数量有显著增加，物理学是其优势学科，特别是新材料和纳米材料研究。但科学家们对经济和科研成果的转化兴趣不高，科技成果转化率仅为 3.3%。科研活动的主要关注点仍是发表科研论文。

塞尔维亚科研活动主要集中在大学、研究所和其他公共部门，全社会研发投入占 GDP 的比例低于 1.0%。2017 年，政府投入研发经费为 1.35 亿欧元，与上年基本持平，科技主管部门收到来自全国 37 个城市的 237 份科技创新项目申请。

塞尔维亚科研经费来自国家资助占 59.5%，来自市场占 25.1%，企业投入研发经费仅占总经费的 7.5%。每千人中有 2.8 人从事研发工作，研发人员总数为 21 044 人，其中 14 643 人为研究人员，他们当中 8620 人具有博士学位；75% 的研究人员在高等教育机构，22% 在其他公共部门，中青年科研人员占相当比例。

塞尔维亚科技面临的挑战是巨大的。要解决人才流失问题，要创造多样性投入渠道，要为科学家提供各种发展机会，要协助科学家建立自己的事业并引导他们走出学术圈子，要专注于关键领域，要重塑科研系统。最大的挑战是如何鼓励

创新，使科技与经济和社会发展密切结合。

存在的主要挑战：从整体上讲，科学研究的重要性及其与国家经济和整个社会发展的相关性没有得到充分认识；科学研究没有得到足够的、系统性的经费支持；没有适当的金融工具，也没有制度框架将科研与产业和公共部门联系起来；科学和创新的管理制度不够有效，相关机构和不同利益相关者之间的工作协调不够；科研机构、产业部门和公共部门缺乏足够的人力资源，且并没有解决这个问题的长远措施；虽然存在支持国际科技合作的计划与项目，但塞尔维亚的科研没有完全融入欧盟研究区，参与国际合作项目的科学家人数不足；人们的生活越来越依赖科技，但目前在塞尔维亚只有少数人理解科研的作用和重要性。

二、推进科技创新发展战略的实施

在欧盟和世界银行指导下，2016 年 3 月塞尔维亚颁布和实施了《为创新而研究：2016—2020 年塞尔维亚共和国科学和技术发展战略》。原计划在 2017 年 3 月颁布细化该项战略的实施路线图，但至年底也未能出台。

该项战略的愿景是：在 5 年内将塞尔维亚的科研体系建立在竞争性体制基础上，开展卓越的科学研究，密切科技与国家经济和社会发展的关系，提高国家综合竞争力。

该项战略的使命是：在塞尔维亚建立一个融入欧洲研究区 (ERA) 的高效的国家科技创新体系。这个体系依赖于国内外的密切合作，将对国家经济增长、社会和文化进步、提高人民的生活水平和生活质量做出贡献。

该项战略的目标包括：提倡科学研究的卓越性和相关性；加强科研与经济和社会的联系，鼓励创新；建立科研与创新的有效管理体系；确保有足够的优秀人力资源；改进科研和创新领域的国际合作；增加公共资金对研究与开发的投入，鼓励企业投资研究与开发领域。计划到 2020 年，塞尔维亚全社会研发投入达到 GDP 的 1.5%，其中政府的财政投入占 GDP 的 0.6%（2010—2015 年在 0.36% ～ 0.46% 波动）。

实现该战略的措施包括：加强基础研究，对各个领域基础研究优秀团队给予资金支持，培养高素质的科研人员，加强国际科研合作并参与新技术的开发；开展有针对性的应用基础研究，以解决社会挑战和社会具体问题；侧重发展新技术和技能改进研究，与产业界的联合研究项目将在技术引进和技术开发领域开展；完善科研项目评价制度，引入新的科研成果分类，更准确地定义现有成果分类的价值，科学期刊的重新分类等；完善科研项目的资助方式，以确保稳定的资金支持和预算资金的有效使用，要求在项目的总资金中，至少 20% 用于资助研究项目的直接材料成本；将引入竞争机制，探索制定"项目—机构联合融资模式"；

设立研究促进基金，支持优秀青年科技人员和海归人员从事研发；加强科研基础设施建设，建立透明的机制，确保战略目标的实现，以及防止研究基础设施的进一步碎片化；将制定塞尔维亚共和国科学基础设施发展战略规划，使之成为西巴尔干地区大型共享科研基础设施平台；鼓励科研成果的应用；设立创新基金，进一步实施"塞尔维亚创新项目"计划；鼓励科研机构与私营部门联合创新；在大学和科研机构中设立技术转移办公室；鼓励用科研成果成立开发公司；建立公私伙伴关系；建立科技园区；建立研发集群和竞争力网络。

三、聚焦机制创新和新兴产业发展

塞尔维亚总理号召发展知识经济。塞经济部与世界银行合作，正在致力于制定到 2030 年的新产业发展政策，其中将重点定位在机制创新及配套措施上，将在塞尔维亚的制造业上采用工业 4.0 概念和智能化专业化标准。

在未来一段时间里，塞经济部将着重出台提高竞争力的措施，这将有助于提高国家的经济增长率。其中将包括 7 项重点措施：吸引战略投资、增加出口、加快促进创新创业、加快促进中小企业的发展、促进加工业的区域专业化、解决大债务人的问题和制定新的产业政策。2017 年 11 月 3 日，塞尔维亚总理布尔纳比奇宣布即将修订外汇法案，并着重指出此次外汇法修订将对塞尔维亚引进电子商务意义重大。

塞尔维亚还将建设本国乃至西巴尔干地区最大风电场"塞布克 I"(Cibuk I)。欧洲复兴开发银行和国际金融公司将为该风电场建设提供 2.15 亿欧元贷款。这是迄今为止塞尔维亚和西巴尔干地区最大的风力发电项目，装机容量达 158 兆瓦，将由通用电气公司提供 57 台风力发电机组。预计"塞布克 I"将于 2019 年上半年并网发电，可为 11.3 万个家庭提供用电，同时将每年减少二氧化碳排放量 37 万吨以上。塞尔维亚政府计划到 2020 年将国内可再生电力使用比例提高到 27%，降低国家对燃煤发电的依赖性，满足加入欧盟的条件。

四、加强国际科技创新合作

塞尔维亚科技创新发展的主要目标，就是建立一个融入欧盟研究区的高效国家科技创新体系。这个体系将依赖于国内外的密切科技创新合作，目前已经取得明显进展。

塞尔维亚国际科技创新合作主要体现在以下方面：与欧盟签署了加入欧盟"地平线 2020"科研计划的协议；作为 6 个发起国之一参与组建"中欧国家生命科学和纳米科技研究基地联盟"(Ceric-ERIC)；与意大利 Trasta AREA 科技园签

署合作协议；执行落实相关的国际合作项目，包括尤里卡科技合作项目、北约和平与安全科技应用计划、欧洲研究区域网络科研计划及双边科技合作协议框架下的科技合作计划等。毫无疑问，"地平线2020"是塞尔维亚最重视的国际合作计划。自2014年7月1日签约加入"地平线2020"后，塞尔维亚教科部每年都开展宣传和推介工作，定期公布申报指南，举办申报"地平线2020"项目培训班和研讨会等，旨在鼓励和呼吁本国科学家和中小企业利用这一计划，获取科研经费，促进创新，提高国家科技竞争水平，改善国家的经济情况。

塞尔维亚虽然与100多个国家签有科技创新合作协议，但目前仅与中国、德国、奥地利、匈牙利、葡萄牙、法国、斯洛文尼亚、克罗地亚、斯洛伐克、意大利、黑山和白俄罗斯12个国家有实质性的科技创新合作。

难能可贵的是，2016年6月习近平主席访塞期间双方签署的《中华人民共和国科学技术部与塞尔维亚共和国教育科学和技术发展部关于联合资助中塞科研合作项目的谅解备忘录》，2017年如期得到实施。按照该备忘录，中塞双方将各自拿出100万美元的科研经费资助5个合作研发项目。这将是塞尔维亚首次为国际科研合作项目资助研究经费。这表明了塞政府走科技创新道路和对外开放的决心，也表明了塞政府和人民对中国政府和人民的深厚友谊和信任。

（执笔人：陈一斌）

◎ 匈 牙 利

2017 年，匈牙利政局稳定，经济发展态势良好。同时，匈牙利在科研创新方面也取得了显著的成效，突出表现在科研投入继续增加；启动完成了对科技创新政策的评估，对政策进行了微调；完成了孵化器在全匈牙利境内的布局；继续完善科研基础设施建设，塞格德阿秒光脉冲源正式启用。但匈牙利的科技创新发展也面临着不少问题。

一、科技政策更加突出产学研结合

虽然 2017 年匈牙利政府没有推出新的科技创新政策，但是对原有政策进行了评估和微调，更加重视企业需求，要求科研必须与产业发展需求相结合，更加突出了企业的创新主体地位。

2016 年，来自欧洲研究与创新委员会的国际专家对匈牙利研究与创新体系进行了评估，结果反映出企业创新的积极性调动不充分等问题。2017 年 5 月，NRDI 组织了国内科技专家代表、企业界代表和技术转移部门代表成立了研发创新战略咨询委员会，对国家研发创新战略进行了再次评估，重点就研发创新战略政策是否适应国内社会经济环境变化、是否对国际创新环境变化做出正确反应、是否根据 2016 年评估结果进行调整、阶段任务是否完成等方面进行评价。2017 年的评估结果显示，现行政策更加注重以企业为核心，从产业需求出发，加强产学研的结合，不断提升企业的创新能力。

2017 年匈牙利在提升企业创新能力上，交出了不错的成绩单。GruRec 公司的软件项目、Femtonics 公司的可视化技术调查人脑和神经网络项目，以及 Aeroglass 公司为飞行员开发的智能眼镜项目被提名 2017 年欧盟创新雷达奖。另外，德勤根据 2013—2016 年平均销售收入的增长速度对中欧地区科技公司进行了排名，有 4 家匈牙利科技公司进入了中欧的前 50 强。它们分别是从事大数据处理、提供商业智能解决方案和生产智能工具的科技公司。

二、科研投入持续增加

根据匈牙利中央统计局公布的数据，2016 年 R&D 投入为 4272 亿福林，占 GDP 的 1.22%。中央预算 R&D 支出 1121 亿福林。企业支出占到总支出的 56.4%，10 年前该比例是 43%，但是与 2015 年中央财政 R&D 支出 1622 亿福林，占 GDP1.39% 相比有大幅下降。因此，数字一公布，立刻引起了 NRDI 的强烈反驳，指出统计的 R&D 4 个部分——企业支出、公共支出（中央预算支出）、非盈利支出和外国资金中，公共支出和外国资金都与事实不符，有重大遗漏。一是 NRDI 基金未列入公共支出中。实际上 2016 年 NRDI 基金规模大幅提升，从 2015 年的 530 亿福林提升至 2016 年的 830 亿福林。二是总额为 5190 亿福林的欧盟非退还基金已经从 2015 年陆续资助匈牙利研发项目，但是这个数字只能在以后几年的统计数据中显示出来。三是布达佩斯和佩斯县以外地区已经获得高达 3500 亿福林的预算支出，2270 亿福林已经支付到位，2720 亿福林已经签约，该数据未被统计。四是针对中部地区的研发创新专项，110 亿福林已经支付，其余 370 亿福林也将陆续推出，但未列入统计。考虑到上述因素，实际上匈牙利 2017 年全社会的研发投入是大幅提升的。

三、基础研究设施不断完善

在建设基础研究设施时，匈牙利一方面利用政府投入和创新融资等办法加快本国研究机构的研究基础设施建设；另一方面通过利用国际大型科学基础设施来解决本国研发需要，特别是加入欧洲的大型科学计划和研发设施项目。匈牙利 NRDI 基金 2017 年投入了 31.5 亿福林用于科学研究基础设施建设。在国家研究基础设施委员会操作下 2017 年先后加入了中欧研究基础设施联盟、欧洲同步辐射装置、欧洲生物信息技术设施、欧洲社会科学数据档案联盟 4 个国际组织。加入国际科学组织的步伐加快。

另外，匈极端光源基础设施——阿秒脉冲源设施（ELI-ALPS）已于 2017 年 6 月正式投入使用，向世界提供了激光科学的最新技术。该设施能产生高强度的激光脉冲，每秒脉冲数最多，脉冲持续时间最短，不仅为基础物理研究提供工具，还为生物、医学和物质科学研究提供服务。该设施是欧洲激光研究基础设施之一，与捷克和罗马尼亚建设的激光研究设施共同组成了欧洲研究基础设施联盟（ERIC）。

四、完成了境内孵化器的完整布局

从 2015 年开始，匈牙利开始在境内建设针对初创企业的孵化器体系。2015 年 12 月启动了"创新生态系统——EDIOP-2.1.5-15"计划，到 2016 年年底分别在米什科勒、德布勒森、塞格德、玖尔、佩奇等城市建成了 8 家孵化器。2017 年，NRDI 启动了"创新生态系统—— OKO-16"计划，在布达佩斯和佩斯中部建设了 3 家孵化器，完成了覆盖全国 11 家孵化器的建设。每家孵化器获得政府 5 亿～ 6 亿福林资助，同时得到了欧盟资助。

五、科技创新发展仍面临诸多挑战

尽管匈牙利科技创新发展良好，但是仍然面临严峻挑战。

1. 人才流失严重

匈牙利人口总量近年来一直在减少。特别是加入欧盟以后，大量中青年离开匈牙利到西欧发达国家工作生活。同时，匈牙利每千人出生率 9.2 人，死亡率 17 人，人口下降趋势难以扭转。据匈牙利中央统计局数据，匈牙利研究机构和人员数量连续几年下降。2016 年，有 2727 个研究机构，比上年减少 2.6%。实际从业人员下降 2.8%。每 100 名研究员的助理从 28 名下降到 24 名。2016 年约有 54 600 名研发人员，其中包括 38 900 名研究员和 9100 名助理。

2. 科研投入仍不足

虽然匈牙利经济逐步恢复，发展态势良好。但是，匈牙利的经济总量小，财政收入盘子小。同时，匈牙利没有本国企业进入世界 500 强，也没有世界知名企业。汽车行业基本都是德国等国外企业在匈投资的零部件生产厂。吉瑞、EGIS 等生物医药企业与世界同行相比规模也不大。因此，无论是政府还是企业对研发创新的投入都有限。

3. 思想观念不够开放

科技合作一般是不按行政级别的，但是 NRDI 居然有此思想。我国一些省份希望与他们签署联合资助 R&D 协议或者合作谅解备忘录时，他们以自己是中央部门、中方是省级部门而拒绝了。

另外，匈牙利语是世界上最难学的语言之一，因此限制了国际留学生和国际研究人员到匈牙利来学习和研究。匈牙利大学开设英语课程也是近几年的事。

4.中小企业劳动生产率低，整个社会的效率不高

匈牙利中小企业的人均劳动生产率低。据匈通社报道，V4 集团国家的整体经营生产力为人均 25 000 欧元左右，仅相当于西欧和北欧同等类别企业的人均劳动生产率 35% ~ 40%。而匈牙利又是 V4 集团国中最低的。中小企业的竞争力低，意味着创新能力不足。

匈牙利政府部门和提供公共服务的部门效率低。在世界银行"做生意方便度"和"启动商业容易度"排名中，在 190 个经济体中分别排第 48 位和第 79 位，而且呈下滑趋势。

（执笔人：雷红梅）

👁 罗马尼亚

一、2017 年国情概览

（一）政治局势

2017 年，罗马尼亚政坛形势复杂，左右翼严重对立、朝野纷争频发。新一届政府自 2017 年 1 月上台以来，原本意图有所作为，制定了多年来最具雄心的执政纲领，却因为推进司法与税法改革过于操切，引发在野党、民众、舆论的强烈反弹和内部分裂，被迫更换总理并 5 次改组。政局不稳已日益成为拖累政府施政和国家建设的"顽疾"。

（二）经济形势

得益于增值税率下调和提高工资等利好因素，在消费与投资驱动下，罗马尼亚经济保持了快速增长。据罗马尼亚国家统计局数据，2017 年前三季度，罗马尼亚 GDP 毛总值 5967.8 亿欧元（约合 1312 亿欧元），同比毛增长 7%，经季节和工作日因素调整后的实际增长为 6.9%，环比实际增幅 2.6%，均为欧盟首位。国际货币基金组织认为，罗马尼亚 1—9 月的 GDP 增速超过印度和中国，位列全球第一。

（三）外交状况

2017 年，罗马尼亚在安全上依靠北约、经济上依靠欧盟的对外整体方略没有改变，外交工作主要围绕申请加入申根区和经合组织（OECD），筹备接任 2019 年上半年的欧盟理事会轮值主席国展开。相对突出的变化是，罗美战略伙伴关系继续深入发展：罗马尼亚总统约翰尼斯 6 月访美时公开表态"罗是最为亲美的欧洲国家"，罗国防部斥资 39 亿美元购买"爱国者"导弹系统，并拟放弃在欧盟内部订货而购买美制军用直升机。部分国际关系分析人士认为，罗马尼亚已将对美关系置于其外交全局的最核心位置。

（四）创新能力排名

根据世界知识产权组织、康奈尔大学、英士国际商学院联合发布的《2017年全球创新指数报告》，罗马尼亚创新能力取得长足进步，其全球排名较上年再次跃升 6 个名次，排名世界第 42 位，在欧盟内部高于希腊，在中东欧 16 国中高于黑山、马其顿等 5 个国家，且排位在土耳其、俄罗斯、印度、巴西等 9 个 G20成员之上。但与此同时，罗在欧盟内部的创新评估中仍排名垫底，其综合创新指数（SII）低于欧盟平均水平的 50%，且罗马尼亚 SII 值与欧盟平均值之间的比率由 2010 年的 47.9% 进一步跌至 2016 年的 33.8%。

二、2017 年度科技创新发展大事记

（一）成立研究与创新部

2017 年 1 月，罗马尼亚政府新设研究与创新部。这是 1998 年以来，国家科技创新事务主管部门首次入阁。新成立的研究与创新部是中央公共管理单位，在科学研究、技术发展与创新领域的政府战略和计划执行中具有综合与协调作用，负责组织和领导国家科学研究、技术发展与创新体系，具备科学研究、技术发展与创新领域财政、人力资源政策的发起与执行权。新设研究与创新部在一定程度上反映出罗马尼亚新一届政府对科技创新工作的重视，表明科技创新在政府工作事项中的排名前移。

（二）修改完善国家研发创新战略

2017 年 2 月，罗马尼亚研究与创新部对 2014 年颁布的 "2014—2020 年国家研究、发展与创新战略" 进行了修改与补充，强调了科学研究、技术发展与创新在增强罗马尼亚经济竞争力中的战略作用，提升了该战略与 "欧盟 2020 战略"中的欧盟科技优先议题、"欧盟创新联盟" 和 "地平线 2020" 计划的纵向关联，以及与 "2017—2020 年政府执政纲领"、能源战略、核安全战略、区域精明专业化等国家战略的横向关联。

（三）成立首个创新实验室

2017 年 11 月，罗马尼亚首个创新实验室在加拉茨多瑙河下游大学成立。该实验室是在欧盟跨国项目 "区域间多瑙河"（Interreg Danube）支持下成立的，

旨在鼓励大学生从经济世界的实际问题出发，寻求相关解决方案，并提出经营理念。

三、2017 年出台的科技创新政策

罗马尼亚新一届政府于 2017 年 1 月上台后，出台了一揽子关于科技创新的新政。

（一）对科研予以可预见、实质性的财政支持

（1）实现拨付科研的（政府）预算年均增长率在 30% 左右，并保持用于支持应用研究与创新、基础研究与前沿研究的预算间的平衡。精明专业化领域[①]与有助于释放增长潜力的领域在预算支持中处于优先位置。

（2）提高科研资助框架体系的现代化水平。通过既"自上而下"发起，也"自下而上"申请的资助体系，以多年期计划为基础，确保对科研活动的财政支持，发展新技术，保障大学毕业生的稳定，减少罗马尼亚研究人员向海外流失。

（二）推进服务于社会与经济的科研

（1）扩大对所有研发创新单位中研发创新人员所得税的免除。

（2）通过在技术转移过程中创建专业化机构，支持旨在落实精明专业化战略的活动，建立相应实施体系，确保科研成果迅速有效转移，从而造福社会。在此意义上，将通过建立一系列在执行研发政策过程中具有决策权的专业委员会，重组研发创新咨询委员会、国家研究委员会、国家创新与企业家精神委员会。新的委员会将同时吸纳学术界和经济界（大型雇主）代表。

（3）加强对各领域研发创新单位评估标准、研究人员晋升标准等方面的政策指导，营造创新和技术转移环境。通过修正发展应用研究的法律，支持罗马尼亚经济增长。

（三）在欧洲层面和全球层面提升罗马尼亚科研卓越性

（1）支持大型研究项目，并通过该类项目建设良好的创新与发展生态环境，增强罗马尼亚科研平台对世界研究人员和投资者的吸引力。

该类大型研究项目包括：河流－海洋系统国际先进研究中心（International

---

① 根据欧盟区域发展政策理念，罗马尼亚于 2014 年出台了"精明专业化战略"，并将生物经济，信息通信技术、共建与安全，能源、环境与气候变化，生态纳米技术与先进材料设为四大专业化领域。该战略还确立了三大公共有限领域：健康、遗产和文化认同、新技术和新兴技术。

Centre for Advanced Studies on River–Sea Systems，DANUBIUS–RI）、欧盟大型科研基础设施"极端光 – 核物理分部"（Extreme Light Infrastructure–Nuclear Physics，ELI–NP）、先进激光技术集成中心（Center for Advanced Laser Technologies，CETAL）、第四代核反应堆（Fourth Generation Nuclear Reactors）、铅冷快堆（Lead Fast Reactor）等。

（2）支持成立一些"国家创新极"（National Competitiveness Poles），增进罗马尼亚大学、研究中心间的科学交流及其与外国对应机构间的科学交流。

（3）鼓励罗马尼亚研究团队参与"地平线 2020"计划项目竞争。同时，在双边层面深化科技领域的国际合作，特别是在"罗美战略伙伴关系"基础上加强与美国间的专业交流。

（四）加强创新与技术转移

（1）调整研发创新领域管理模式，发展创新型经济。

（2）发起一项支持罗发明与创新应用的计划，向实验模型应用及与企业签订发明或创新应用协议的合作方予以财政支持，并鼓励企业与研发创新机构建立合作关系，在科学园、工业园中开展技术转移。

（3）发展科研成果数据库，以利于向经济实体推介相关成果，促进技术转移。在科研项目资助评估中，将"是否拥有专利"列为优先指标。

（4）为研究实验室提供必要的设备购置资金。为实验设备产品许可及技术转移相关服务提供资金支持。

（5）支持一批对落实经济与社会发展长期战略具有支撑作用的项目。应相关主管部门的要求，支持一批保护国家遗产与文化的研究项目，支持一批应对非对称威胁与恐怖主义的研究项目。

（五）进一步放宽科研人员收入限制规定

罗马尼亚研究与创新部部长宣布将国家预算资助合同中的直接工资上限和所有研发创新领域工资类别的上限均上调至 50 欧元 / 小时，这一数值与西欧发达国家基本持平。

四、科技创新领域主要统计数据

根据罗国家统计局 2017 年 12 月发布的数据，2016 年罗研发投入合计 36.751 亿列伊（约合 9.188 亿美元），占 GDP 的 0.48%。其中，投入公共部门的费用占 GDP 的 0.21%，投入私营部门的费用占 GDP 的 0.27%；经常性支出 33.785 亿列伊，占比 91.9%；资本支出 2.966 亿列伊，占比 8.1%。经常性支出中，

59.1%为人员开支，9%为材料费，其他开支则占31.9%；资本支出中，60.7%为仪器设备购置费，12.2%用于土地与建筑，9.6%用于购置研发软件，17.5%为其他开支项。

从研发活动分类来看，用于应用研究的投入占总研发投入的54%，比2015年增长4个百分点；用于基础研究的投入占24.9%，比2015年下降5.1个百分点；用于实验开发的投入占21.1%，比2015年增长1.1个百分点。

从研发经费来源来看，私营部门资金占比最高，为47.6%；其次为公共资金，占39.6%；海外、高校、非营利私营机构等其他来源的资金合计占12.8%。

从执行部门来看，获取研发经费最多的单位为企业，其获取的资金占研发总投入的55.2%；其后依次为政府所属研发单位（国家级研发院所等），占33.3%，高校占11.3%，非营利机构占0.2%。获取公共研发资金最多的单位则主要是政府所属研发院所，占61.4%：企业和高校所获公共资金占比分别为17.0%和21.4%。

2016年全年，罗马尼亚从事研发活动的人员合计44 386人。其中，全职研发人员为32 232人，占72.6%；女性为20 350人，占45.8%；来自高校的18 965人，占42.7%；来自政府所属研发单位的13 116人，占29.5%；来自企业的11 963人，占27.0%；来自非营利机构的342人，占0.8%；具有大学本科以上学历者为37 643人，占84.8%；具有博士学历或博士后学历的人员为18 605人，占41.9%；研究员为27 801人，比2015年增加548人，占62.6%；技术员或类似人员为6332人，占14.3%。

（执笔人：万　聪　张　健）

⊚ 保加利亚

2017 年，保加利亚科技发展仍在谷底徘徊，没有明显回升：创新表现和科研能力仍处于欧盟中较落后的位置，没有明显进步的迹象；研发支出下降，政府投入和海外资金双双减少。尽管保加利亚政府再次推出了新的国家科研发展战略草案，提出要大幅增加研发支出，但能否做到这一点，能否按期实现战略目标仍有疑问，本国科技发展面临的困境和人才流失问题短期内难以有实质改观。

一、创新指标和科研能力居于欧盟较落后的位置

在全球多个涉及创新评价的权威排行榜上，保加利亚的创新指标居全球中上游，与往年相比保持稳定，部分指标略有进步，但在欧盟国家中仍属创新表现较落后的国家。

（1）据康奈尔大学、世界知识产权组织和欧洲工商管理学院联合发布的《2017 年全球创新指标》（The Global Innovation Index 2017）报告，在参评的 127 个经济体中，保加利亚总体创新指标排第 36 名，较前一年前进 2 位，保持了连年小步前进的态势。

（2）据世界经济论坛发布的《2017—2018 年全球竞争力报告》（The Global Competitiveness Report 2017—2018），在参评的 137 个经济体中，保加利亚总体竞争力指标排名第 49 位，较前一年前进 1 位，其中创新能力指标排第 73 名，较前一年后退 8 位。

（3）欧盟从 2007 年开始每年出版《创新联盟记分牌》报告，自 2016 年起改名为《欧洲创新记分牌》（European Innovation Scoreboard）报告，旨在对欧洲各国及世界主要经济体的研究和创新绩效进行评估和比较。记分牌报告根据欧盟 28 国的创新绩效划分为 4 档，即创新领先国、强力创新国、中等创新国和低度创新国。据 2017 年记分牌报告，最后一档低度创新国只有 2 个，就是保加利亚

和罗马尼亚，与前一年相比没有变化。

近年来，保加利亚一直维持着年均国际论文发表数量 3500 篇和被引用次数 2500 次的水平，与国际上整体不断前进的大趋势相比，居于不进则退的处境。在欧洲国家发表的引用率较高的前 10% 论文中，保加利亚所占比例从 2008 年的 6.5% 下降至 2015 年的 3.5%，从原先领先于罗马尼亚和塞尔维亚变成落后于它们。国际合著论文反映了本国学者的国际影响力，在这一方面，保加利亚从 2008 年的 160 篇增加到 2015 年的 180 篇，增长率仅为 12%，而同期罗马尼亚和塞尔维亚则分别增长 55% 和 81%，无论在增速上还是在绝对数量上均大大超过了保加利亚。

在欧盟第七框架计划上，欧盟人均获得经费 78.9 欧元，而保加利亚仅有 12.8 欧元，是欧盟平均水平的 1/6。从欧盟第七框架计划项目申请成功率来看，保加利亚为 15.4%，也低于欧盟平均水平的 20.4%。在欧盟"地平线 2020"计划上，保加利亚的表现更差，迄今人均获得经费仅为欧盟平均水平的 1/10，项目申请成功率为 5.6%，低于欧盟平均水平的 11.6%。

二、研发支出和研发强度双双下降

根据保加利亚政府 10 月底发布的最新统计数据，保加利亚 2016 年 GDP 为 941 亿列弗（约合 481 亿欧元），国内研发支出总额为 7.34 亿列弗（约合 3.75 亿欧元），相较上一年的 8.5 亿列弗下滑了 14%，研发强度达到 0.78%，不但低于欧盟 2% 的平均水平，也低于本国上一年的 0.95%。保加利亚公共部门的研发支出占 GDP 之比从 2007 年的 0.35% 降至目前 0.25% ~ 0.27% 的水平，远低于欧盟 0.72% 的平均水平，处于欧盟垫底的位置。2017 年实际研发支出情况目前尚没有统计数据，但根据之前的预算及目前各方面实际拨款情况来看，可以判定 2017 年与 2016 年基本保持一致，没有明显增幅。

政府、本土企业、海外资金（包括欧盟提供的研发经费和外资企业研发支出）作为三大主要资金来源，相对分量呈现不同的变化。企业研发支出虽然波动较大，但与之前几年基本持平；政府投入则连年下降，在研发支出总盘子中无论是相对份额还是绝对数额都在下降；最大的变化出现在海外资金上，改变了原本一直快速增长的势头，资金额较上一年降了 1/3。总体而言，保加利亚政府的研发支出一直保持低位乃至持续下降的趋势没有改变；企业支出企稳且有上升趋势，未来将扮演更加重要的角色；由于欧盟整体经济下滑，流入保加利亚的海外资金的绝对值首次出现大幅下滑，不过仍然是保加利亚研发支出资金最大的来源。

三、预计 2018 年政府研发支出有所增加，但难以从根本上改变科技发展困境

根据保加利亚议会最新通过的预算案，2018 年政府研发支出为 4.06 亿列弗（约合 2.1 亿欧元），比 2017 年增加 7200 万列弗。其中，保加利亚科学院 2018 年预算为 8307 万列弗，同比增加 480 万列弗；农业科学院 2018 年预算为 1700 万列弗，同比增加 390 万列弗；博士生奖学金总量增加 250 万列弗。保加利亚政府把欧盟拟拨付的"面向智慧增长的科学与教育计划"有关资金也算在自己的政府研发支出账上，这笔钱是新增预算的大头，主要用于建设或更新科研基础设施。

尽管 2018 年预期会比 2017 年好过一点，但是保加利亚科研机构的处境仍没有明显改观，人才流失的趋势难以逆转。

首先，增加后的预算仍不足以维持科研机构的正常运转。以科学院为例，自 2010 年预算削减近 40% 以后连年陷入预算严重不足的窘境，尽管 2018 年预算较之前有所增加，但仍低于 2009 年的 8400 万列弗。而科学院目前一年的运转成本为 1.13 亿列弗，政府预算只能用来支付工资，根本不够支付水电气费用，遑论其他。科学院只有通过申请项目（特别是欧盟项目）、争取捐助、出租房屋等方式勉强维持。

其次，根据保加利亚议会预算决议，2019 年和 2020 年政府研发支出预算将与 2018 年持平，不会增加，这意味着科研机构至少还要过 3 年紧日子，对于已经经历了 8 年经费严重不足的科研机构而言，除非能争取到欧盟资金，否则未来前景依然黯淡。

最后，科研机构人员收入过低的情况没有根本改观。保加利亚现在的最低工资标准为 460 列弗，而科学院、农业科学院博士生收入仅 450 列弗，自 2018 年 1 月起保加利亚最低工资将提升至 510 列弗，届时博士生收入尽管将增至 500 列弗，仍低于最低工资。目前保加利亚全国平均月收入水平为 1061 列弗，首都索非亚为 1369 列弗，而科学院和农业科学院的平均收入仅为 776 列弗，比全国平均收入水平低 26%，比首都平均收入水平低 43%。

2017 年 11 月 1 日，保加利亚科学院和农业科学院数百名科技人员上街抗议政府科研预算过低，科技人员收入过低，要求增加预算。抗议人员表示，科技人员的收入难以维持起码的生活需求，应至少提高至社会平均水平。抗议队伍在政府大楼和议会大厦前游行时打出标语"倾听！理解！觉醒！没有科学，保加利亚没有未来！"然而，11 月 30 日，科学院希望增加 1500 万列弗预算的提案再次被议会否决，议会预算委员会主席强硬地表示，科学家需要自己挣钱，不能指望全

靠政府。消息传出后，科学院当日再次爆发抗议，并于 12 月 4 日召开全院代表大会，要求保加利亚实权人物——总理博里索夫会见科学院代表，听取科学院增加预算的意见。不过，尽管科学院等单位近年来几乎年年抗议，但是保加利亚政府一直视而不见，没有把科技发展放在优先地位，只是鼓励科技人员自己想办法，尽量争取欧盟经费。这一次也不会有什么区别，总理博里索夫恐怕不会就预算问题专门会见科学院代表，科学院要求会见的举动更多只是一种表态，不大可能有什么实际效果。

四、出台了《国家科研发展战略 2017—2030》，但是实现的可能性不大

保加利亚国家科研发展战略最初的版本是从 2007 年起着手起草并于 2011 年批准生效的《国家科研发展战略 2012—2020》。后于 2016 年 6 月经修订提出 2025 年的战略目标，但随着国内政治局势的变化，原政府内阁集体辞职，议会面临解散，这一修订版尚未得到议会最终批准即被搁置。

2017 年 1 月，看守政府上台后，教育科学部新领导班子组织科研单位和政府部门的人员，全面修改了原有战略，并于 2017 年 3 月底发布了《国家科研发展战略 2017—2030》，设立了 3 个阶段的战略目标：①恢复阶段（2017—2022年），恢复国家科研体系的正常功能，研发强度达到 2.4%，提升科研论文发表数量和国际名次，达到欧洲创新积分牌报告中的第 3 档次"中度创新国"水平；②加速发展阶段（2023—2026 年），研发强度达到 3%，在部分关键指标上达到欧洲平均水平；③国际水平阶段（2027—2030 年），研发强度达到 3.3%，科研成果和科研能力达到国际水平，科技创新能力在关键指标上达到欧洲创新积分牌报告中的第 2 档次"强力创新国"水平。

这一新版国家科研发展战略是在不到 3 个月的时间里仓促出台的，主要原因是欧盟给出最后期限要求保加利亚政府提交该文件，否则将停止拨付有关欧盟资金。至于该战略能否在未来起到实际的指导作用，恐怕要打个大大的问号。2017年 5 月保加利亚新政府上台后，没有表现出科技界所期望的对科技发展战略地位的重视。保加利亚国家科研发展战略主要指望的仍然是增长前景不明的欧盟资金。尽管现在距离战略中规划的第一阶段截止期 2022 年尚早，但是考虑到保加利亚政府未来几年内将不会持续增加政府研发支出，以及欧盟经济前景暂无回暖的迹象，欧盟难以给保加利亚额外新增资金，可以基本判断保加利亚不大可能实现到 2022 年研发强度提高到 2.4% 的目标。

五、科研发展面临的问题

保加利亚科研面临的首要问题是经费严重缺乏，其研发强度长年保持较低水平，特别是 2010 年政府研发支出大幅下降后一直没有恢复到原有水平，对科技机构造成了长期的且难以逆转的损害。公共部门的研发支出占 GDP 之比连续多年远低于欧盟平均水平，处于欧盟垫底的位置。

研发支出缺乏同时造成科研项目资金不足和科研机构运行资金不足等问题。科研项目资金不足造成科研质量的下降，以及人员培训水平与科研技能的下降。科研机构运行资金主要用于人员的基本薪水和机构的基本运转，其资金处于勉强维持的困境。科研机构人员收入过低，人员流失严重。

其他主要问题还包括：缺乏持续有效的国家科技政策，政府缺乏解决问题的政治意愿和共识，社会缺乏对科技作用的认识，对科研不重视，对科研人员不重视，对科技体制改革不重视；2008—2012 年，保加利亚国家科学基金会因为严重违规及科研经费分配低效不公等问题，导致其公信力大为丧失，长时间未能正常履行职能；企业开展研发的动力不足，高科技产业发展程度不高，国家也缺乏激励企业研发的法律法规；生育率下降导致人口数量下降，同时年轻科研人员流失严重，大量前往海外或者进入企业界；缺乏对科研机构的有效评估，同时也缺乏统一的科研人员晋升标准和激励机制；地区发展不平衡，科研力量和科研经费集中于首都地区，其他地区与之相比差距过大；科研基础设施普遍老旧，亟须改造和进行现代化升级；与欧盟其他国家相比，未能充分争取和利用欧盟的资金，参与欧盟计划程度不足；学校在科学教育方面的传统、经验及国内国际科技交流活动逐渐弱化。

六、科研发展所具有的优势

尽管存在经费不足等问题，保加利亚科研人员仍保持着较高的研究水准，在多个传统优势领域仍具有世界一流水平。在国际论文方面，保加利亚表现出色的领域包括：化学的交叉学科、电气与电子工程、应用物理、应用数学、物理化学、高能物理、天文学与天文物理、材料科学、光学、物理学的交叉学科、生物技术与应用微生物学、生物化学与分子生物学、环境科学、动物学、核物理学等。此外，医学院等机构拥有国际水平的科研团队，农业科学院及部分高校在农学领域具有较高造诣，保加利亚在部分社会科学领域具有较强实力，特别是在巴尔干、东欧、中东历史、文化、艺术方面的研究名列前茅。

过去 10 年，在欧盟的框架计划和"保加利亚经济竞争力"计划的支持下，保加利亚购买了现代科研设备，对部分科研设施进行了升级改造，主要涉及多个学科的信息化基础设施，以及物理学、材料科学、医学、农业生物学、社会人文科学等领域的基础设施。

保加利亚由于具备较好的科研和教育传统，拥有大量受过良好教育的劳动力，以及低税收、低运营成本等优势，其软件行业连续数年保持了良好的增长势头，2016年同比增长达16.9%，是同期本国 GDP 增速的5倍，行业收入约10亿欧元。软件行业是保加利亚就业人员素质和平均工资水平最高的行业，该行业平均工资是全国平均工资的4倍，85%的就业人员年龄在35岁以下。目前，软件行业是保加利亚最具投资吸引力和创新能力的领域，保加利亚已成为欧洲主要的软件外包产业目的地之一。

未来数年，保加利亚科学院、农业科学院等公立科研机构总体经费不足、科研人员收入普遍过低、年轻人才流失严重、整体科技能力难以提高的情况不会有根本性的好转。与此同时，部分水平很高并能持续获得欧盟资金支持的，或者与市场衔接较好、能开发市场需要的应用技术的科研单位或科研团队能获得较好的发展。从科技体系总体发展来看，在政府预算始终严重不足的背景下，保加利亚不太可能继续维持小而全式的科技发展模式，而将不得不收缩并集中力量在部分领域上发展出特色和比较优势，在欧盟科技发展的整体框架下承担好力所能及的角色。

（执笔人：罗　青）

◎ 希　　腊

2017 年，希腊宏观经济企稳向好，复苏势头明显。5 月 2 日，希腊政府与债权人就救助计划进行的第二轮评估达成协议，第三轮评估进展顺利，为希腊于 2018 年如期退出救助计划扫清了障碍。7 月 25 日，希腊政府发行五年期国债，市场反应积极，融得 65 亿欧元，超出政府预期，再次证明其经济正在复苏。年末，希腊初级盈余占国内生产总值的百分比超出 2.1%，高于预算目标 1.75%，相当于多出 5 亿欧元。希腊国内生产总值全年增速约 1.7%，失业率降至 21%，为 2009 年以来最低。

一、看重人力资本优势，阻止人才外流，吸引人才回国，鼓励创新创业

2016 年，希腊政府通过立法和政策改革，解决了历史遗留问题，完善了科技创新管理体系。2017 年，随着希腊宏观经济的好转，政府将重点放在阻止人力资本外流、吸引人才回流这一当务之急上。

1. 国家举措

根据希腊 ICAP 集团的研究，希腊人力资本外流的主要原因之一是经济危机和希腊的不确定性。不但不打算回国的人的百分比增长到 43%，打算回国的人也对工资提出了更高要求。

2 月底，希腊总理齐普拉斯提出了《国家增长战略》，设想利用希腊经济的所有比较优势，改变希腊的生产模式，促进增长和就业。其中包括利用希腊的人力资本优势，开展创业和创新。8 月底，齐普拉斯提出了《2017—2019 国家行政改革战略》，其中一步是将希腊建成为世界上首批实现企业创办程序完全数字

化的国家之一，在 2020 年前将所有与国家的交易电子化。为此，希腊公共行政部将在 2018 年中期举行一系列笔试，吸引科学家入职公共部门。政府还计划拿出额外奖励，吸引出国的科学家回国。

6 月初，希腊总统向 5 位在国外取得优异成绩的希腊籍 / 裔科学家颁发了 Bodossaki 科学奖，以表彰他们在科学、生命科学、应用科学和社会科学领域做出的卓越贡献。

2. 希腊研究与创新基金会开始发挥作用

2016 年科技创新立法的主要成果之一，是成立了希腊研究与创新基金会。基金会于 2017 年开始正式运作。

基金会 2017 年分别面向博士后研究人员和大学教职员 / 研究中心研究人员进行了两次项目征集行动：博士后研究人员研究项目，总额 900 万欧元，收到申请 1669 份，其中 10% 是目前在国外工作但希望回国的希腊博士后研究人员提交的；大学、技术教育学院和研究中心教学研究人员研究项目，总预算 5300 万欧元，其中 2000 万欧元可用于采购战略研究设备。这些行动有望成为吸引青年科学家的磁石。

3. "弓箭手"计划

为了解决年轻科学家的失业问题，希腊研究与创新基金会与私人基金会合作，启动了为期 3 年的"弓箭手"计划。计划资金总额 330 万欧元，面向青年博士后研究人员提供 72 项年度奖学金，并在 3 年内为新博士生提供 72 项相应的年度奖学金。计划的优先领域包括文化遗产的研究与保护、能源和健康，以及不断增长的环境社会挑战。

4. 向创新和研发企业提供减税优惠

为了支持创新企业，政府于今年通过了一项部长级联合决定：为用于研究设备和科学仪器的支出提供税收减免。根据这项决定，用于研究的设备摊销有关支出时，将从企业总收入中多扣除 30%。此外，该决定还扩大了对这些支持进行定性的标准，同时为创新型企业引入更为明确和有力的措施，包括为建筑物和经营支出增加分摊。

二、稳步增加研发投入见成效

在危机中，希腊坚持稳步增加研发投入，初见成效。

（一）研发投入

根据希腊国家文献中心的官方初步数据，希腊 2016 年研究与开发支出占国内生产总值的 0.99%，再创历史新高。具体来说，研发支出从 2011 年的 13.9 亿欧元、2015 年的 16.4 亿欧元增加至 2016 年的 17.33 亿欧元。研发强度则从 2011 年的 0.67%、2015 年的 0.96% 到 2016 年的 0.99%，接近 1%。

企业部门一跃成为贡献最大的部门，支出 7.229 亿欧元，比 2015 年增长了 28.7%，占国内生产总值的 0.41%。高教和继续教育部门退居第二，其研发支出为 5.666 亿欧元，下降了 12%，占国内生产总值的 0.32%。国有部门支出 4.289 亿欧元，下降了 10.5%，占国内生产总值的 0.25%。私营非营利机构的贡献最低，为 1480 万欧元，下降了 22.6%，仅占国内生产总值的 0.01%。

公共资金仍然是研发经费的最大来源。2016 年国家供资额为 7.371 亿欧元，占总额的 42.5%，比 2015 年减少了 18.5%。公共资金支持所有领域的研发活动，是高教和公共部门的主要资金来源。第二个主要资金来源是商业部门，资助了 6.910 亿欧元，占 39.9%，同比增长了 29.2%。其中 6.337 亿欧元投资于商业研发，其余部分投在高教和继续教育领域 4120 万欧元、国有部门 1400 万欧元和私营非营利机构 220 万欧元。欧盟是第三个资金来源，计 2.076 亿欧元，占 21.4%，表明了希腊科研机构的高竞争力。

希腊研发支出的稳步增加巩固了其在欧盟的相对地位。2016 年，希腊在欧盟 28 国中研发支出排名第 16 位，研发强度排名第 20 位。

2016 年，希腊研发总人数为 41 170.0 全职工作人员当量，其中研究人员为 29 028.2 全职工作人员当量。

（二）绩效

1. 欧盟

《欧洲创新记分牌 2017》指出，希腊是一个中等创新国。希腊创新体系的相对优势是创新者、有吸引力的研究体系和人力资源，在创新友好环境、智力资产和金融与支持等方面相对薄弱。结构差异表现在农业和矿业就业比例大，制造业、中高技术制造业及公共事业和建筑业就业比例小；微小企业营业额份额大，大企业营业额份额小；外国企业份额小；顶级研发企业少；企业平均研发支出少；人均国内生产总值低；国内生产总值和人口增长率既低且负；人口密度低；等等。

《2017 年欧盟数字经济与社会指数》显示，由于希腊普及快速宽带连接进展缓慢，数字技能相对较弱，数字技术与企业业务整合进程缓慢等原因，希腊的数字经济和社会业绩在欧盟 28 国中排在倒数第三。

2. 竞争力

在世界经济论坛发布的《2017—2018 年全球竞争力报告》中，希腊的竞争力在 137 个经济体中排名第 87 位，得分为 4.02，略好于去年的 4.00。该报告指出，希腊在基础设施、保健和初等教育、高等教育和技术准备方面成绩最好。希腊商业活动的最大障碍是高税率、无效的国家官僚机构、税收制度、政治和政府不稳定、信贷难和腐败。

国际管理发展学院编制的 2017 年世界竞争力排名中，希腊在 63 个经济体中排名第 57 位，比去年再跌 1 位。

三、积极参与国际科技合作，撬动国外资源，服务国家战略

2017 年，希腊积极拓展和巩固与大国和创新国家的合作，参与多边科研计划，既服务了国家战略，又较好地撬动了国内外资源。

2017 年 1 月 19 日，根据希腊与以色列于 2006 年签署的双边产业研发合作协定，双方发布通告，征集联合研发项目，领域包括农业食品、生命科学与制药、能源和环境 4 个领域。希方预留 450 万欧元，每个项目的资金不能超过 40 万欧元。以方指定了 500 万欧元的预算。5 月，希以双方发布通告，在信息通信技术、材料—建筑、运输—物流及跨这些主题的跨学科研究领域，围绕双方共同感兴趣的研发优先主题征集联合研发项目。

2017 年 11 月 10 日，希腊研究与创新常务副部长签署了欧洲高性能计算宣言，使希腊成为第 12 个签署该宣言的国家，为建立下一代计算和数据基础设施而努力。

此外，希腊还牵头了欧盟未来新兴技术创新发射台首批项目。　欧盟未来新兴技术创新发射台旨在通过支持未来新兴技术资助项目尚未开发的创新机会，促进未来新兴技术研究带来的经济增长。希腊研究与技术基金会将牵头协调首批 16 个项目中的 ENTIMENT。该项目将评估、部署和商业化一种新颖的时间认知工具箱，它会促进时间感知机器人的发展，使之能够与人类进行长时间的共生互动。

（执笔人：田　中）

◉ 俄 罗 斯

2017 年，俄罗斯科技可谓有喜有忧。一方面，俄罗斯政府励精图治、锐意改革，科学家凭借雄厚的科研基础、秉承优良的科研传统，在很多领域取得了突破性的进展，科技与创新发展取得一定成效，在人才方面采取了一系列措施吸引和支持科研人才特别是青年科学家，初步扭转了数十年来科技人才持续外流和老龄化的势头。另一方面，科技创新需求不足、科研人员老龄化严重等问题依然严峻，大量科研项目由于经费不足进展缓慢甚至中途夭折，影响了俄罗斯科技的发展。

一、科技创新领域战略计划持续问世

（一）颁布《俄罗斯联邦 2017—2030 年信息社会发展战略》

2017 年 5 月，俄罗斯总统批准了《俄罗斯联邦 2017—2030 年信息社会发展战略》。该战略提出，联邦权力机构间的电子通信必须使用本国加密设备，要用国产设备替换进口设备、程序和集成电路芯片。

该战略还提出，有必要建立国家电子图书馆和其他囊括俄罗斯联邦历史、科技、文化遗产等的国家信息系统。此外，要为俄罗斯文化和科技在国外的推广创造条件，其中包括打击歪曲捏造历史的行为。

该战略还提出要完善机制，依法规范大众传媒活动，保障供俄罗斯公民、企业、国家机构广泛使用的全系统应用程序、电信设备、用户终端，包括基于大数据和采用云技术的设备。为有效管理通信网络，需要"建立集中式的俄罗斯联邦电信网络监控系统"。俄罗斯联邦政府须在 2017 年 10 月 1 日前批准其指标清单和实施计划。

（二）推出《俄罗斯联邦科技发展战略实施计划》

2017—2019 年是《俄罗斯联邦科学技术发展战略》实施的第一阶段。2017

年 7 月，梅德韦杰夫总理批准了《俄罗斯联邦科技发展战略实施计划》。该计划围绕《俄罗斯联邦科学技术发展战略》制定了详细的措施，内容包括：构建现代化的科技创新高效管理体系，以提高研发活动的投资吸引力、投资效果、成果产出率和外部需求；在科技创新领域形成有效的沟通机制，以保障经济社会对创新的高度敏感性和为高科技产业发展创造条件；为研究开发活动创造条件，使其既能适应现代科研和科技创新活动的组织原则，又符合俄罗斯和全球的最佳实践；为优秀青年人才的发现及其在科技创新领域事业有成提供机会，从而支撑国家智力潜能的发展；推动国际科技合作和国际研究及技术发展一体化新模式的形成，捍卫俄罗斯科技界在科学国际化背景下的同一性并保障国家利益，通过互利合作提高俄罗斯科学效能。

（三）改革《联邦研发专项计划》

《俄罗斯科技发展战略》于 2016 年 12 月被批准后，俄罗斯联邦教育科学部随即对面向支持应用研究的《2014—2020 年俄罗斯联邦科技发展重点领域研究开发专项计划》（下称《联邦研发专项计划》）进行了改革。改革的主导理念在于支持科技与经济的有效沟通，为科技研发跨越"死亡之谷"助一臂之力。

修改后，《联邦研发专项计划》指出，资源将集中于科技发展重点领域的跨行业预测，计划项目的评审环节将采取开放式竞标，对评审结果的裁决将不再由教育科学部给出，而是由科技界和企业界通过社会专业机构网络进行，从而使何种预测结果更能满足需求及其质量高低等问题都变得公开透明。

在计划执行部分第 1.1～1.4 项措施中，主要的变动是"科学技术"已从"局部"转变为发展的"核心"。第 1.2 项措施任务主要包括吸引科研机构参与俄罗斯经济现代化进程。这方面的工作将分 2 个阶段来部署。第一阶段工作业已启动，教育科学部将从快速成长的大中型高科技公司中挑选出潜在的产业合作伙伴。教育科学部希望能在择定的合作伙伴中发现对研究成果使用具有迫切需求的企业。第二阶段教育科学部将会同产业合作伙伴开展联合竞标，以评选出能提供研究课题最佳解决方案的科研机构。与此同时，对科研机构（项目）建议书的评审方式也将相应改变。

《联邦研发专项计划》还将采取措施，研制出满足《俄罗斯科技发展战略》规定的重点技术，进而开发出面向国家技术倡议推进计划划定的新兴市场且前景看好的产品和服务。

二、科研机构重组成效显著

自 2013 年俄罗斯科学院改革启动以来，在联邦科研机构管理署主导下，俄罗斯科学院下属科研机构网络重组工作全面铺开。4年来,依托科学院研究所组建综合性研究中心,涉及78个重组项目,共有347个科研机构参与。2015年完成了6个试点整合项目,2016年完成了27个项目。截至2017年10月1日,其中的46个重组项目(涉及198个科研机构)已经完成。

2017年的重组主要集中在生物技术、农工综合体研究、医药和跨学科研究等领域。整合后的科研机构遍及全国各地,但研究中心的主体仍将分布在中央联邦区。与《俄罗斯联邦2035年前科学技术发展战略》所规定的重点领域相适应是科研机构重组的原则。

预计2017年年底前,会有58个新组建的具有竞争力的现代化科学中心将完成机构改革,其中包括10个跨学科中心、43个农工综合体和生物技术中心,以及5个覆盖俄罗斯全境的医疗中心。

三、多措并举支持科研计划项目实施

(一)推动科学设施共享中心和独有研究装置发展

为落实《2014—2020年俄罗斯联邦科技发展重点领域研发专项计划》,俄罗斯教育科学部于2017年3月31日启动了关于支持科研设施共享中心发展的公开竞标。此次竞标共收到156份项目申报书,最终遴选出20个项目,经费总额达15亿卢布(约合2586万美元),其中17个项目用于支持科学设施共享中心(含独有科学装置),3个项目用于支持大科学装置。俄罗斯联邦科研机构管理署下辖的一批科研机构成为本次竞标的优胜者,将获得总计10.58亿卢布(约合1824万美元)的经费支持。

(二)推进总统科研项目计划的实施

俄罗斯科学基金拟在2023年前,在总统科研项目计划框架下每年资助近800个科研项目。该支持计划分为4种项目评审类型:青年科学家的首创性研究项目;由青年科学家领衔的科研团队研究项目;俄罗斯科技发展重点领域框架下的世界级科学实验室研究项目;基于已有世界级科研基础设施的研究项目。

总统科研项目计划由俄罗斯科学基金根据2016年12月总统在联邦会议上的授命而设立。不同类型的项目资助额度从每年150万到3000万卢布不等。2017—2023年的总资助额度将达到585亿卢布。

(三)教育科学部将对部属高校的科研团队项目提供支持

俄罗斯教育科学部组织了针对部属高校研究中心和实验室的科技团队项目竞

标。最终，125 家科研机构的 444 个项目入选，全年这些项目将在国家任务框架下得到 29 亿卢布的经费资助。

2016 年 7 月，俄罗斯教育科学部启动了专门针对部属高校研究中心和实验室的科技团队项目遴选，旨在保障和推动科技人员能力水平不断提升。预计经费资助额度为：基础研究类项目每年不超过 500 万卢布，应用研究类项目每年不超过 1000 万卢布，项目执行周期不超过 3 年（2017—2019 年）。

四、科技园区建设方兴未艾

（一）计划打造麻雀山科技谷

俄罗斯总统普京于 2017 年 3 月 24 日批准了关于吸引私人投资资助大学和科研机构从事科学、科技和创新活动的委托任务清单，要求内阁负责向国家杜马提交关于麻雀山科技谷的联邦法律草案，并确保该法案于 2017 年 7 月 1 日前获审议通过。上述法案生效后，联邦政府需于 2017 年 12 月 1 日前，就依托莫斯科大学创建麻雀山科技谷做出相应决议，并于 2017 年 12 月 1 日前划定麻雀山科技谷的边界。

（二）规划建设圣彼得堡创新集群

俄罗斯总理梅德韦杰夫于 2017 年 10 月 13 日签署政府令，规划在圣彼得堡南部的普希金区建设类似于莫斯科"斯科尔科沃"创新中心的圣彼得堡国立信息技术、机械与光学研究型大学新校区。该园区将聚焦于"城市化"和"智慧城市"，重点发展信息技术、光子学和量子技术、机器人技术和网络物理系统、生物医学技术、智慧材料等。项目总投资额约为 410 亿卢布，预计其中 35% 来自私人投资，53% 来自联邦财政预算拨款，12% 来自圣彼得堡市财政预算拨款。建设面积预计约为 40 万平方米，将包括科学中心、实验室、教学楼、居住区等设施。建成后的新校区将能容纳 3600 名学生，建立 50 家国际实验室和至少 5 个创新产业，创造 6000 个高技术就业岗位。

五、人才强国战略得到加速落实

近 5 年来，俄罗斯研发人员总数止跌企稳且略有增长，青年科学家比重显著提升，初步扭转了数十年来科技人才持续外流和老龄化的势头，为其建设科技创新强国的宏图奠定了坚实基础。《俄罗斯联邦科学技术发展战略》将人才与人力资源列为俄罗斯国家科技发展政策的主要方向之首。

　　《俄罗斯联邦科学技术发展战略》将"为优秀青年人才的发现及其在科技创新领域事业有成提供机会",列为实现俄罗斯科技发展目标的主要任务之一。各类战略、专项规划、计划等都特别提到了"青年科学家"。在全方位的激励政策作用下,截至2016年年底,39岁以下的青年学者在俄罗斯科技工作者中所占的比例大幅提升,由5年前的略高于30%增长到如今的43%,在一些基础研究领域,比例还要更高。

　　在鼓励青年科学家发展的同时,俄罗斯也通过修订移民法律等来吸引教师、工程师、医生等职业的专门人才,实施人才引进计划,为高等院校、国家级创新中心等引进人才。2018年俄罗斯教育科学部将在现有计划基础上采取一些新的措施,支持青年学者继续在俄从事研究。为吸引海外科学家回归,教育科学部计划将提供的职位数量扩充3倍左右(现为250人),外加新的补助金、新的项目及创造更好的科研条件等。

(执笔人:陈原林　郑世民)

乌 克 兰

2017年，乌克兰政局总体保持稳定，经济向好回暖，融欧进程向前推进。科技方面，科技管理机构改革进一步深化，国家中期创新规划出台，科技资源整合步伐加快。但乌克兰仍然面临诸多挑战，如产学研用脱节严重，技术转移整体能力亟待提升等。

一、深化科技管理体系改革，提升重点产业核心竞争力

（一）设立国家最高科技管理机构，重整科技资源

2017年4月，乌克兰政府通过决议，成立乌克兰国家科学技术发展委员会（以下简称委员会）。委员会由总理直接领导，是乌克兰科学和创新领域改革的顶层战略机构，统领国家教科部、科学院、行业科学院、国家研究基金会。委员会的主要职能是制定国家科学技术发展战略和优先发展方向，管理科学财政预算分配，评定科研院所工作成果等。通过对国家科技管理体系改革，将国家科技主管部门、科学院、地方行政机关、大型高新技术企业、科研机构和高校纳入统一科技管理体系，统筹国家科技管理资源，推动国家科技创新发展。

（二）出台国家创新中期发展计划，培育国家创新增长点

2016年年底，乌克兰政府颁布No.2056号文件，确定2017—2021年国家创新中期发展计划，确定科技优先发展方向，主要包括：开发能源运输、节能及替代能源新技术；开发火箭、航天、造船、武器军事装备高新技术；开发材料生产、加工和焊接新技术；创建纳米材料和纳米技术产业；开发农业新技术；新型医疗设备和新药物研发；开发清洁生产和环保工艺新技术；发展现代信息、通

信、机器人技术。乌克兰国家教育和科学部部长指出："确定 2017—2020 年国家创新活动中期优先发展方向，将促使中央机构把财政资源用于科技创新发展领域"。

乌克兰政府充分认识到，促进高新技术产品研发和生产，盘活现有科技资源，激发科技创新潜力，对于提振乌克兰经济增长、增强国防能力具有重要意义。据乌克兰国家教科部创新司 2017 年 6 月最新统计资料，目前乌克兰从事创新活动的企业共有 824 家，科研机构 978 家，推广应用创新成果的企业 723 家；共有技术园 12 家，科学园 21 家，创新和技术转移中心 49 家，创新孵化器 14 家。这些创新主体在增加社会就业、促进科研成果转化吸收、融合科研和生产等方面起到了良好的示范作用。

（三）推进"脱俄入欧"进程，驱动与欧洲标准体系接轨

当前，乌克兰"脱俄入欧"进程加快，在政治、经济、科教、卫生等各个领域进行改革，逐步制定与欧盟接轨的标准体系，努力为融欧做好充分准备。科技领域积极与欧盟国家进行技术标准、人员绩效、经费配置、科研成果量化评估等方面接轨融合。以德国为例，目前，德乌科技合作有部长级会议机制，德乌政府间科技合作项目以双方共同感兴趣的课题为基础，在项目实际执行中德方根据乌克兰经济现状，未按德乌各占 50% 的资金支持比例进行，而是以双方投入的工作时间、工作量、成果及目标满意度等指标来评判项目执行的情况。德乌科技合作由纯技术项目合作和标准体系架构建设合作两部分组成，德国主要帮助乌克兰建立与欧盟对接的标准体系，给予乌克兰在项目联合申报、项目遴选、科研机构财务审计、绩效考核等方面相应的引导和帮助。

（四）完善科研布局，加快科研结构调整

乌克兰政府提出，调整优化科研布局，进一步把重点科研力量集中到国家战略需求和世界科技前沿上来，加大政府对科技的财政支持力度，推动科研成果商业化应用，满足经济领域发展需求，推动乌克兰产学研升级发展。乌克兰将从以原材料出口为主转向以具有世界竞争力的高新技术产品生产出口为主。乌克兰总统波罗申科强调，乌克兰将优先支持国防力量发展，在科研领域优先开展国防领域综合研究，加强国防工业、农业、医药、能源、交通领域科研工作，青年科学家是政府财政支持的首要对象。乌克兰科研院所及高校科研机构适时调整科研方向，开展军民两用技术研究，以获取科研经费支持，产出高质量的科研成果。

二、科研经费投入匮乏，技术转移能力亟待提升

（一）研发经费投入情况

2016 年，乌克兰科研投入总额约 4.61 亿美元，占国家 GDP 的 0.48%。

按活动类型分，全国基础研究经费支出占 19.3%，其中，国家科学技术财政支出占 91.7%；应用研究经费支出占 22.2%，其中，国家科学技术财政支出占 49.5%；试验发展经费支出占 58.5%，其中，工业企业经费支出占 37.4%，外国公司经费支出占 34.0%。

按科学领域分，基础研究经费支出中，自然科学领域几乎占 50%，工程科学占 25%，农业科学占 9.9%；应用研究经费支出中，工程科学占 44.9%，自然科学占 24.5%，农业科学占 11.1%；试验发展经费支出中，工程科学占 86.2%。

（二）研发人力资源及在各领域配置情况

2016 年，乌克兰从事科学研究与试验发展活动的机构共 972 家，其中，政府属研究机构占 46.6%，各类企业占 37.7%，高等学校占 15.7%。企业和研究与试验发展活动机构中研究与开发人员总数为 9.79 万人（包括兼职和签订劳务合同人员），其中，研究人员占 65.1%，技术人员占 10.2%，辅助人员占 24.7%。乌克兰研究与开发人员（研究人员、技术人员和辅助人员）占就业人口总数的 0.60%，其中，研究人员占 0.39%。

（三）科研成果及技术转移情况

2016 年，乌克兰自然科学和应用科学领域研究成果颇丰。据乌克兰国家统计局数据，2016 年，乌克兰共提交发明专利申请 4095 份，实用新型专利申请 9557 份，工业品外观设计专利申请 2302 份。其中，教育、科研机构及企业仍然是专利申请最活跃的主体，共提交发明和实用新型专利申请 6600 份。

乌克兰教育、科研机构和企业根据国家公共生活和经济领域的实际需求，致力于推动科技成果转化和高新技术的商业化发展，但仍有大量科研成果没有广泛的市场应用需求，没有充分得到转化和应用，一大批发明专利及创新成果未得到充分利用，只有一小部分被成功应用到生产中。

在当前经济条件下，乌克兰科研成果转移转化能力低，产学研用脱节严重，结构性矛盾突出，知识产权保护不力。阻碍乌克兰科技创新发展的主要原因有：创新管理欠缺，创新机构不完善，法律法规不健全，企业尚未真正成为创新决策、研发投入、科研组织和成果应用的主体；创新基础设施不发达，电子政务基础薄弱，通信和信息技术推广普及程度低。

三、存在的问题和困难

乌政府今后将加大对科技的财政支持力度，推动科技成果商业化应用，满足经济领域发展需求，推动乌克兰产学研升级发展。主要存在的问题和困难有以下方面。

（1）国家研发经费投入方面。乌克兰科研领域的国家财政投入水平很低，科技资金优势领域配置失衡。当前，乌克兰科技领域迫切需要保障基础研究支出，增加应用研究和科技开发资金，吸引国内外投资。

（2）科技研发人力资源方面。受多重因素影响，近两年来乌克兰科研人才流失严重，科研人员老龄化和人才断代问题严峻，科研机构维持生存困难，科研人员工资偏低。2017年，乌克兰科技界自发组织多起抗议活动和专题研讨会，希望政府重视科技发展，出台有效措施留住科研人才，稳固科研发展根基。乌克兰政府2018年度财政预算审议即将开始，政府承诺将加大对科技的财政支持力度，重新提振乌克兰科技界信心，推动科技可持续发展。

（3）2014年以来，乌加快"脱俄入欧"进程，在经济、司法、科技等领域进行改革，推动与欧洲标准体系全面接轨。但由于受到多重因素影响，改革进程缓慢，内部协调统一有待完善，改革红利尚未显现，改革仍需破除较大阻力，才能真正取得进展和实效。

（执笔人：叶小伟　张　明）

◉ 日　　本

2017 年，日本继续推进第五期科技计划，根据政府制定的科技创新综合战略，着力推进建设超智能社会（Society 5.0），增强人才实力，推动大学及其科研经费管理体制改革。日本近年全社会研发投入总额有所下降，但其科技强国地位并未动摇。日本政府在深入分析未来经济社会前景的基础上，进一步强调科技创新的重要性，以未来的超智能社会需求为引导，强化科技创新统筹管理，力图通过科技创新破解老龄化等社会问题，在未来产业技术革命中把握先机。

一、科技发展概况

（一）全社会科技投入

根据日本总务省于 2017 年 12 月发布的 2016 财年科技统计数据，2016 财年全社会研发经费总额为 18.4326 万亿日元，相比 2015 财年，减少了 2.7%。2016 财年的研发投入强度为 3.42%，比上一财年减少 0.13%。

从研发经费来源来看，政府投入 3.2016 万亿日元，占比 17.4%，民间投入为 15.106 万亿日元，占比 82%，海外投入为 1250 亿日元，占比 0.7%。从研发经费使用上，企业为 13.3183 万亿日元，比上年减少 2.7%，占研发经费总额的比重为 72.3%；大学为 3.6042 万亿日元，比上年减少 1.1%，占比为 19.6%；非营利组织和公立机构为 1.5102 万亿日元，比上年减少 6.2%，占比 8.2%，体现日本企业在国家研发体系中占有重要位置。

制造业研发经费投入为 11.5748 万亿日元，占企业研究经费的 86.9%。其中，包括汽车在内的运输机械制造业研发投入为 2.9255 万亿日元，占企业研发投入的 22%，其次是信息通信设备制造，占企业研发投入的 10.2%。企业研发经费投入强度（企业研发经费占经营收入的比重）为 3.33%，其中制造业为 4.25%。

（二）知识产权创造

根据日本特许厅颁布的《专利行政年度报告书 2017 版》数据，日本 2016 年度发明专利申请量为 318 381 件，比 2015 年度减少 340 件，专利申请量自 2007 年以来呈逐步减少的趋势。在 PCT 国际发明专利申请方面，日本 2016 年度通过本国专利机构申请的 PCT 国际发明专利申请量为 44 495 件，比 2015 年度增长 3.24%，自 2007 年以来呈逐步增加的趋势。日本专利申请结构的变化趋势表明，近年来日本企业越来越注重海外业务发展与知识产权保护，知识产权战略体现出较强的国际化特征。同时，从日本向美国、中国、欧洲、韩国申请专利的情况来看，2016 年度日本主体的专利申请人向美国申请专利 85 313 件，向中国申请 39 207 件，向欧洲申请 21 007 件，向韩国申请 14 773 件，向 4 个国家或地区申请专利的数据相比 2015 年度均略有减少，表明越来越多的日本专利申请人相比申请单个国家的专利，更加重视 PCT 国际发明专利的申请。

（三）科技论文发表

日本科学技术与学术政策研究所 2017 年 8 月发布的《科学技术指标 2017》，对日本科技论文发表情况进行了统计分析。日本科学技术与学术政策研究所根据汤森路透的数据，按照多国合著论文的分数计算法（一篇论文的作者由多个国家组成时，用国家数除以作者数所得的分数）计算各国年度平均论文数，对 2013—2015 年自然科学 22 个领域的论文情况进行了统计，结果表明，日本 2013—2015 年平均发表论文数为 64 013 篇，排在美国（272 333 篇）、中国（219 608 篇）、德国（64 747 篇）之后，列世界第 4 位。在论文质量方面，根据论文引用数据，2013—2015 年，日本入围 TOP10% 的论文数为 4242 篇，位居美国、中国等国之后，列世界第 9 位，入围 TOP1% 的论文数为 335 篇，列世界第 9 位。将 20 年前（1993—1995 年）数据、10 年前（2003—2005 年）数据和当前（2013—2015 年）数据相比较，日本的论文数从世界第 2 位下滑至第 4 位，TOP10% 和 TOP1% 从第 4 位下滑至第 9 位，从论文产出情况来看，日本科技研究水平存在比较明显的下滑。

（四）研究人员交流

日本高度重视科技研究人才的培养与交流，不仅积极吸收来自海外的科研人才，也向国外派遣科研人员开展研究和交流，拓展研究人员视野，提升国际化工作能力。

根据文部科学省委托未来工学研究所于 2017 年 2 月发布的《平成 28 年度研究者交流调查报告书》数据，2015 年度日本向海外派遣研究人员 170 654 人，其中短期（30 天以内）研究人员 166 239 人，中长期（30 天以上）研究人员 4415 人，比 2014 年度略有下降，中长期研究人员近年保持在 4000～5000 人的水平，向海外派遣研究人员总数自调查开始以来总体呈现逐步增加的趋势。2015 年度短期派遣研究人员中，派往亚洲的人数最多，达 62 432 人，其次是欧洲（50 108 人）和北美（42 110 人）。中长期派遣研究人员中，派往欧洲人数最多，为 1800 人，其次是北美（1360 人）和亚洲。

接收短期研究人员数量在 2015 年度达到 26 489 人，长期研究人员数量达 13 137 人，接收研究人员总数为 39 626 人，自 2013 年度以来呈增加趋势。中长期研究人员接收数量近年一直保持在 12 000～15 000 人的水平。接收海外研究人员中，无论短期还是中长期都是亚洲研究人员最多，接收来自亚洲的短期研究人员 11 923 人，中长期研究人员 6512 人，其次是欧洲和北美。

（五）国际技术贸易

根据日本总务省《2017 年科学技术研究调查》报告数据，技术贸易方面，2016 年度企业技术出口总额为 3.5791 万亿日元，比上年减少 9.6%，6 年来首次出现减少。技术出口额排名前三的产业分别是运输机械制造业、医药品制造业和信息通信设备制造业。技术进口总额为 4529 亿日元，比上年减少 24.8%，近 3 年首次出现减少。技术贸易收支顺差为 3.1190 万亿日元，比上年减少 6.8%，8 年来首次减少。

从国别来看，美国是日本最大的技术贸易伙伴国，出口达 1.3824 万亿日元，占到出口额的 38.7%；进口额为 3280 亿日元，占进口额的比例为 72.4%。技术出口到中国的数额为 4456 亿日元，占整体出口额的 12.5%。技术进口的地区绝大部分在北美和欧洲，北美占比达 72.9%，欧洲占比 24.0%。

（六）企业创新能力

2017 年 1 月，科睿唯安（Clarivate Analytics）公布了"2016 年全球百强创新机构"榜单，该调查针对最近 5 年获得 100 件以上专利的所有企业与研究机构开展。2016 年，日本有 34 家企业（机构）进入创新百强，低于美国 39 家企业（机构）数量，位居第二，佳能、富士通、NEC 等 14 家日本企业连续 6 年入选百强名单，美国连续 6 年入选百强的企业数也是 14 家。日本在该项榜单中相比上一年度企业（机构）数量减少 6 家，排名从第一降至第二，体现出其企业创新能力继续保持世界前列。

日本研发投入有 70% 是企业投入，2017 年度日本企业研究开发经费继续保持增长。《日本经济新闻》于 2017 年 7 月 27 日发布"研究开发活动调查结果"，有 40% 的主要企业研发费用达到历史最高水平，企业研发投资总额比 2017 年度增长 5.7%，实现近 5 年以来的最大增幅。在日本政府财务状况比较严峻的情况下，日本企业研发投资的较大幅度增长将帮助日本进一步提升国际竞争力。268 家主要企业 2017 年度共投入研发经费 12.0444 万亿日元，随着近年日本企业收益保持增长，企业财务状况整体较好，相应加大了对研发的投入，充实重点领域和成长性领域的技术水平。

二、科技政策动向

（一）实施第五期科技基本计划，设立"未来社会创造项目"和"官民研究开发投资扩大项目（PRISM）"

2017 年是日本第五期科技基本计划推进的第 2 年，日本政府按照计划内容，以 Society 5.0 建设为中心，积极推进各领域创新与研究。

1. 未来社会创造项目

2017 年 1 月，日本科技振兴机构（JST）启动了新的科研资助项目——"未来社会创造项目"，旨在通过科技创新为社会和产业的发展贡献力量。

未来社会创造项目包括"探索加速型项目"和"大规模项目"两种类型，资助对象包括大学、企业、公共科研机构等。"探索加速型项目"确定了超智能社会、可持续发展、安全舒适的社会生活、全球低碳化社会 4 个研发领域，后续将公开征集研发主题，大学、企业、科研机构或个人均可提出建议，且不受机构属性、建议人年龄的限制，然后开展项目招标。"大规模项目"将首先公布若干有望成为未来基础性技术的研发主题，然后开展项目招标。目前该项目尚未启动。

2. 官民研究开发投资扩大项目（PRISM）

2016 年 6 月，日本在经济财政咨询会议和综合科学技术创新会议下成立经济社会与科学技术创新活性化委员会，综合经济和科技视角提出未来社会课题的解决方案。2016 年 12 月，该委员会提交最终报告，提出新设立"官民研究开发投资扩大项目"，努力达到政府研发投入占 GDP 1% 的目标，并以此促进民间投资达到政府投入 3 倍的目标，专门面向促进扩大民间投资的领域。2017 年 4 月，日本决定在 2018 年度启动该项目，启动初期确定 3 个重点领域：创新网络空间基础技术，包括人工智能、物联网、大数据技术；创新物理空间基础技术，包括传感器、处理芯片、机器人、光科学、量子科学；创新工程建设与基础设施维护管理，包括具有革新意义的防灾减灾技术。

（二）制定实施《科技创新综合战略 2017》，力推年度重点任务与措施

近年来，日本政府每年发布《科技创新综合战略》，阐述政府科技创新战略和政策。2017 年 6 月 2 日，日本内阁发布了《科技创新综合战略 2017》，该战略在日本《第五期科学技术基本计划》（以下简称《第五期基本计划》）第一年变化的基础上，重点论述了 2017—2018 年度应重点推进的举措，包括实现超智能社会 5.0（Society 5.0）的必要举措，今后应对经济社会问题的策略，加强资金改革，构建面向创新人才、知识、资金良好循环的创新机制和加强科学技术创新的推进功能等重点内容。除了继续强调 Society 5.0、夯实创新基础力量等工作外，增加了扩充经费来源、官民合作共同投资科研活动、发展数据平台及其相关技术等内容，阐述了日本 2017 年支持科技创新的政策措施。

（三）提出知识产权促进计划，建设全球速度最快、质量最好的知识产权管理系统

日本政府于 2017 年召开"知识产权战略本部"会议，推出了"知识产权促进计划 2017"。通过制定数据利用的合同指针等，促进人工智能（AI）及大数据应用。会议还讨论了将 AI 机器学习完成模型转成专利时的必要条件及专利保护范围，完善 AI 及大数据时代下产业竞争能力强化的相关制度及知识产权系统基础。在研讨 AI 创作物知识产权问题方面，提出了针对弹性化权利限制规定的相关著作权法的修订。另外，在地方与中小企业的知识产权战略强化支援事宜上，提出了农林水产业的知识产权战略强化。同时，为提高对知识产权的理解与关心，提出设立开始于小学的知识产权教育"知识产权创造促进教育联盟"。通过动漫作品相关名胜的"动漫圣地观光"及中小电影制作公司的政策性支援，实现日本内涵宣传能力的强化。

日本特许厅大力提高专利申请审查效率，加强专利审查官员的配置，提出在 2023 年度将专利审查缩短到平均 14 个月，将首次审查通知时间缩短到平均 10 个月以内。不断提升专利审查质量，调查把握专利提出人的需求与期待。制定《地方知识产权活性化行动计划》，特许厅与中小企业厅及其他中小企业支援机构加强合作，构筑地方企业和中小企业支援体制，切实支援地方企业与中小企业，根据各地区实际情况针对地方企业和中小企业知识产权的取得、应用与保护开展支援。建立"知识产权安全网络"，协助中小企业处理海外知识产权相关纠纷，以商业协会团体等组织为运营主体设立海外知识产权诉讼费用保险制度，对中小企业加入保险提供一定的补助金，鼓励促进中小企业加入保险。

（四）发布"未来投资战略 2017"，统筹推进经济与科技创新战略

日本政府于 2017 年 6 月在临时内阁会议上通过了 2017 年经济财政运营基本方针和名为"未来投资战略 2017"的经济增长新战略，明确指出了未来的目标是实现将人工智能、机器人等先进技术最大化，并运用到智能型"Society 5.0"中，确定以人才投资为支柱，重点推动物联网建设和人工智能的应用。

"未来投资战略"提出，要把物联网、人工智能等第四次工业革命的技术革新应用到所有产业和社会生活中，以解决当前的社会问题，将政策资源集中投向健康、移动、供应链、基础设施和先进的金融服务这 5 个领域。具体目标包括，2020 年正式将小型无人机用于城市物流；2022 年卡车在高速公路编队自动行驶进入商业使用阶段。

（五）大力发展人工智能，出台人工智能产业化进程表

日本政府将人工智能技术视为带动经济增长的"第四次产业革命"的核心尖端技术。

2017 年 3 月，日本政府明确了实现人工智能产业化进程表，展示了分 3 阶段应用人工智能显著提高制造业、医疗和老人护理一线效率的构想。第一阶段是到 2020 年前后，完成全自动化工厂和农场技术，通过人工智能实现帮助新药研发，人工智能能够预测生产设备的故障；第二阶段为 2020—2030 年，实现全自动化的交通和物流，机器人具备多种功能，机器人之间能进行合作，实现可用于不同患者的新药开发，人工智能能够控制住宅和家电；第三阶段是 2030 年之后，护理老年人机器人成为家庭成员之一，普遍实现交通自动化和无人化。

2017 年 5 月 30 日，日本经济产业省发布题为《面向 2030 的未来展望》报告，提出了日本未来的新产业结构愿景。报告认为，应该通过技术创新（包括物联网、大数据、人工智能和机器人等）来识别和克服日本社会面临的各种系统性的挑战，以促进日本的经济增长，增加社会财富，实现社会公平发展。为实现未来创新社会，经产省认为中长时期内日本需要探讨和解决以下 5 个课题：制定与时俱进的灵活制度；培养能够引领社会变革的青年人才，采取多种措施推动创新发展；建立科学技术对社会影响的再评价体系；对未来发展进行充分和大胆的投资；为推动数字化和人工智能技术发展营造良好的环境。报告在交通出行、就业生产、健康医疗、生活等领域提出了一系列对策和建议，如展开自动化交通出行研究、建立智能供应链以推动生产高效化、基于个人医疗健康数据和 AI 技术建立新的医疗看护系统、促进共享理念、促进公共数据的开放使用。

（六）继续推进科研体制改革与研究资金改革

在《科学技术创新综合战略 2017》中，日本提出推进相关科学技术创新政策制定、加强综合科学技术与创新会议的"司令塔"功能。为更好地实现 Society 5.0，还需加强面向国内外一体化战略性体制的建设及科学技术创新政策的制定，以此提高政策的执行力。特别要通过加强综合科学技术创新会议（CSTI）的"司令塔"功能，来提高使科学技术创新推进到全日本所需要的牵引力。为推进《第五期基本计划》，建设 Society 5.0，日本继续推进科研体制改革与研究资金改革，2017 年提出重点推进以下措施：一是逐步扩大科技创新官民投资的主导权；二是稳步实现针对 Society 5.0 的推广和政府研发投资目标；三是严格实行大学和国立研究开发机构的彻底改革，加强基础研究的投入，实现经费来源多样化，重新评估大学和国立研究开发机构的战略规划和人事系统，从而与私营企业构建良好的信赖关系，扩大其所需的官民研究开发投资；四是政府需要立足于研究开发的特性进行经费安排，且要在经费到位之前充分考虑不确定性及不可预测性；五是加强资金改革，灵活运用研究资金以提升大学或公共研究机构从政府以外获取外部资金的能力；六是启动研究经费自由裁量权新制度——"Edge-runner"，赋予研究人员个人预算权和裁量权，1 年内不进行评价，使青年研究者活性化，鼓励研究人员开展具有挑战性、革新性的研究课题。

三、国际科技合作动向

积极开展国际科技合作与交流是日本科技基本政策之一。《第五期基本计划》将科技外交作为基本方针的内容之一，强调要展开战略性的国际合作，助力基本计划提出的促进产业创新和社会变革、解决经济和社会发展的关键课题等四大战略目标的实现。

（一）提出"为了世界可持续发展的科技创新"战略，为国际社会做贡献

2017 年 7 月，在联合国举行的高层政治论坛（HLPF）上，日本外务大臣岸田文雄介绍了日本企业提供技术解决各类经济社会课题的情况，向各国宣传日本的科技创新能力与技术。在这次论坛上，日本以发达国家身份，提出"为了可持续发展的科技创新"，面对世界可持续发展课题，以日本先进科技技术支援相关国家，实现全球官方、民间各类主体的广泛合作。通过 4 项措施，在全球可持续发展课题中发挥日本的先导性作用：①通过科技创新实现进步，以 Society 5.0 建设树立世界未来的典范。树立 Society 5.0 的共同愿景，与发展中国家合作创新，

通过国际合作为可持续发展做出贡献。②收集数据，解决问题，开展全球规模的大数据应用。收集从海洋到宇宙的各种观测数据，使日本的大数据系统具备解决课题的能力。为解决可持续发展课题活用各类大数据，通过与地球观测相关的政府间会议，联合国教科文组织、G7 等国际机构共同促进国际社会协同行动。在对外援助工作中，推进地球规模课题的大数据解决方案。③实现国际社会的广泛合作，推进世界一体化。通过面向现场的研究开发成果促进社会变革，不同类型的国家、组织主体间的协同创新、开放合作非常重要，促进发达国家、新兴经济体、发展中国家及国际金融机构的合作，争取联合国、G7、G20 等国际组织加大对国际科技合作的支撑力度。通过外交工作，与各类国家、地区、机构建立联系，将日本的经验与世界共享。④培养国际科技创新人才。面向发展中国家的可持续发展需求，提供科技人才培养方面的帮助，通过提高人才能力，提升发展中国家的技术普及水平。

（二）推进双边和多边科技合作

双边方面，目前，日本政府共与中国、美国等 46 个国家和欧盟签订了 32 个政府间科学技术合作协定。在协定框架下，开展研究人员交流、合作研究等多种形式的交流合作；定期召开联委会，听取合作活动报告，协商后续合作等。

多边方面，日本积极参与各种多边的科技高层对话会议和包括国际热核聚变实验堆（ITER）计划、SUBARU 望远镜研究项目、国际脑科学计划在内的多边国际科技合作计划，以及中日韩等区域合作，这些计划在 2017 年都得到了有效的推进。

（执笔人：陈　哲）

◎ 韩　　国

2017年，受国内政局动荡及"萨德"等问题影响，韩国经济发展曲折前行，上届政府推动的"创造经济"发展战略未能起到预期效果。在2017年世界经济论坛（WEF）发布的国家竞争力排行中，韩国连续4年原地踏步，排在第26位。下半年，文在寅政府上台后，提出"创新成长"发展理念，制定"四次产业革命"发展战略，明确未来5年科技产业发展目标与内容。并通过改革科技管理体制，大幅强化科技管理职能，进一步凸显科技在创新发展中的重要地位。

一、改革科技管理体制

（一）未来创造科学部更名

韩国科技主管部门未来创造科学部更名为科学技术信息通信部（以下简称科技信通部）。新政府在科技信通部增设次官级（副部长级）科学技术创新本部（以下简称创新本部），并赋予其科技经费分配权，科技发展战略规划、审议及研发成果管理等重要职能。本部长可参加国务会议，并参与重要议题决策。科技信通部在国家科技管理体系中的核心地位与主导作用得到大幅强化，被称作科技创新的"控制塔"。

（二）赋予科技信通部科技经费分配权

韩国科技经费分配权一直由企划财政部统一管理。上届政府赋予未来创造科学部研发经费分配的建议、调整和方案审议权，而文在寅政府力排众议，将20兆韩元（约180亿美元）的经费分配权由企划财政部转交科技信通部的创新本部负责。此外，还将企划财政部500亿韩元（约2.75亿人民币）以上的大型研发项目立项权一并调整到科技信通部。经费分配权的转移是韩国科技管理体制改革史上力度最大的改革措施，其后，政府还需修改国家《财政法》和《科学技术基本法》的相关法规，并经国会审议通过方能生效。

（三）成立国家科学技术咨询会议

新政府整合原国家科学技术审议会和科学技术战略会议职能，成立国家科学技术咨询会议（以下简称科技咨询会议），计划于 2017 年 12 月正式挂牌。科技咨询会议直属总统，由总统任委员长，浦项工业大学教授担任副委员长，委员主要由大学、研究院所和企业界的专家学者担任。科技咨询会议是总统的科技智囊机构，同时担负科技政策审议和跨部门协调职能。

（四）中小企业厅升格为中小企业部

原中小企业厅被升格为中小企业部，成为正部级机构，并将原属未来创造科学部负责的创新创业业务、部分人员及预算连同 18 个创造经济革新中心的管理权移转至该部，全面负责中小企业创新发展。

二、出台科技及产业政策

人口老龄化、低出生率及经济对外依存度过高是韩国经济与社会机构性难题。新政府拟通过发展大数据、人工智能、物联网及下一代通信技术与产业，挖掘经济增长新动能，推动经济发展。

（一）成立四次产业革命委员会

四次产业革命委员会是直属总统的 5 个委员会之一，委员长由民间人士担任，设委员会、创新委员会、特别委员会和咨询团。委员会负责制定四次产业革命政策并协调各部门落实。定期召开会议，审议相关议题，向总统提供政策建议。

（二）公布实施《四次产业革命应对计划》

2017 年 11 月，韩国发布了 24 个政府部门联合制定的《四次产业革命应对计划》，系统规划了未来 5 年第四次产业发展的路线图，主要内容包括：①实施智能化创新项目。计划在城市、环境、社会安全和国防等 12 个领域普及应用智能技术，将智能技术与医疗、制造、交通、能源、物流、金属和农业等产业融合，提高国民福祉和社会管理水平。②进一步完善产业生态系统，推动四次产业快速发展。到 2022 年，政府将在四次产业领域投入 20 亿美元，鼓励科研人员开展创意性和挑战性研究，培养 4.6 万名四次产业领域专业人才。计划 2018 年实施"监管沙箱制度"（Regulatory Sandbox），推动新技术和新产业发展；2019 年在首尔市较大区域内运营 5G 通信试验网，争取在世界上率先实现商用化；设立主要产业大数据中心；2020 年前设立约 90 亿美元的"创新风险基金"；相关技术产品列入优先政府采购名录，到 2022 年优先采购产品比例由目前的 12% 提高至 15%。以上政策措施正在制定中，未来 5 年内陆续颁布实施。③在《四次产业革命应对计划》中，政府依据"四次产业革命"战略的目标与内容，提出 I-Korea 4.0 战略（智能韩国战略），是继 I-Korea（电子韩国，2002 年）和 U-Korea（无处不在韩国，2006 年）等国家数字化战略之后提出的智能化创新战略，智能化成为韩国未来科技产业和经济发展的关键词。

（三）推出"去核电"政策

2017 年 10 月，新政府发表了新的能源政策"能源转换路线图"，核心是"去核电"，发展新再生能源。

"去核电"政策总的原则是将韩国能源结构逐渐由目前的以煤炭和核电为主调整为以太阳能、风能和液化天然气发电为主。到 2030 年核电比重由目前的 31.5% 降低到 18%，可再生能源比重由目前的 7% 增至 20%。取消处于设计和环境评估阶段的 6 座核反应堆的建设计划；在建的 4 座反应堆完工后不再新建；核反应堆设计寿命到期后不得延期使用。到 2030 年陆续关闭 10 座反应堆，到 2038 年减少至 14 个。

韩国已开始消减核电技术研发投入，为快速发展新再生能源带来机遇。但韩国集 40 多年之力在智能和第四代核电领域的研发成果将处于进退两难境地，该政策将削弱其核电产业的地位和国际竞争力，400 余名核电研发人才面临流失的危险。此外，韩国太阳能和风能资源不丰富、技术不先进，发展新再生能源有较大局限性，且韩国在《巴黎气候变化协定》中承诺到 2030 年承担 37% 的节能减排重任。因此，各界并不看好"去核电"政策，反对呼声很高，期待下届政府能够重拾核电政策。

三、科研投入与管理情况

（一）科研预算投入情况

2017 年，韩政府总研发预算 19.4615 万亿韩元（约 180 亿美元），较去年增加 1.9%。从各部门管理研发预算情况来看，科技信通部 6.7730 亿韩元（约 62.5 亿美元），占 34.8%；产业通商资源部 3.3382 亿韩元（约 30.8 亿美元），占 17.2%；

防卫事业厅 2.7838 亿韩元（约 25.7 亿美元），占 14.3%，排在前三位。预算重点投入领域包括基础研究、四次产业革命、应对气候变化、新生物产业、未来生长动力、灾难灾害安全 6 个方面，提高投资效率和成果转换率成为关注点。

企业研发投入方面，据欧盟委员会发布的"2017 年工业研发投入"排行显示，2017 年韩国企业研发投入增长 1.9%，低于世界平均增长水平 5.8%，更远低于中国企业 18.5% 的增幅。有 4 家韩国企业入选全球研发投入百强企业，其中三星以 122 亿欧元位列全球第四，LG 电子、现代汽车和 SK 海士力分列第 50 位、第 77 位和第 83 位。

（二）科研经费管理改革情况

2017 年，政府对研发事业的管理、评估内容做了调整，进一步减少制度约束，提高研发效率。一是放宽管理限制。对小额基础研究课题采取网上评估方式，对不足一年的研究课题将不再实施年度评估和检查；在申请研究课题时，放宽提交证明材料的要求等。二是改善成果管理制度。明确论文、专利、报告原文、科研设备、技术摘要信息、生命资源、软件、化学物、新品种 9 项成果内容的共同管理规定。三是加强评估的专业性和透明度。取消特殊、尖端技术领域专家的回避制度；加快专家库与国家科学技术知识信息服务系统（NTIS）的信息共享；评估结束后，公开评估专家名单及综合评估意见等信息，为被评估者提供二次咨询机会。

四、国际科技合作与交流

2017 年，政府重新规划了科技和信息通信领域国际合作方向，制订了完善国际合作环境和提升创新力的两大发展计划，提出了 4 个具体目标：一是改变国家研发项目以国内研究者为主的现状，建立国际化研究环境，提高国外研究者的参与度；二是构建"全球伙伴关系"，与国际优秀企业、机构合作共同推动国内技术产业化；三是推动中小企业进入国际市场，助推国内优秀人才赴海外实习；四是阶段性推动民间机构与朝鲜开展科技技术合作。

（执笔人：陈炳硕　富　贵）

◎ 印度尼西亚

2017 年是印度尼西亚（以下简称印尼）科技发展战略及规划的落实之年。印尼政府在激励科学论文发表、打击外国生物剽窃等方面出台了一系列政策措施。全社会研发支出 30.78 万亿印尼盾，研发强度达到 0.25%。国际科学论文发表量首次跻身东盟前三，国际专利申请量增长 150%。农业、能源、医药卫生、信息通信、航空航天等领域科研取得积极进展。双边及多边科技合作日趋活跃，国际合作对加速印尼科技发展进程发挥了积极作用。

一、科技投入与产出

（一）科技投入情况

2017 年 10 月，印尼研究技术与高教部会同印尼科学院，联合公布了《2016 年印尼国家研究开发支出数据》。2016 年，印尼国内生产总值 12 406 万亿印尼盾，政府研究开发预算安排（GBAORD）为 25.81 万亿印尼盾，占 GDP 比重 0.21%；全社会研究开发支出 30.78 万亿印尼盾，研发强度 0.25%。

全社会研发支出中，政府研发支出 25.81 万亿印尼盾，占比 83.85%；非政府研发支出 4.96 万亿印尼盾，占比 16.11%。政府研发支出中，中央政府支出 24.92 万亿印尼盾，占政府总投入的 96.55%；地方政府支出仅 0.89 万亿印尼盾，占政府总支出的 3.45%。中央政府部门中，研发投入较多的有：印尼研究技术与高教部、交通运输部、能源与矿产资源部、宗教事务部、公共事业与住房部、产业部、社会事务部。非部门政府机构中，研发投入较多的有：印尼科学院、印尼技术评估与应用署、国家原子能机构、航空航天研究院。

2016 年，印尼研究技术与高等教育部财政预算共计 42.79 万亿印尼盾，实际到位 37.38 万亿印尼盾，到位率 87.36%。

（二）研发人力资源情况

根据 2017 年 12 月印尼研究技术与高等教育部刚刚完成的统计，印尼共有研发人员 103 590 人，其中政府机构（包括政府部门和科研机构）13 010 人，占比 12.6%；高等学校 85 862 人，占比 82.9%：私人部门 4718 人，占比 4.6%。

政府机构共有研发人员 13 010 人，其中研究人员 6803 人，占比 52.3%；技术人员 2208 人，占比 17.0%；行政职员 3999 人，占比 30.7%。

高等学校共有研发人员 85 862 人（含 1639 名外国人），其中讲师 78 541 人，占比 91.5%；研究人员 7257 人；其他 64 人。

私人部门共有研发人员 4718 人，其中研究人员 2402 人，技术人员 1217 人，行政职员 1099 人；博士学位 22 人，硕士学位 456 人，学士学位 2353 人，高中文凭 1887 人。

（三）科技产出情况

根据 Scopus 数据库公布的最新数据，截至 2017 年 10 月 2 日，印尼 2017 年国际科学论文发表量达 12 098 篇，比去年同期增长 27.3%，超过了同期泰国 10 924 篇的水平，跻身东盟前三，这也是过去 20 年印尼国际科学论文发表量首次超过泰国。印尼研究技术与高教部部长纳西尔表示，预计 2017 年全年印尼国际科学论文发表量将达到 15 000 ～ 17 000 篇，有望超过新加坡位居东盟第二。

专利申请方面，根据 2017 年 3 月国际知识产权组织（WIPO）公布的数据，2016 年印尼国际专利（PCT）申请量为 15 件，比 2015 年增长 150%，说明印尼技术发明和创新实力得到大幅提升。但与新加坡（879 件）、马来西亚（190 件）、泰国（155 件）等东盟国家相比，印尼还存在较大差距。

2015 年，印尼共开发出 1641 件研究开发原型（技术成熟度 6 级）。同时，共开发出 4 件产业原型（技术成熟度 7 级），分别是第四代海军雷达技术、网络监控与安防技术、农村运输车辆引擎技术、作战车辆集成控制 CAN 总线系统。

根据 2017 年 6 月世界经济论坛（WEF）发布的《2017—2018 年全球竞争力报告》，印尼全球竞争力排第 36 位，比去年排名上升 5 位。竞争力指数从上一年度的 4.62 上升至 4.68，创新指数 4.0，与东亚和太平洋国家平均值持平。印尼技术准备度指数从 2016 年的 3.54 提升到 2017 年的 3.9，排名从第 91 位上升至第 80 位，但仍与东亚和太平洋国家平均值有较大差距。

根据瑞士洛桑国际管理发展学院（IMD）公布的《2017 年世界竞争力报告》，在 63 个受调查国家（地区）中，印尼竞争力指数居第 42 位，排名比去年上升 6 位，但仍落后于新加坡（第 4 位）、马来西亚（第 24 位）、泰国（第 27 位）、菲律宾（第 41 位）等东盟国家。

二、科技战略与政策

2015—2016 年，印尼政府相继颁布了《国家科技总体规划 2015—2045 年》（RIRN）、《研究技术与高教部战略规划 2015—2019 年》，明确了未来相当长时期科技发展的长期愿景、使命和目标。2017 年是上述两个规划的落实之年，印尼政府全年未颁布重大的科技战略与规划，但出台了一系列鼓励科技创新的政策和举措。

1. 向各类讲师发放职业津贴

为了强化对各类讲师工作业绩特别是研究成果数量和质量的考核，进一步提升讲师们的工作表现，2017 年 1 月，印尼研究技术与高教部颁布了第 20 号规章，决定向各类讲师发放职业津贴。

20 号规章所称"讲师"，是指通过教学、研究、社区服务开展知识、技术和艺术转换、开发、扩散的教师和科学家。20 号规章将讲师分为 4 类：一是拥有最高学术头衔的教授；二是获得超过 400 个累计学术积分的讲师带头人；三是获得超过 200 个累计学术积分的讲师；四是获得超过 150 个累计学术积分的专家助理。

享受职业津贴需满足如下条件：一是拥有印尼研究技术与高教部颁发的教师证书，未与其他社会机构签署永久性用工合同；二是教育或研究工作量不少于 9 个学术积分；三是各类讲师 3 年内必须在国家指定刊物上发表不少于 3 篇科学论文；四是各类讲师 3 年内必须在国际期刊上发表至少 1 篇学术论文；五是各类讲师 3 年内必须出版 1 本书籍。在 20 号规章的激励下，2017 年前三季度印尼国际科学论文发表量增长近 3 成。

2. 打击外国生物剽窃行为

近年来，印尼政府为吸引外国游客，先后对 169 个国家推行免签政策，使外国人接触印尼多样性的生物资源变得更加容易。2010 年以前，印尼政府每年仅向外国人发放 200 个左右的研究许可。2010 年以后，每年发放的研究许可上升至 500 个左右。外国人进入印尼变得更加便利，外国科学家对印尼生物资源多样性的兴趣正在增加，印尼面临现实的生物剽窃威胁。

为打击外国生物剽窃行为，印尼研究技术与高教部于 2017 年 2 月颁布 2017 年第 14 号政府规章，禁止外国科研人员在印尼从事生物剽窃行为。根据规定，外国科研人员在印尼巴布亚、马鲁古群岛等欠开发地区从事有自然资源盗窃倾向的科研活动的，印尼政府将不再颁发研究许可。

3. 调整科研人员退休年龄

为提高政府行政效率，印尼政府颁布 2017 年 11 号规章，将政府公务员的退休年龄从 65 岁提早至 60 岁。根据印尼政策，科研院所、高校工作人员均属公务员身份。11 号规章相当于将科研人员的退休年龄提前了 5 年，这一政策在科技界引起较大争议。印尼科学院主席 Bambang 先生表示，"60 岁时，研究人员实际上仍处于当打之年"。有的科研人员表示，印尼科技界一定程度上存在科研人员青黄不接的问题，能力出众的多为年长的科研人员，而年轻的科研人员尚不足以担当重任，单纯地推动科研队伍年轻化不利于提升印尼的科技表现。有的科研人员认为，自己虽然已年过 60，但精力仍比较旺盛，希望能继续为国家科技事业出力。

4. 实施国家科学技术研究基金

印尼政府 2016 年 3 月设立国家科学技术研究基金以来，每年安排 6000 万美元资金，支持 200 个左右基础和前沿领域的研究项目。经费主要源自国外机构赞助。为了克服印尼传统科技项目"3 月立项、同年 10 月结题"，实施周期短的弊病，国家科学技术研究基金项目允许跨年度实施，项目经费给予滚动支持。

5. 激励企业加大研发投入

为了迅速提高企业研发投入，印尼研究技术与高等教育部、财政部制定了鼓励企业开展研发活动的政策，其中最核心的是通过税收减免的形式对企业研发活动给予奖励。譬如，企业将利润的 40% 用于研发的，政府仅针对剩余 60% 的利润进行征税。印尼研究技术与高等教育部还推出《产业科技创新激励计划》，面向广大企业及科研机构征集产业技术新项目，经评选后给予立项支持。

三、国际科技合作

近年来，印尼政府对国际科技合作十分重视，希望通过国际科技合作加速本国科技发展进程。印尼政府强调，科技合作不仅要聚焦基础研究，更应注重知识技术商业化。由于印尼政府财政科技经费十分有限，国际科技合作经费更是少之又少，所以国际科技合作主要依赖外国经费支持。印尼国际科技合作的主要形式包括：政府对政府（G2G）、大学对大学（U2U）、政府对大学（G2U）、机构对机构（I2I）、学术—企业—政府—社区（ABG+C）等。合作内容包括：科学家、技术专家、研究人员间的互访交流，共同召开学术研讨会，参加国外技术培训班，开展联合研究，共建联合实验室，共同开展技术转移，共同申请知识产权等。

具体合作计划主要有 4 类：一是科学家交流计划，仅适用于双边合作；二是人力资源发展计划（能力建设计划），包括印尼科学家赴国外攻读学位、参加国际培训等；三是国家创新系统研究激励计划，支持印尼研究人员开展国际性研究；四是外国研究许可，支持外国科学家在印尼从事研究开发活动。

目前，与印尼科技合作比较活跃的有澳大利亚、中国、芬兰、德国、日本、韩国、荷兰、瑞士、英国、美国、白俄罗斯、匈牙利、伊朗、法国、瑞典、俄罗斯等国家。长期以来，发达国家利用强大的科技援外计划持续与印尼保持良好的合作关系。其中，澳大利亚的 AUS–AID、美国的 US–Aid 与 AMINEF、荷兰的 Erasmus 与 Living Laboratory、日本的 JICA、英国的英国文化协会均发挥了重要作用。

印尼与澳大利亚两国知名高校围绕健康、能源、粮食、农业、基础设施、弹性社区等，开展组团对接及联合科研。印尼与美国持续开展"可持续高等教育研究联盟"计划，该计划由美国国际开发署资助，通过在印尼著名大学建立联合研究中心，组织两国科研学者在重点领域开展高水平联合研究。印尼与日本两国高校、科研机构围绕防灾、生物资源、传染病控制、环境等领域开展多项科技合作。印尼与法国建立科教联合工作组机制，并在该框架内举办年度会议，加强两国科研与高等教育合作。印尼与英国建立了"英国—印尼科技基金"，英国计划在 2021 年前拨款 1000 万英镑，支持印尼科技创新。

印尼政府积极致力于参与地区或多边科技合作。一是在东盟科技委员会框架下参与区域性大科学计划和工程，涉及生物、食品、信息、海洋、材料、空间科学、地球地理、可再生能源等多个领域。二是参与东盟与美国、中国、日本、欧盟等的对话伙伴机制，凭借较少的投入获取较多的创新资源。三是加入东亚合作研究计划，与日本、印度、澳大利亚、新西兰及东盟国家开展合作研究，领域包括植物学、防灾减灾、纳米技术、材料科学、传染病等。同时，印尼还积极参与其他国际重要合作机制，如经济合作与发展组织、不结盟运动科学技术中心、APEC 科技创新政策伙伴关系机制（PPSTI）、亚欧教育部长会议、东盟大学网络（AUN）等。

（执笔人：刘　磊　谢成锁）

◎ 越　　南

2017 年，越南政府在调控经济、改善经营环境方面做出了积极努力。随着经济增长模式的改变，逐渐减少对自然资源特别是石油和天然气开采的依赖，经济体制改革开始生效，经济增长显示出积极迹象。2017 年 9 月底，统计总局公布前 9 个月社会经济统计数据，2017 年 GDP 增长有望实现 6.7% 的目标。

越南政府极力发展科技，2016 年政府科技投入（不包括国防安全经费开支及预防性开支）达到 17.7306 万亿越盾，占国家财政支出 1.4%。在有效运用科技研发成果的基础上，全国众多企业已成功提高其在国内外市场的地位。科技研发活动为创新创业活动注入新动力，目前越南创业企业约 1800 家，在越国外风险投资基金会已达 20 余个。

据世界经济论坛《2017—2018 年全球竞争力报告》公布的全球竞争力排名，越南竞争力排名比去年上升 5 位，比 5 年前上升 20 位，在东盟地区排名第 6 位。越南的技术就绪指数从第 92 位提升到第 79 位，上升 13 位。不仅如此，越南在所有领域都取得显著进步，包括机构、基础设施、宏观经济环境、卫生和初等教育等，反映出越南科学技术发展程度大幅提升。

一、科技创新的新举措和动态

（一）召开"科技对经济社会发展的重要性"的全国会议

2017 年 1 月 4 日，越政府召开"科技对经济社会发展的重要性"全国视频会议，政府总理阮春福、副总理武德儋和全国研究管理机构的专家及科学家出席。会议强调，科学研究需满足实际生活需求，创新科技成果必须与市场接轨。阮春福对科技研发为全国经济社会发展所做的贡献给予高度评价，表示尽管越南经济增长指数在全球排行榜排名第 100 位，但越南创新指数在全球排行榜排名第

59 位，说明越南已经初步利用了科技研发成果。他强调，着重解决制约吸引和聚集各类人才的政策瓶颈，实现人才解放、资源解放，稳步推进经济社会发展。责成科学技术部与教育培训部对越南科技干部队伍进行核查及评价，同时制订人力资源培训战略计划，加强科技领域的国际合作，鼓励发展科技型企业，以及鼓励企业引进科学技术，努力消除制约科技领域发展的障碍。

（二）颁布《技术转让法》和《中小型企业扶持法》等 6 项法律

2017 年 7 月 12 日越政府举行新闻发布会，颁布越南第十四届国会第三次会议通过的《技术转让法》和《中小型企业扶持法》等 6 项法律。《技术转让法》共有 6 章 60 条，将于 2018 年 7 月 1 日正式生效。该法在 2006 年《技术转让法》的基础上对许多规定进行了修改和补充，如补充了鼓励企业加大应用技术力度和进行技术革新的机制，对科技研发成果商业化的规定进行修改，补充了科技市场发展的措施和农业领域中科技成果转让的规定，修改补充国家对科技转让的管理责任等。

（三）探讨第四次工业革命与越南的发展

2017 年 5 月 15 日，越南科技部同国家科技政策委员会在胡志明市联合举行题为"第四次工业革命：越南机遇与挑战并存"研讨会。会议讨论了第四次工业革命的特点及其对经济社会发展事业的作用；扩大第四次工业革命成就在越南农业发展事业中的应用；在第四次工业革命的背景下，人类及国家安全等问题。与会代表认为，第四次工业革命将为越南发展创造新机遇，同时越南也要面临许多巨大困难和挑战。

越南政府还发布通知，号召国家各行各业努力提高应对第四次工业革命的能力。越南政府总理要求各部委、各行业至 2020 年在基础设施、信息通信技术应用和人力资源培训等方面实现突破。促进基础设施数字化，确保网络安全。要求集中打造创新创业生态系统，制定激励企业创新的政策机制；大力改变教育政策，打造能够掌握新技术的人力资源。优先发展数字化产业及智慧农业、智慧旅游和智慧城市建设。

（四）出台《2017—2025 年基础科学发展计划》

2017 年 4 月 28 日，政府总理批准发布《2017—2025 年基础科学研究发展计划》。该计划涵盖化学、生命科学、地球科学、海洋科学等领域，旨在提高上述 4 个领域的基础科学研究水平，力争到 2025 年越南基础科学达到本地区先进水平。有针对性地开展基础研究，把握先进技术走势，从而为促进经济社会发展和确保国家的国防安全做出贡献；建设高素质科学家队伍，提高人力资源培训质量；在各高等院校成立青年研究小组，为打造研究型大学做出贡献。该计划经费来自国家财政、越南国家科技发展基金、各高等院校的收入、国际合作组织，以及企业及个人的赞助等筹资渠道。

（五）制定海洋开发与保护总体规划

2017 年 10 月，越南自然资源与环境部发布信息称，越政府正在制定海洋开发利用和保护的总体规划，规划的实施将到 2035 年。内容重点在海洋环境资源、海洋生态系统价值及对海洋的适度开发方面。规划分 3 部分：第一，保护沿海生态系统，包括红树林、珊瑚礁、湿地、河口和海湾，以及海洋保护区、生物储备区和国家公园。第二，评估自然条件和海洋经济及海港经济发展的优势，包括港口服务、水路、旅游、渔业、水产养殖、能源开发和海滨产业等。第三，考察确定战略区域的国防安全及保护海上主权的需要。规划将越南海域划分 6 个区，即特殊使用区、沿海重点保护和一体化经济区、沿海综合经济发展及保存区、油气开发区、渔业区域和其他用途区。按照海洋区域界定和分类，对相关活动进行规范化管理，减少利用海洋资源的矛盾，促进环境保护，作为沿海地区各部门执法依据。

（六）制定新的太阳能发展规划

2017 年 4 月，越南总理公布政府 2017 年第 11 号公告，将 2019 年 6 月定为国内建设太阳能发电站连接到电网的最后期限。由于太阳能项目需要高额的前期投资，而越南一些省的土地供应和电网容量限制了地方政府和中央政府批准项目的数量。为此，政府 2017 年专门举行研讨会，目的是帮助地方政府和国内外投资者深入了解国家发展太阳能最新政策。根据越南政府制定的发展目标，太阳能有望成为国家未来主要的新型可再生能源。装机容量计划从 2017 年年底的 6～7 兆瓦增加到 2020 年的 850 兆瓦，相当于该国发电量的 1.6%。到 2030 年装机容量达到 1.2 万兆瓦，相当于该国发电量的 3.3%。

二、科技创新领域主要成果

2017 年 6 月，世界知识产权组织（WIPO）公布的全球 127 个经济体的创新指数显示，越南排名第 47 位，比上年提升了 12 位。

2017 年 8 月，"越南创新金书"在河内举行公布仪式，从全国提名的 141 项工程中挑选出 72 项出色的科学技术创新工程。这些工程项目在贫困地区、边境、海洋与海岛对卫生、环境及经济发展发挥重要作用。

越南企业正在积极开展创新创业项目。FPT 和龙资本集团（Dragon Capital Group）与韩国韩华集团投入 200 万美元，开展越南创新型创业加速器（VIISA）计划，力争在今后 5 年内建立 100 个创业企业。目前，越南创新型创业加速器计划正对 7 个创业项目进行投资。

越政府 2017 年发布的"和乐高科技园区发展新政策机制"决定，力争将和乐高科技园建设成科学之城。阮春福总理要求科技部、和乐高科技园区管理委员会坚持所提出的定向和长期目标，在革新与创新的基础上开展项目建设。和乐高科技园区已吸引了 FPT、Viettel、NPT 等重要企业投资，有 78 个生效项目，投资总额逾 60 万亿越盾（约 26 亿美元），占地面积 346.5 公顷，集中投资高科技、培训、服务贸易和社会基础设施等领域。目前，36 个项目已投入运营，2016 年该园区进出口总额超过 24 亿美元，其中出口额近 13 亿美元。

三、国际科技合作情况

日本首相安倍晋三于 2017 年 1 月访越期间，与总理阮春福确定推进越日在高科技农业、高素质人力资源培养等领域的合作，增加接受越南实习生。

越南和日本签署了卫星数据交换协议，建立覆盖越南的全球定位卫星网络。该协议有效期从 2017 年 9 月至 2019 年 9 月。协议的签署将扩大双方在地球观测卫星、星载扫描波束合成孔径雷达和数据立方体系统数据方面的研发合作。根据协议，日本宇宙航空研究开发机构将提供拍摄越南领土的星载扫描波束合成孔径雷达（ScanSARALOS）图像。越南宇宙中心将运行并维持数据立方体系统，以保存星载扫描波束合成孔径雷达的数据，加强星载扫描波束合成孔径雷达在各个领域的应用，开展包括日本卫星和现有卫星的地球观测数据在内的利用、应用及研究，逐步形成覆盖越南全境的全球定位卫星网络系统。

越南信息传媒部部长张明俊 2017 年 3 月与美国驻越南大使特德·奥修斯就促进越美信息技术合作的措施进行讨论。张明俊表示，Intel、Microsoft、IBM、Oracle、Motorola、Qualcomm 等美国信息技术领先企业，以及 Facebook、Google 等社交网络和跨国科技企业已对越南投资并实现巨额盈利。越南计划建设 5 个智慧城市，希望美国企业为此提供技术支持。特德·奥修斯表示，美方已对越南若干省市的基础设施进行考察，希望能与海防、广宁、胡志明市等建设智慧城市的核心省市开展合作。美方将与越南邮政电信集团（VNPT）就智慧城市建设的具体项目联合举行研讨会。

2017 年 6 月，越南老挝召开科技合作委员会第四次会议。双方商定 2017—2019 年度优先合作领域，重点扶持老挝科技发展基金运作，协助老挝完成基础设施建设，提高辐射安全技术能力。越南还将培训老挝科技官员的信息和统计能力。双方将加强两国技术转移活动，在知识产权领域开展合作。签署了两国国家科技发展基金与越老技术创新部门合作备忘录。

越南科技部 2017 年 11 月在河内举行越南韩国科学与技术研究院启用仪式。科技部部长朱玉英表示，在越南和韩国资深专家支持下，越韩科技研究院对越南各经济产业进行考察，旨在确定该研究院的优先工作任务。信息技术和生物技术有望成为越南经济发展的重要领域，将是越韩科技研究院初期活动的主要内容。越韩科技研究院与韩国科学技术院签署合作协议，并同河内国家大学、河内科技局、军队电信集团、Traphaco 股份公司等签署技术发展与人力资源培训的合作备忘录。

科技部部长朱玉英 2017 年 3 月会见世界知识产权组织总干事弗朗西斯·高锐时表示，越南政府已同意制定《国家知识产权战略》，科技部正努力健全相关政策制度，确保满足相关国际标准及越南所参与的各项国际条约，消除各种壁垒，为企业创造便利，切实加强知识产权保护及提高知识产权应用效率等。弗朗西斯·高锐对越南创新指数迅速上升予以高度评价，承诺将继续支持越南以改革创新促发展。根据双方签署的合作备忘录，双方将加强合作，帮助越南制定《国家知识产权战略》。

（执笔人：梁雪军）

◉ 泰　　国

为实现国家经济结构的转型升级，摆脱"中等收入陷阱"，泰国政府抢抓新一轮产业革命的机遇，提出"泰国4.0"战略，通过聚焦新一代汽车、智能电子、高端旅游及保健旅游、农业和生物技术、食品加工、机器人、航空与物流、生物燃料和生物化学、数字经济、全方位医疗十大目标产业，以东部经济走廊为战略平台，实现国家的可持续发展。科技创新作为国家经济发展的核心支撑，泰国正在全力探索符合本国国情的科技创新发展之路。

一、重大科技创新战略、政策、规划和举措

围绕国家战略发展规划提出的目标和国家经济发展对科技创新的要求，泰国政府今年推出了一系列促进科技创新的政策措施。

（一）大幅改革国家科技创新体系

泰国科技创新体系改革分为两个阶段。第一阶段始于2016年10月，成立了国家最高科技创新政策决策机构——国家研究与创新政策委员会（National Council for Research and Innovation Policy），由总理任主席，主管副总理任副主席，成员包括科技部部长等19位内阁部长，以及科研机构、高校、企业代表和8位专家。2017年开始合并原分别隶属于总理府的泰国研究理事会（NRCT）和科技部的国家科技创新政策办公室（STI），成为国家研究与创新政策委员会的秘书处，统筹负责研究和起草国家科技创新政策、战略、实施计划，提出国家研发经费的分配方案与监督、评估。第二阶段是国家科技执行机构的改革，包括整合目前分散在各部委的国家科技创新经费分配体系，形成支持科学研发、生命科学和社会科学的三大基金管理执行机构。全面整合泰国科技部所属的科研机构，组成国家战略科研力量。第二阶段的改革目前处在筹划阶段。

（二）举国之力建设国家特区科技创新平台

如果说涵盖三府的东部经济走廊（Eastern Economic Corridor，EEC）是泰国政府力推的国家经济特区，那么，区内规划的创新园（EEC for Innovation，EECI）和数字园（EEC for Digital，EECD）就是特区建设的核心。创新园由泰国科技部授权国家科技发展署（NSTDA）负责规划和开发，分为三大功能区，即聚焦自动化、机器人和智能系统研发的工业创新区，集中生命科学和生物技术研发的生物创新区，以及聚焦空间技术和地理信息的航空航天创新区，目标是建立与十大目标产业配套的各种研发实验室、测试中心和示范工厂，使之成为特区的研发、创新、测试和评估中心。数字园由数字经济部负责，由数字创新中心、研发中心和居住区组成，将云集国内外软、硬件企业，重点围绕智能闭路电视、物联网、云计算、大数据和新型传感系统等展开研发。

（三）出台优惠的投资和延揽国际人才政策

为鼓励投资东部经济走廊，泰国政府按投资的技术含量出台3个等级的公司所得税优惠政策，自2018年1月1日起实施：投资创新园、数字园的高技术企业可享受免公司所得税10年，再减半公司所得税5年的待遇；投资十大目标产业可免公司所得税8年，再减半公司所得税5年；投资普通工业地产可免公司所得税8年，再减半公司所得税3年。

为鼓励投资十大目标产业的研发，企业研发费用加计扣除额可从200%提高到300%。

为延揽国际人才，政府规定，对于总部或设施在东部经济走廊的企业管理人员、投资者和技术专家，个人所得税税率由常规的最高35%下调到不超过17%。自2018年起，推出"智慧签证"，有效期由常规的1年变为4年，无须申请工作许可，且配偶和子女享有同等待遇。

为使政策落地和提供专业对口服务，负责国家投资优惠政策的泰国投资委员会（BOI）新近成立了生物与医疗产业处、先进制造处、基础工业处、高附加值产业处，以及创新与数字产业处。

（四）制订专业人才培养计划

专业人才不足是长期困扰泰国经济和科技创新发展的瓶颈，也是国际高新企业投资泰国最关切的问题。调查显示，泰国每年缺少5万名技术专才。为此，泰国政府制订了《人才培养、教育、科研和技术计划（2017—2021年）》，提出按市场需求培养人才、鼓励校企对接、与全球一流学校和企业合作的总体思路，并从2018年中央财政拨款8.6亿泰铢用于专才培养。2017年，泰国科技界联合成立了战略人才中心，旨在挖掘和鉴别本土科技创新人才，建立国家专家数据库，为企业推荐所需的国内外人才，并提供一站式服务。

二、研发投入和产出现状

根据泰国研究理事会（NRCT）发布的《泰国研发指数 2016》，2015 年，泰国研发总投入 846.71 亿泰铢，占国民生产总值 0.62%，其中政府投入 168.78 亿泰铢，占总投入的 20%，非政府投入 627.92 亿泰铢，占总投入的 74%，其他渠道投入 50 亿泰铢，占总投入的 6%；每万名劳动力有研发人员 41 名；发表国际学术论文 8597 篇，相当于每十万人口发表 12.16 篇国际论文；申请知识产权总计 65 991 项，其中发明专利 7811 项，设计专利 4369 项，小专利 3902 项，注册商标 49 909 项；拥有各类实验室 8580 家，其中政府所属实验室 4211 家，私企 3972 家，国企 393 家。

另据泰国研究理事会秘书长发布的数据，2016 年泰国研发总投入占 GDP 的比例估计为 0.75%，预计 2017 年为 0.8%。2018 年政府财政研发投入为 170 亿泰铢，比 2017 年增长 15%。

企业是研发投入的主力军，2015 年泰国企业研发投入占国家研发总投入的 70%。泰国研究理事会发布的《泰国企业研发与创新调查 2015》显示，泰国企业近 10 年来研发费用和研发人员增长迅速，制造业是企业研发的主力军，在有研发投入的 5547 家公司中，3327 家是制造型企业，占研发经费总支出的 74%。研发支出前 5 名的行业分别为石油、食品、化工、非金属矿物制品和办公机械制造业。大多数企业研发在企业内部进行，95% 的企业研发经费用于自行研发，很少外包给大学和公共研究机构，说明泰国产业界和高校的联系不多。企业进行研发创新活动最重要的动力来自客户需求、扩大产品和服务，最重要的信息源来自企业内部的数据、国外供应商和客户，可见泰国企业研发总体还处于传统的需求驱动，尚未形成创新驱动。

泰国大型企业是研发投入的主力军。泰国石油公司（PTT）早在 1993 年就成立了占地 2 万平方米的科学与技术研究所，开展石油与石化产品开发、新能源研发、产品应用及环境评估等研发，成为东南亚地区领先的科研机构。之后又以研究所为基础扩建成占地 3 万余平方米的 PTT 创新园，形成覆盖石化全产业链的研发园区。2015 年，PTT 又投资创建了旨在培养能源专业硕士、博士的 Vidysirimethi 学院。正是有了该学院的基础，泰国政府才决定将东部经济走廊创新园设在学院所在的区域。泰国暹罗水泥集团同样注重研发，研发人员已从 2011 年的 932 名扩大到如今的 1800 多名，年研发投入也从当年的 11 亿泰铢提升到现今的 60 多亿泰铢。

三、开展国际科技创新合作的新特点和趋势

在新形势下，泰国国际科技创新合作凸显以下特点。

1. 通过国家大型项目的国际合作，带动高端技术的输入，实现技术转移

作为发展中国家，泰国传统上是以劳动力成本低的优势引进和发展工业的，如泰国汽车业出口量大，但只有低端制造能力。随着人口老龄化和走出"中等收入陷阱"、周边国家同质竞争的压力，传统模式已不可持续。要实现经济转型升级，就必须依靠科技力量，逐步由低端走向中高端，以国家大型项目的合作实施带动国际技术转移就是有效途径。例如，今年泰国政府的遥感卫星招标，就明确要求国际竞标公司必须转移卫星设计、组装、测试等技术和人才培养，以实现泰国今后能自主制造卫星。再如，在合建高铁项目中，泰国将技术转移列为重要条款，希望通过分期建设，采用第一期聘请外方设计，泰方学习和培养人才，第二期泰方设计，外方监督的方式，逐步掌握高铁的设计等高端技术。由此可见，发达国家以前对泰采取的只要市场、不转移技术的传统套路已难以为继。如何把握好这些机遇业已成为泰国开展国际科技创新合作的新重点。

2. 为争取国际科技创新资源同东盟其他国家展开激烈竞争

无论是泰国 4.0 战略、印尼海洋强国战略，还是马来西亚第十一个国家发展计划，目的都是希望抓住新一轮产业和科技革命的机遇，发展经济。为此，东南亚各国为争取国际科技创新资源竞争激烈，如泰国总理巴育亲自邀请中国科学院来泰设立分支机构；泰国和多个其他东南亚国家竞争国际电商、信息技术巨头的地区总部；争取香港贸易发展局东南亚代表处等。

3. 根据实际需求，泰国国际科技创新合作各有侧重

泰国根据自身的发展重点和需要，同世界各国的合作重点各有不同。日本长期深耕泰国，在泰国各地建有众多的生产制造基地，当前合作重点多集中在生产自动化、智能化领域，以实现对原有基地的升级换代。德国是工业 4.0 的提出者，泰德合作主要聚焦以工业机器人为主的先进制造业。同欧盟的合作突出航空领域，将与空中客车公司共建客机维修中心。泰国同美国的科技合作集中在卫生与健康、气候变化、环境（特别是生物多样性保护）、清洁能源和水资源管理领域。同英国合作领域广泛，包括健康与生命科学、环境和能源安全、未来城市、农业科技、数字与创新等。

4. 中国科技创新成就为同属发展中国家的泰国增强了发展科技创新的信心，提供了借鉴经验

中国科技能力的快速提升和重大科技成果的不断涌现给予泰国巨大的震撼和鼓舞，分享和借鉴中国科技创新发展经验已在泰国政府、立法会和科技界形成共识。两国现有合作机制和平台不断巩固，以共建联合实验室、技术转移、科技园建设和科技人文交流为主要行动的中泰政府间科技创新合作项目稳步推进，科技高层交流和访问频繁，中国高新企业纷纷落户泰国，是泰国发展数字经济的倚重力量。一个政府合作聚焦重点、民间合作遍地开花的中泰科技创新合作局面正在形成。

总体来说，2017 年，泰国的科技创新能力显著增强，在世界主要竞争力排名榜上的名次不断提升。世界经济论坛（WEF）发布的《全球竞争力报告2017—2018 年》，泰国在 137 个经济体中排名由去年的第 34 位上升到第 32 位，创新类指标也从去年的第 54 位大幅上升到第 47 位。世界知识产权组织（WIPO）发布的《2017 年全球创新指数》中，泰国在 127 个经济体中排名由去年的第 52位上升到第 51 位。泰国最高学府朱拉隆功大学在 2017—2018 年 QS 世界高校排名中居第 245 位，比去年大幅提升了 7 位，同时还进入上海交大的 2017 年世界大学学术排名第 401 名～第 500 名的区间。这些数据均说明，泰国政府近年采取的提高泰国科技创新力的政策和措施已初见成效。相信再经过几年的奋斗，泰国的科技实力和竞争力将更上一层楼。

（执笔人：曹周华）

◎ 马来西亚

马来西亚是东南亚经济和科技大国，也是"一带一路"的重要支点国家。马来西亚高度重视科技创新，致力于依靠科技创新应对国家面临的社会挑战问题，视科技创新为推动社会和经济发展的重要驱动力。2017年，马来西亚聚焦信息技术、大数据、人工智能、工业4.0，大力营造科技创新政策环境，科技创新投入不断提高，科技创新实力不断增强。

一、科技创新投入不断提高

根据2013年马来西亚发布的国家科技创新政策，到2020年，马来西亚全国R&D投入占GDP的比重要达到2%，实现创新型国家。但目前真实情况距此目标还相差甚远。2015年，马来西亚研发投入占GDP的比重为1.3%，居全球第29位。2016年，全国研发投入占GDP的比重为1.4%。据马来西亚科学院预测，2017年，马来西亚研发投入的GDP占比为1.6%。

政府研发投入碎片化是马来西亚研发资金管理中的一个突出问题。在国家层面，马来西亚共有8个部门的14家机构提供科研经费。尽管马来西亚的科技研发投入从第1个五年计划到第11个五年计划期间一直在不断增长，但由于多部门分散管理，极大稀释了科研经费的支持力度。多部门分散的、碎片化的资金管理机制，被认为是马来西亚存在的一个重要问题。

二、国家发展战略突出科技创新驱动

2017年1月，马来西亚总理纳吉布在讲话中提出，马来西亚要制定今后30年的社会发展规划，即2050国家转型计划（National Transformation Initiative 2050），总体目标是到2050年，将马来西亚发展成为全球20强的发达的创新型国家，各项经济和社会发展指标均要达到全球 20 强。

为实现"2050 国家转型计划"，并为实现国家发展战略目标提供技术导航，马来西亚科学院开展了"2050 国家转型新兴技术展望研究"。经过广泛调研和专家研讨，提出了 95 项新兴技术，以及对实现"2050 国家转型计划"有重大影响的五大科技领域的 21 项关键技术，并制定了技术发展路线图。五大科技领域包括：绿色技术、神经技术、纳米技术、生物技术和数字技术。21 项关键核心技术为：纳米感应物联网技术、酶技术、疾病生物标记、生物制药、脑组织再生、认知神经学与神经影像学、计算机网络安全、脑电波技术、3D 和 4D 打印技术、大数据分析、人工智能、云计算、虚拟及增强现实技术、以纳米为基础的药物输送系统、燃料电池、光伏电池、海洋热能转换、集成生物提炼技术、污水养分恢复、精准农业、农作物分析标记。

2017 年 10 月 12—16 日，马来西亚科技创新部在马来西亚科技园举办了首届全国创新与创造经济博览会。这是马来西亚截至 2017 年年底举办的规模最大的一次科技创新盛会，包括未来新型技术、智能社会、电子信息、卫生与健康等多个板块，旨在提高广大青年投身科技创新的热情，激发全社会创新投入，促进社会可持续发展和提高国家科技创新竞争力。此次创新博览会得到了巨大的社会反响，马来西亚科技创新部长 Madius Tangau 表示，今后将作为一项机制性的项目活动，每年举办一次创新博览会，促进全社会的创新和创业，为实现"2050 国家转型计划"提供创新驱动力。

三、战略新兴技术不断加强

（一）信息通信技术

信息通信技术是马来西亚重点发展的新兴技术，被认为是马来西亚经济领域增长的引擎。马来西亚启动实施了"数字马来西亚"计划，以推动马来西亚走向数字经济，提出到 2020 年信息通信技术产业对 GDP 贡献率要达到 17%。2017 年 3 月，马来西亚建立了世界首个数字产业自贸区，目标是吸引 1000 家信息技术及互联网等创新型企业入住。吉隆坡因特网城便位于其中。建立数字自贸区的最终目的是：促进信息通信技术产业的发展，发展数字经济，使马来西亚成为东南亚区域数字技术产业中心。

2017 年 4 月，马来西亚国际数据公司发布了"影响马来西亚未来 3 年的关键 ICT 技术"。这些新技术包括：大数据和云技术、企业移动性和设备部署模型、物联网、认知网络安全。

信息通信及宽带通信技术是马来西亚优势产业之一，目前，马来西亚 ICT 及宽带通信在亚洲排第 4 位。在 2016 年世界经济论坛的网络就绪度排名中，马来西亚在全球 139 个评估国家中排名第 31 位。

（二）生物科技

马来西亚有较好的生物技术生态系统。早在 2005 年，马来西亚就制定了国家生物技术政策，提出了生物技术产业发展的"三步走"战略：加强能力建设（2005—2010 年），发展科技和商业化（2011—2015 年），发展全球生物技术产业（2016—2020 年），目标是到 2020 年将生物技术打造成马来西亚重要经济支柱，贡献 GDP 的 5%。

2017 年 1 月，马来西亚设立生物技术产业化基金，以扶持生物技术企业，总金额 1 亿马币。该基金以软贷款的形式，为生物技术企业的贷款提供 5% 的利息支持，总计 18 个月，主要面向生物技术领域的中小企业或成熟的企业，因此，将会大大减轻企业的贷款负担。该基金共有两类产品，一类是业务启动资金，每个项目 60 万马币；另一类是企业发展资金，每个项目 300 万马币[5]。

据 2017 年全球生物技术记分牌排行榜根据生物技术产出密度、教育与人力资源、资金、政策等指标所做的生物技术能力评估报告，马来西亚生物技术能力综合得分 39.1，排名第 27 位（中国排名第 41 位）。马来西亚主要生物技术研发机构有：马来西亚农业研究与开发研究所、马来西亚博特拉大学、马来西亚国民大学基因组与分子生物中心、马来西亚科学大学医药与神经学研究所等。

（三）石墨烯

全球发达国家正在投入巨大的财力和物力，用于石墨烯技术的研发和产业化。由于亚太地区制造业的飞速发展，成为石墨烯产业发展最快的地区。在马来西亚，石墨烯技术作为一项战略性新兴技术也得到政府的重点支持。2017 年 7 月 10 日，马来西亚召开国际石墨烯大会，全球顶级石墨烯专家汇聚一堂，研讨石墨烯未来的发展，就石墨烯当今前沿研发问题、产业化及石墨烯应用的技术路线等问题进行研讨，包括分层材料及混合系统、石墨烯 2D 材料、商业化技术路线等。

2014 年，马来西亚曾发布了《国家石墨烯 2020 行动计划》，提出到 2020 年，石墨烯技术要为马来西亚贡献 200 亿马币的 GDP，增加就业岗位 9000 个，重点研发领域包括：锂离子电池电极、超级电容器、橡胶添加剂、纳米流体（钻井液及润滑剂）、导电油墨、塑料添加剂（用于汽车、石油天然气、电力与电子及消费品）等。

马来西亚工业主要集中在遍布全国的 200 多个工业园或自贸区中，而以石墨烯为基础的产品的生产主要集中在这些产业园区。《国家石墨烯 2020 行动计划》实施以来，马来西亚已经在 12 家企业开展了 30 多个石墨烯科技项目，包括以石墨烯为基础的润滑油、冷却剂、可替代能源、汽车部件、混凝土、橡胶等。

四、积极开展空间和极地研究

2017 年 2 月，由纳吉布总理任主席的马来西亚国家科学理事会批准了"马来西亚国家空间政策"，目标是：确保空间领域得到利用，为战略性新经济的增长提供技术支持。国家空间政策强调科技创新在应对未来挑战方面的关键作用，提出要改进科技创新环境，以确保提高国家创新竞争力。

马来西亚未来还将制定《国家空间法》，以规范今后的空间活动和运行，如卫星发射和运营，发射升空的物体（卫星）的注册，地球空间站的运行及相关活动等。"国家空间政策"是制定《国家空间法》的基础。

2017 年 8 月，马来西亚"米赞苏丹南极研究基金会"通过了一项五年战略计划，以加强马来西亚的南极科学研究，促进和协调大学的南极研究活动。马来西亚科技创新部部长 Madius Tangau 称，马来西亚今年已经成为南极观察员国，并将争取在今后 3 年内成为南极理事会正式成员。在国家层面，马来西亚正在起草"马来西亚南极法案"并将尽快提交议会审批，这是马来西亚申请加入南极条约的最后步骤。《南极法》是申请加入南极条约成为协约成员国的先决条件，也是马来西亚加强承诺，保护南极作为全球人类和平及科学研究的共同遗产的先决条件。此外，马来西亚也在积极寻求成为国际北极科学委员会成员。目前，马来西亚是北极科学理事会的观察员。

五、积极开展国际合作

2017 年 6 月，马来西亚 InnoBio 公司与伊朗 Aryogen 制药公司签署合作协议，联合进行新药研发和生产，用于治疗乳腺癌、白血病、血液疾病及风湿性关节炎。重点合作生产 4 个产品：FactorVII、利妥昔单抗、曲妥单抗和伊那西普。据预测，在马来西亚当地生产上述药物，将比进口同类药物价格低 30% ～ 40%。InnoBio 是马来西亚科技创新部支持的国有生物技术企业。

2017 年 7 月，在马来西亚召开的国际石墨烯大会上，马来西亚与 IDC 全球公司签订备忘录，合作开发以石墨烯为基础的建筑材料。

2017 年 9 月，第 14 届不结盟及发展中国家科技中心（NAMS&T）理事会会议暨气候变化论坛在吉隆坡召开。此次会议，马来西亚科技创新部秘书长 Mohd Azhar Bin Haji Yahaya 当选为该理事会的理事长。NAMS&T 中心成员包括 48 个不结盟及发展中国家，旨在促进成员之间的科技合作。马来西亚将在 NAMS&T 中心发挥更大作用。

（执笔人：曹建如）

◉ 印　　度

2017 年，印度总理莫迪在印度科学大会上提出要在 2030 年将印度建成世界第三科技强国。围绕这一目标及"印度制造""数字印度""创业印度"等战略，印度科技创新采取了系列新举措，取得系列新进展。

一、主要举措

保持科技投入强度。2017—2018 财年中央政府科技投入 3744 亿卢比（约 370 亿元人民币），同比增长 10%。其中，科技部预算 1150 亿卢比，空间研究组织 909 亿卢比，原子能局 1246 亿卢比，地球科学部 172 亿卢比。

启动信息物理系统跨学科研究计划。印度总理莫迪强调，信息物理系统（Cyber-Physical Systems）在全球快速发展，必须给予高度重视；要通过研究和培训，在机器人、人工智能、数据生产、大数据分析、量子通信及物联网方面提升能力，化挑战为机遇；要在服务业、制造业、农业、能源与交通、健康、环境、安全、金融系统、打击犯罪等领域开发和应用这些技术。为落实这一部署，印度科技部启动了信息物理系统（ICPS）跨学科研究计划，支持该系统在水、能源、医疗保健、农业、基础设施、交通及安全领域的应用。

着手启动深海使命计划。总理莫迪强调，海洋经济对印度可持续发展至关重要，实施深海使命计划是保障印度繁荣和安全的关键措施。印度地球科学部正在谋划启动深海使命计划（Deep Ocean Mission），预算可能达到 1000 亿卢比（约 100 亿元人民币），以提升印度在勘探、开发和利用海洋资源方面的科技竞争力和国际地位。

加快实施国家超算计划。2015 年，印度启动国家超算计划，计划投入 450 亿卢比建设 50 个超算中心，但进展缓慢。2017 年，首批 5 个超算设备布局确定，分别为尼赫鲁大学、位于班加罗尔的印度科学研究所（IISc）、印度理工学院卡拉格普尔校区、印度理工学院坎普尔校区和位于普纳的国际信息技术研究所。

积极实施国家创新发展与治理计划。计划投入20亿卢比建设100个孵化器，截至2017年7月，官方认定孵化器、加速器170个，认定初创企业2196家，15万人申请了创新创业培训。投入9亿卢比在印度理工学院建设研究园。生物技术产业研究支持委员会（BIRAC）5年来支持618个项目、850个初创企业和20个孵化器。出台政策将初创企业专利申请费消减80%，鼓励初创企业创新创业。推出农业创业扶持项目，支持智能农业、食品创新技术、农业物联网技术等领域的创新创业企业。

大力实施人才引进培养计划。2017年，正式启动了先进合作研究访问学者计划（VAJRA），该计划支持1000名印侨科学家以访问学者或兼职教师身份来印度工作1～3个月，每月薪酬1万～1.5万美元，首批支持了70名。2012—2017年，共有649名印籍科学家回印，是上一个5年的近3倍。另外，还通过实施海外博士奖学金计划，支持博士到海外接受不超过一年的培训，每月奖学金2000美元。

推进成果转化和军民科技融合发展。印度科学与工业理事会采取严格专利审查、支持创业、设立创新基金支持专利转化等措施，加速专利商业化。据印度科技部称，该理事会专利商业化率为13.3%，而全球平均水平为3%～4%。印度空间研究组织建设创新分中心，作为其技术商业化和创业基地。印度国防部设立国防创新基金，由印度军工企业出资，启动资金10亿卢比，同时接受政府拨款和社会捐款，旨在建立相关产学研机构的联系，促进防务创新和技术开发。

二、重点领域发展动态

空间技术继续保持快进势头。PSLV-37火箭搭载104颗卫星发射成功，创造新的世界纪录。"南亚通信卫星"发射成功，将供印度周边国家无偿使用。积极研发造价为传统运载火箭1/10的小型运载火箭，抢占微型卫星发射市场。双层反导系统再次成功完成拦截测试，标志印度成为世界反导大国。发布新的里空探测战略，计划2021—2022年向火星发送着陆器，向金星发射轨道飞行器。"无畏"巡航导弹第五次试射成功，加入"先进亚音速巡航导弹俱乐部"。成立贾杜古达（Jaduguda）科学实验室，加入全球寻找暗物质竞赛。

新能源投入不断加大。瞄准2020年可再生能源发电能力达到175吉瓦的目标，出台可再生能源规划，对未来3年太阳能和风能项目制定时间表。大幅消减清洁能源相关设备和原材料进口税，可再生能源发电商减税5%，可再生能源企业公司税率从30%降至25%。加快太阳能发展，预计2017年新增装机容量9.4吉瓦。太阳能电价降至3卢比每千瓦时，成为印度最廉价新能源。出台太阳能跨邦销售新政策。建设太阳能发电园，中央政府计划投入81亿卢比在2020年前在全国建造 50 个容量为 500 兆瓦以上的太阳能发电园。加快太阳能在各行业领域的应用，如印度海军"萨尔维克沙克"号测量船安装了太阳能电池板，第一辆装有太阳能板的柴油机火车投入使用，研发出新型太阳能自行车。与世界银行签署太阳能合作项目，获得 9800 万美元贷款和 200 万美元捐赠用于太阳能停车场建设。风电发展迅速，2016—2017 财年发电量达 5400 兆瓦。截至 2017 年 9 月，印度可再生能源容量为 62.5 吉瓦，约占全国电力装机容量的 1/5，风电与太阳能装机容量分别为 32.7 吉瓦和 17 吉瓦。推动电动汽车应用，为实现 2030 年达到全国 100% 车辆电动化的目标，推出"2020 年国家电动机动车任务"，创造 500 万～ 700 万辆电动车需求，2017—2018 年财政将补贴电动汽车制造商 17.5 亿卢比。马恒达公司推出两款电动汽车并计划与优步公司合作出租电动汽车，印度空间研究组织推动将其研发的锂离子电池技术用于制造电动汽车。

生物医药取得新突破。提出到 2020 年建成世界生物技术创新中心。登革热疫苗获得临床试验许可，有望于 2019 年研制成功。投入 75 亿卢比启动印度结核病研发合作计划，整合全球相关资源研发治疗结核病的诊断技术、新药品和疫苗。培育出血糖生成指数低的水稻改良品质，适合糖尿病患者食用。发现银富集水稻品种。发现家禽废弃物可向人类传播耐药性细菌。

信息科技力求不掉队。积极研究人工智能技术的机遇与挑战，期望人工智能带来新的、高质量的就业，而不是削弱印人工红利。用人工智能开发出检测早期乳腺癌的技术。开始与华为等公司合作推广应用 5G 移动通信技术。积极打造全球最大身份认证生物识别数据库，目前印政府已收集了 12 亿公民的 Aadhaar 数字身份识别数据，包括指纹和虹膜识别数据，印政府允许开发者整合这些认证数据。启动"开放车间"（Open Forge）项目，打造一个基于开放数据和标准、开源开发电子应用程序的平台。一批初创企业已开始利用人工智能技术解决印度医疗资源匮乏等问题。

环保科技渐受重视。研发碳封存新技术，将燃煤锅炉排出的二氧化碳转化为苏打。开发出从废水中回收硫的新方法，首次利用生物和电化学相结合的手段从废水中回收硫并利用其研制出锂硫电池。开展电子垃圾污染调查研究。积极推进雾霾污染溯源和形成机制研究。

传统医学亮点纷呈。莫迪总理为全印阿育吠陀研究所（AIIA）揭幕，呼吁复兴印度传统医学。研发出控制血糖的草药片 Diafnedica，通过相关审批获得 GMP 认证正式上市，可大幅降低糖尿病患者治疗费用。研究发现基于印度醋栗（Amla）的草药制剂具有治疗阿尔茨海默症的潜力。印度国家研究开发公司（NRDC）向私人企业转让 3 项阿育吠陀药物技术，分别可治疗糖尿病、类风湿和关节炎。

三、国际科技合作情况

中印科技交流合作稳步推进。2017 年，中印关系在波折中前行，双边科技合作受到较大影响，多边机制下的合作有所进展。金砖框架下，举办金砖国家知识产权局局长会议，积极派团赴华参加金砖国家科技创新部长级会议、传统医药会议等系列会议，双方将加强创新、科技园区、技术转移等合作；清洁能源部长级会议框架下，双方将加强清洁能源领域科技创新合作，并共同发起和牵头若干创新挑战。地方及民间保持交流，第二届中印技术、创新与投资合作大会在新德里成功举办，印度国家科学院、印度理工学院、旁遮普大学、安贝德卡大学、印软件与服务业协会等代表团赴华考察交流，贵州、四川省政府等代表团访问印度，两国科学家合作在跨喜马拉雅山研究、气候变化等领域取得系列新突破。印度青年科学家代表团赴华参加金砖国家青年科学家论坛并考察，20 多名印度青年科学家申请科技部"国际杰青计划"和中国科学院国际人才计划。

积极与科技大国开展合作。与美国启动美印智能配电存储系统合作项目（UI-Assist），每年各出资 150 万美元，整合智能电网、能量存储和新能源研究，促进新能源在公共电力系统中的应用。与欧盟在水净化、污水处理等涉水领域征集了一批新的合作研究项目。与俄罗斯签署《科技领域开展合作的备忘录》，明确通过联合开展科技会议、科学活动、科学项目等方式加强合作，并在基础研究领域实施了一批合作项目。与英国签署《建立农作物科学合作中心谅解备忘录》，将联合在印建立农作物科学合作中心，并实施农作物科学联合奖学金计划，促进英印相关领域博士和博士后合作与交流；联合启动"日出计划"，加快研制可打印的低成本光伏材料，英国全球挑战研究基金（GCRF）支持 800 万英镑；各投入 500 万英镑联合建设印英清洁能源虚拟中心；英国罗尔斯·罗伊斯公司计划在印度班加罗尔建设航空发动机技术中心，研发生产航空发动机。与加拿大在先进制造、清洁能源、智能电网及食品与农业领域征集了一批合作研究项目。与荷兰各出资 5720 万卢比，开展城市生活污水处理、重金属检测与消除等多项清洁水技术研究。与日本探讨合作探索月球。与澳大利亚签署协议加强海洋科技合作。

加强对发展中国家的科技援助。加大技术与经济合作计划（ITEC）实施力度，2017—2018 财年向 161 个发展中国家提供 300 多种课程、10 500 个奖学金名额。与阿富汗签署空间技术合作备忘录，双方计划在农业、天气预报、电信、环境卫生、城市发展、遥感与导航等领域开展空间技术应用合作。向马尔代夫、毛里求斯等印度洋相关国家捐赠海岸雷达系统。

积极牵头和参与多边科技合作。加快推进国际太阳能联盟（ISA）建设，在54 个国家指定了国家协调中心，已有 40 个国家签署了框架协议，14 个国家批准加入；已与 UNDP、世界银行、气候议会等国际组织签署合作协议；启动实施了太阳能规模化应用计划和规模化项目实惠金融计划。在第二届创新使命部长级会议（MI-2）创新挑战中，与相关国家牵头组织 7 项挑战中的 2 项，即智能电网和离网电力供应项目，其中智能电网挑战项目已组织两次研讨会。

（执笔人：单祖华）

巴基斯坦

2017 年，巴基斯坦政局基本稳定，经济、安全形势继续改善。2016—2017 财年，巴基斯坦 GDP 增长 5.3%，创 9 年来新高，其中 1.4% 系中巴经济走廊拉动，经济总量首破 3000 亿美元。实体经济持续好转，科技发展稳中有进。

一、国家科技与创新政策

巴基斯坦政府 2017 年未出台新的科技创新战略与政策，科技工作围绕贯彻落实《巴基斯坦 2025 愿景》战略和《科学、技术和创新战略 2014—2018》稳步推进。

《巴基斯坦 2025 愿景》战略提出，到 2025 年使巴基斯坦成为世界前 25 大经济体、跨入中上等收入国家行列；到 2035 年在关键目标领域成为全球和地区领导者；到 2047 年建国百年时成为世界前 10 大经济体、跨入高收入国家行列的三步走战略目标。为此，要打牢 4 个基础（共同愿景、政治稳定、和平与安全、法治与社会公平），构建 7 个支柱（人力和社会资本，持续、自主和包容性增长，民主治理，水、能源和食品安全，创业引领型增长，具有竞争力的知识经济，现代化交通基础设施）。文件指出，要以知识增强效能，通过不断提高全要素生产率驱动收入增长。关键是创新引领，提高高等教育和研发质量，强化产学研联系，在教育机构中培育创新生态系统，激励创业型卓越中心、科技园和孵化器。通过构建知识经济，提高农业生产率，增强工业和服务业竞争力。

《科学、技术和创新战略 2014—2018》则提出，构建科技创新驱动的知识型经济，促进经济社会繁荣，实现国家安全、公平、可持续发展，增强国际竞争力的愿景。文件提出 6 条实现途径：培育科技人才；完善科技体制，提高管理效能；在新兴科技领域实现卓越；利用成熟技术；提高产业技术和创新能力，促进出口；以科技创新促进民生发展。

二、研发投入与产出

巴基斯坦研发投入主要来自政府和高校，其官方研发总支出最新数据是2013年的655.56亿卢比（1美元约合106卢比），研发强度0.29%。联合国教科文组织最新数据显示，2015年，巴基斯坦研发总支出为675.25亿卢比，研发强度为0.25%。

巴基斯坦《"十一五"（2013—2018）规划》中，各财年政府科技事业预算分别为53.2亿卢比、36.58亿卢比、34.94亿卢比、43.38亿卢比和56.57亿卢比。2017—2018财年，巴基斯坦政府向科技部拨付研发经费24.28亿卢比，同比增长6.51亿卢比。

科技人力资源方面，其最新官方统计为，2013年，巴基斯坦研发人员为14.13万人，全时当量7.57万人年，其中研究人员为6.07万人，全时当量3.02万人年，每百万人口中研究人员数为329人，全时当量164人年。世界银行最新数据显示，2015年，巴基斯坦每百万人口中研究人员数量为294人。

研发产出方面，2017年，巴基斯坦科学家在国际期刊上发表论文1.2万篇。2012年，巴基斯坦居民专利申请量为96件，非居民专利申请量为798件，至2015年，居民专利申请量升至209件，非居民专利申请量则下降至677件。

高技术出口方面，2015年，巴基斯坦高技术出口产值为2.59亿美元（现值），占制成品出口比例为1.56%。

三、国际科技创新合作

2017年，巴基斯坦政府积极开展国际多边和双边科技创新合作，优化资源，拓展舞台。

2017年9月10—11日，巴基斯坦总统马姆努恩·侯赛因以伊斯兰合作组织科技合作部长级常设委员会主席身份出席在哈萨克斯坦首都阿斯塔纳召开的首届伊斯兰合作组织科学与技术峰会，57个成员国的国家领导人和多个国际组织的代表商讨科学教育和技术创新领域的问题，峰会通过了《伊斯兰合作组织科学、技术和创新领域至2026年发展战略》，发表了阿斯塔纳声明，明确了未来10年伊斯兰国家科技发展任务。

2016—2017年，巴基斯坦政府加强了与美国、中国等大国的科技创新合作。

巴美教育与科技工作组第二次会议于2016年2月在美国华盛顿召开。双方决定，未来5年共同资助250名巴基斯坦学者赴美国攻读博士，加强巴美现有水资源、能源、农业与食品安全、气候变化高级研究中心建设，美国国际开发署、国家科学基金会与巴基斯坦高等教育委员会、科学基金会将共同支持在替代能源、生物技术、材料科学、纳米技术等领域开展联合研究。

中巴科技合作联合委员会第 18 次会议于 2017 年 7 月在巴基斯坦首都伊斯兰堡召开，两国科技部长签署了会议议定书和联合研究计划谅解备忘录，并共同为中国—南亚技术转移中心巴基斯坦分中心揭牌。中国社会科学院院长和中国科学院副院长相继访巴，推动高层交流。2017 年，102 名巴基斯坦科技人员参加了中国科技部组织的 28 个发展中国家技术培训班，80 名巴基斯坦青年科学家申请中国科技部组织的发展中国家杰出青年科学家来华工作计划。中国商务部支持举办了 1 期巴基斯坦农业管理培训班和 2 期巴基斯坦杂交水稻培训班。中国国家自然科学基金委员会与巴基斯坦科学基金会于 2016 年、2017 年分别批准共同资助 14 和 12 个合作研究项目，涉及农业与生物科技、地球科学和工程与材料科学领域，实施期均为 3 年。中国科学院与巴基斯坦空间与外大气层研究委员会签署合作谅解备忘录，开展空间技术合作。同时，中国科学院还积极与巴基斯坦科研单位商建中巴地球科学中心，力争将其打造成为中巴科技创新合作国家级平台。

四、主要科技成就

2017 年，巴基斯坦国防科技可圈可点，民口科技聚焦民生，稳步发展。

1. 推广实用技术，培养技能人才

巴基斯坦科学与工业研究理事会为企业提供了 12 728 次技术服务，包括 58 份可行性 / 技术 / 咨询报告，获得 19 项专利和 43 项工艺。举办 45 期培训班和研讨会，普及研发文化，培养 300 多名工业电子工程本科生和实用技术大专生。巴基斯坦科学基金会实施"科学人才培养计划"，每年遴选 300 名学生，资助他们从本科读到博士毕业。

2. 实施中小企业认证鼓励计划，提升竞争力

该计划由巴基斯坦规划、发展和改革部构想并制定，科技部负责实施，主要是引导和支持中小企业提升生产率和产品质量，以提高国际竞争力。科技部联合贸易协会、工商协会在全国各工业中心举办多场研讨会和讲座。中小企业纷纷申请认证鼓励。

3. 民生科技项目稳步推进

巴基斯坦水资源研究理事会致力于地面径流补充和雨水收集技术研发，制定

并实施地表水资源的可持续管理。国立科技大学自主研发了冠状动脉球囊导管并具备 2000 支导管的年产能力，售价比进口导管低很多。

4. 启动首个国家科技园招标

2017 年 11 月 24 日，巴基斯坦首个国家科技园招标书对外发布。该园由国立科技大学创新创业中心组织建设，规划面积 4 万多平方米，计划 3 年建成。总造价 80 亿卢比，政府拟注资 30 亿卢比，其余由入区企业分担。科技园将汇集大中小型和初创企业、实验室、研发机构和风险投资公司，聚焦机器人、自动推进工程、化工、生物技术与医药、能源及信息通信技术（软件工程、电信、计算科学等）诸多前沿领域。

（执笔人：贾　伟）

◎ 以 色 列

2017 年，以色列经济稳步增长。据以色列中央统计局的数据，2017 年以色列 GDP 增加 3%，比 2016 年下降 1%；人均 GDP 达到 14.5 万新谢克尔（约 4 万美元），增幅为 1%，失业率为 4.2%。

在科技政策与管理方面，以色列也是可圈可点，有不少重要举措。2017 年，以色列创新署开始全面运转，推出创新签证计划，公布了 12 家创新签证支持平台名单；推出五大科技创新实验室，扶持初创企业初期发展；解禁知识产权授权，允许以色列创新署资助的以色列企业向国外企业机构等进行专利授权。

一、保障科技与教育投入

（一）科技研发投入

根据以色列中央统计局发布的最新数据（截至 2017 年 12 月 31 日），2016 年，以色列国家民用研发支出为 520 亿新谢克尔，占 GDP 的 4.3%，与 2015 年持平，领跑 OECD 成员国和其他发达国家；人均研发投入为 1607 美元。以色列研发投入仍以企业投入为主体，2016 年企业研发投入持续增长，增长率为 2.4%（2015 年企业研发投入增长率为 6.9%），全年投入 440 亿新谢克尔，占全国研发投入的 85.6%；高等教育研发投入占比为 11.7%，政府投入占 1.7%，私立非营利机构研发投入占 1%。

（二）教育投入

以色列人才和科技资源的人均拥有率全球领先。全国人口中 20% 以上的人员有大学及以上学历，每万人口中科学家和工程师数高达 145 人。以色列教育经费投入持续增长。根据以色列中央统计局 2017 年 8 月公布的数据，2016 年以色列的教育经费支出达 948 亿新谢克尔，占当年 GDP 的比例为 7.8%（该比例与 2015 年持平）；与 2015 年教育经费支出相比增加 5%（2015 年比 2014 年增长 3.3%）；人均教育经费支出增长 3%（2015 年增长 1.2%，2014 年增长 3.7%）。其中，政府、地方机构和非营利组织对教育经费的投入占全国教育经费支出的 78.1%，家庭教育经费支出占 21.9%。

二、启动创新签证计划，吸引海外人才来以色列创新创业

人才是国家兴旺的保障。为了保持"全球第二硅谷"的繁荣，以色列清楚地认识到聚拢全球创新人才、打造全球人才高地的重要性和迫切性。2016 年年底，以色列政府推出创新签证计划，其主要目的是使海外创业者能够利用以色列的技术设施、商业系统及工作空间创业。若创业者的想法能够成长为初创企业，他就可向以色列国家创新署申请"创新签证"，经国家创新署同意后将获得长达 5 年的以色列创业"创新签证"。这一举措将吸引来自世界各地的高水平创业者，将其知识、经验和开创性的想法引入以色列，从而强化以色列在全球创新和创业领域的领导地位。

以色列创新署创新签证计划将为有意在以色列发展的非以色列创业者提供创新生态系统、工作空间、技术基础设施及商业与后勤支持。2017 年，以色列创新署公布了 12 家创新签证支持平台。

三、推出"科技创新实验室"，打造高技术研发平台

2017 年 1 月，以色列创新署宣布将斥资 400 万新谢克尔推出"科技创新实验室"项目，旨在动员本国和跨国企业借助创新署优惠政策成立创新实验室，为初创企业提供支持。以色列政府经综合分析其经济发展环境，认为开放式创新对于以色列企业发展至关重要，"科技创新实验室"项目将帮助运营这些实验室的以色列企业成长，强化其在以色列的发展，也有助于跨国公司接触以色列独特的创新氛围，并提高其在以色列经济中的影响力。这无论是对以色列工业发展还是总体经济来说都大有裨益。参与"科技创新实验室"项目的创业家和初创企业将获得先进生产或开发工具等技术基础设施、市场和营销路线的技巧，以及评估与生产产品时所需的独特技术等来自实验室的多方面支持。以色列国家创新署将支付实验室基础设施建设及技术所需经费的 33%，有条件的拨款最高可达 400 万新

谢克尔；另外，该部门还将支付实验室运营总成本的 50%，每年最多可达 50 万新谢克尔。

2017 年 8 月，以色列创新署选定包括雷诺日产在内的 5 家特许经营公司为"科技创新实验室"，分别关注工业物联网、智能基础设施、智慧出行、先进材料及独特食用功能性原料五大领域的创新技术，为该领域初创企业提供概念验证阶段的技术与相应的基础设施支持。

四、解禁科研资助项目的专利授权

2017 年 5 月，以色列创新署决定允许其资助的以色列企业向国外企业机构等进行专利授权。此前，企业对外进行知识产权授权时必须立即偿还创新署向其资助的所有资金。为刺激和保护国内的创新环境，以色列创新署早前规定如果这些企业向国外进行任何信息转移，企业须立即以现金形式偿还从政府接受的一切资金补助。如此大额的内部资金流动使得一些企业不得不放弃向外授权的计划，在研发早期就将知识产权完全变卖到国外，以偿还政府补助，使得创新署这一政策的效果南辕北辙。

在新的知识产权授权规定下，这一局面有望得到改善。企业向国外进行知识产权授权后，不必立即返还全部政府资助的资金，可以选择在签署对外授权协议并收到相关款项后再对创新署进行偿还。经批准的公司还可以和创新署达成"方便的"还款计划，而不必一次性用现金付清。这也同时意味着在这些公司的产品或服务完全商品化之前，创新署将继续承担部分研发风险。该政策在一定程度上抑制了对外专利授权的同时，最大限度地避免了知识产权的完全流失。对外进行专利授权的公司将来仍有机会从创新署申请款项进行其他产品或服务的研发，而将知识产权完全卖给国外的公司则不再享有这样的支持。

（执笔人：李鸿炜　崔玉亭）

◎ 澳大利亚

澳大利亚特恩布尔政府高度重视科技创新及科技成果转化，强调通过科技创新保证经济具有灵活性，进而建立一个灵活创新的澳大利亚。澳大利亚政府改组科技主管部门，由工业与科学部更名为工业、创新与科学部，突出创新地位，同时大幅增加政府科技投入，鼓励产学研结合，扶持创新和创业。目前，澳大利亚一批科技成果已位于世界前列，研究水平和大学教育水平得到进一步提高。

一、澳大利亚发布 2017 年度创新体系报告

创新是提升商业竞争力，促进经济发展，提高人民生活水平的关键要素。2017 年 11 月，澳大利亚工业、创新与科学部发布了《澳大利亚创新体系报告 2017》（Australian Innovation System Report2017）。该报告的主题是澳大利亚创新指标的演变，报告基于一系列关键指标，从各方来源收集证据，介绍了澳大利亚创新体系的结构及运作情况。该报告还收集了来自商业纵向分析数据环境（BLADE）的相关数据，并且以案例分析和专题文章的方式着重分析了澳大利亚创新体系的具体问题。

（一）澳大利亚在创业与创新活动方面排名靠前，但是市场创新方面表现较差

1. 创业与创新趋势

澳大利亚的创业率及创业热情较其他国家更高。澳大利亚在经合组织国家中创新商业活动占比位列第五，其中创新型中小企业功不可没。在私营部门，"创新"的主要测量指标为创新驱动型商业活动占比。研究表明，2015—2016 年，澳大利亚 45% 的商业活动为创新驱动，比前一年略有下降，但整体仍呈上升趋势。

2. 创新的新颖性

新技术、新产品应用于商业或者通过吸收他人技术再创新是澳大利亚2015—2016 年最常见的商业创新活动。调查发现，澳大利亚提供新产品及服务的商业活动占比为 19%。这些商业活动大都属于新技术、新产品应用于产业。相比之下，新技术、新产品进入市场的商业活动呈下降趋势。也有证据表明，澳大利亚并非引领创新潮流，而是创新的跟随者。

3. 澳大利亚研发系统

研发活动是最重要的创新活动之一，约 75% 的全要素生产率增长主要依赖于研发相关活动。2014—2015 年，澳大利亚研发活动的研发支出总额占国内生产总值的 2.11%，比 OECD 均值（2.01%）略高，但远低于 OECD 前 5 名国家的平均值，这与过去 5 年间澳大利亚不断缩减研发开支有关。

4. 试验开发业务支出趋势

随着试验开发致力于生产新材料、新产品或新工艺，它与企业和整个经济中创造创新的关系最密切。1996—2013 年，澳大利亚试验开发的业务支出占 GDP的比例从 0.57% 增加到 0.75%。与经合组织其他国家相比，澳大利亚在 2013 年试验开发业务支出占 GDP 的比例排在第 10 位，其用于试验开发的经费为 115 亿美元。2008 年全球金融危机之后，澳大利亚试验开发的业务支出占 GDP 的比例略有下降。

5. 创新活动聚集在城市

通过使用专利、商标、商业条目及研发部门的商业支出额等数据构建国家创新地图，以描绘澳大利亚的创新地理区域，提高对澳大利亚创新生态系统的了解。澳大利亚创新研究地图显示，面向行业的研究机构（如 CSIRO）或合作研究中心的存在对区域创新有积极的影响；高知识产权的地区创业精神也高；研发支出每升高 1%，专利申请人数增加 0.35%，商标申请人数增加 0.40%。

（二）澳大利亚的创新体系相对薄弱，产研之间的协作程度较低

创新体系的互联性可促进合作，共享资源，鼓励创新。与 OECD 其他国家相比，澳大利亚的创新体系相对薄弱，企业和研究部门之间的协作低，企业研究人员的比例也较低。具有较高吸收外部知识能力的企业更易采纳和调整新思想，从而获得更好的成果。

1. 澳大利亚商业合作现状

澳大利亚创新体系的互联性不高，在产品、服务、知识产权和合作研发等方面的国际合作程度较低，其创新活动的合作水平低于 OECD 国家的平均水平，比 OECD 前 5 名国家的平均值低 20%。但澳大利亚在原商品贸易和对外直接投资方面表现较好。合作与创新频率呈正相关，这在中小企业中的表现尤为明显。2014—2015 年，拥有 10 项以上创新成果的创新型中小企业合作者约占 19%，非合作的中小型企业占 10%；而在大企业中，拥有 10 项以上创新成果的合作企业占 28%，非合作企业占 32%。

2. 澳大利亚产研合作现状

联系与合作对高性能创新体系来说至关重要。但是，在澳大利亚企业与研究机构之间的合作较少，澳大利亚产研合作率在 OECD 27 个国家中列居最后一位。有调查数据显示，澳大利亚的大部分研发活动由高等教育机构和政府部门进行。2014—2015 年，只有 3% 的澳大利亚企业向高等教育机构提供创新思想，这表明大多数澳大利亚企业与大部分公共资助的研究部门脱节。相反，澳大利亚的研究领域内部联系紧密。在世界排名前 1% 的各学科高被引刊物所占份额方面，澳大利亚的学术刊物约占 7%，在经合组织国家中居第 7 位，且过去 10 年间澳大利亚学术刊物在国际市场上所占份额持续增长。

3. 澳大利亚创新企业的吸收能力

吸收能力指企业识别、获取、转换及利用知识的能力。就企业而言，吸收能力越强，创新能力也越强。2015 年 OECD 调查数据显示，澳大利亚与外部市场的合作度较高（68%），而与大学类机构的合作较低（6%）。而澳大利亚企业的吸收能力低于 OECD 平均水平，其多数研究者选择在高校就职。

（三）澳大利亚的框架条件良好：经济呈增长趋势、创业势头强劲

框架条件的好坏直接影响着一国经济能否营造并维护有利于创新的环境。框架条件的相关指标有很多，如通过本地股市融资程度、获得贷款的容易度、风险资本可用性、风险投资占 GDP 的百分比、上市公司市值、股票交易额等一系列评价指标。下面从以下几个方面来分析澳大利亚的框架条件状况。

1. 知识产权保护趋势

2015 年，澳大利亚的知识产权申请率大幅增长。然而，过去 10 年间澳大利亚的人均知识产权份额在国际市场占有率呈下降趋势。另外，年均创新活动 10

次以上的企业利用知识产权保护的可能性是创新活动少于 3 次的企业的 2 倍，这在中小企业中表现尤为明显。

2. 风险投资趋势

调查发现，中小企业获得银行贷款较难。在澳大利亚，2014—2015 年的风险投资额约为 2005—2006 年的 82.5%。其间，新兴企业获得的风险投资大幅缩水，大批资金流入成熟公司的后期投资中。与 OECD 其他国家相比，澳大利亚的高风险初创企业所获的投资最少。

3. 产品市场监管

产品市场监管可能会影响新兴企业的后续表现，OECD 国家利用产品市场监管数据库来分析对企业造成的影响。数据表明，2013 年，在所有经合组织国家中，澳大利亚新兴企业的行政负担最小，监管保护复杂程度较高，传统运营商监管保护高。

4. 员工持股计划

员工持股计划（Employee Share Schemes，ESS）旨在鼓励、吸引并留住人才，鼓励人才创新。近年来，澳大利亚稳步推行该计划，2014—2015 年持股计划支付额增至 20 亿美元，占工资总额的 0.4%。尤其在矿业、科技服务、金融保险服务等行业的大公司中，该计划被广泛使用。

5. 技能基础

创新行业急需各类技能型人才。2014—2015 年，技能缺乏是阻碍创新活动的第二大障碍。从技能错置率看，澳大利亚列居 OECD 国家第 7 位。但整体上澳大利亚高等教育水平较高，成人识读率及解决问题能力在 OECD 国家中排名靠前。而且，澳大利亚致力于吸引技术移民及海外留学生，这对技能基础建设大有裨益。

6. 学术研究趋势

在学术研究评估方面，澳大利亚在国际上排名前列，这得益于澳大利亚的大学在过去 10 年间国际排名的显著提升。根据世界大学学术排名（Academic Ranking of World Universities），2003 年至今，澳大利亚居世界前 500 名的大学数量从 13 所上升到 23 所。获取更高学历的学生数量呈现缓慢却持续的增长态势，2000—2014 年数量增加了 1 倍。

二、出台《国家创新与科学议程 NISA》，谋划未来战略

　　2016 年年初，澳大利亚政府发布《国家创新与科学议程 NISA》（以下简称《议程》），宣布未来 4 年将总共投资 11 亿澳元，用以提升澳大利亚科技创新能力。《议程》主要包含 4 个方面的内容。一是培育创新文化、投入资金。澳大利亚基础研究水平世界一流，但成果转化比较欠缺。《议程》指出 OECD 国家表现良好的前 5 国的平均水平为 19%，而澳大利亚为 9%。因此澳大利亚将通过一系列手段提高科技成果转化水平，具体包括培育鼓励创新、宽容失败的社会文化；改善税收；加强投资等措施。二是加强国际合作。《议程》指出，国际科技合作对澳大利亚具有重要意义，其可接触一流专家、设备，享受最新成果，利用充裕资金，并服务总体外交。澳大利亚科学领域国际合作十分活跃，国际论文约 50% 的共同撰稿人是澳大利亚科研人员。但澳大利亚工业界国际合作水平不高，仅为 6%。此外，澳大利亚企业部门研究人员占研究人员总数的 43%，这与以色列、韩国、德国等该领域做得比较好的国家的差距很大。针对这一短板，《议程》提出了建设世界一流的研究基础设施、促进大学与企业合作、促进国际合作落地生根、加大量子计算机研发投入等一系列应对措施。三是人才与技能培养。《议程》指出，未来数十年，自动化技术将取代大量现有就业，科技创新活动又将创造大量新岗位。澳大利亚将重点加强"科学、技术、工程与数学（STEM）"和"信息与通信技术（ICT）"领域的教育，并提高女性在相关领域的能力与表现。四是发挥政府创新示范者的作用。《议程》指出，澳大利亚政府可对创新发挥重要的引领带动作用。行政创新本身就是创新的有机组成部分。澳大利亚政府将尝试新的行政办法，促进信息共享，政府采购引导与扶持等手段努力深入创新链条，发挥推动和示范作用。具体措施包括，将科技创新置于政策的中心位置、通过政府采购鼓励创新、政府大力发展大数据产业等。

　　总之《议程》针对澳大利亚目前创新链条的薄弱环节，提出一系列重点突出、有可操作性的政策规划，使澳大利亚政府将创新放在国家发展战略的中心位置的理念有了抓手，代表了澳大利亚政府未来一段时间的主要施政方向。通过科技创新提高澳大利亚未来竞争力也是澳大利亚朝野两党及社会各界的普遍共识。

三、澳大利亚研究委员会发布《管理计划》，推动知识进步与创新

　　澳大利亚研究委员会（ARC）制定发布了《2016/17–2019/20 四年管理计划》，

旨在通过管理研究资助计划、管理研究评估框架和就研究事宜提供咨询 3 项措施来推动澳大利亚的知识进步和创新。

（一）管理研究资助计划

ARC 主要通过国家竞争性资助计划为各研究项目分配资金。该计划共分为探索发现（Discovery）、联合研究（Linkage）、研究中心（Research Centres）及专项研究计划（Special Research Initiatives）4 类。在每一类之下，又分别制订了多种具体的科研资助计划。未来 4 年，ARC 计划支持的方向有：高质量的基础和应用研究；为现有的和新任的研究人员提供培训和职业发展机会；促进行业和其他终端用户的参与；支持国际合作；鼓励研究，加强澳大利亚应对新兴事物发展的能力。

（二）管理研究评价体系

ARC 旨在通过发布评估报告来提高澳大利亚研究的质量。该报告将以国际研究为基准对澳大利亚相应的高等教育机构的研究进行评估。已有的研究质量评价体系《澳大利亚卓越研究》（Excellence in Research for Australia，ERA）在既定宗旨的规制下，已形成较为稳定的评价方法和运行机制，可以评估整个研究活动的卓越性。而新的澳大利亚科研参与度和影响力评价体系将对大学研究的转化结果进行评估，包括经济、社会、环境和其他方面的影响。两大科研评价体系将致力于提供独特的、有证可循的资源，从而为澳大利亚政府的研究政策和高等教育机构的战略方向提供一定的指导。同时，也能够鼓励研究人员产出高质量、有影响力的研究，造福于世界科技进步。

（三）就研究事宜提供咨询

ARC 旨在通过为研究事项提供相关建议来支持科学研究和创新，提供的建议是在基于证据的基础上对研究部门的相关问题和挑战的战略性的响应。ARC 提供的政策建议将为澳大利亚政府科研与创新政策的发展做出贡献，提升公共资助研究的价值及支持负责任的研究实践。

（四）组织能力建设

1. 制定运营规划

每年 ARC 发布管理计划后，都会与该机构所有部门的工作人员进行磋商，随即发布一份运营规划。其中会明确各业务部门为支持管理计划中所述的优先事项、目标和绩效措施将采取的行动。此举有助于 ARC 工作人员和高级管理人员监测和报告 ARC 的绩效情况。

2. 制定人力资源规划

ARC 依靠具有高技能的工作人员来实现其发展目标。ARC 每年都会进行人力资源规划工作，并将其作为内部预算审议工作的一部分。人力资源规划旨在为各部门的专业人员储备提供保障。虽然 ARC 是一个小型机构，但其努力通过员工轮岗及提供有针对性的培训来最大限度地为员工提供发展机会。在接下来的 4 年中，ARC 将继续确保其与符合条件的人员合作，从而达到实现其发展目标所需的组织能力。ARC 将继续提高委员会的包容性和多样性，并探索如何使工作安排更加有效灵活。

3. 信息通信技术（ICT）能力建设

信息通信技术能力对于提高 ARC 员工的生产力、商业智能和实现 ARC 发展目标的能力至关重要。ARC 旨在保持 ICT 系统和基础设施的可持续性、安全性、可用性、用户友好性及适用性。其强有力的治理框架可以监督 ICT 的管理、安全和变更控制流程。每年，ARC 都会通过与整个机构的工作人员协商，确定是否要将 ICT 从次要软件完善项目调整到主要基础设施项目，并考虑是否要将其作为优先发展事项。

在接下来的 4 年中，除了确保 ICT 系统能够满足未来业务需求外，ARC 还将继续致力于实现澳大利亚政府的 ICT 举措和要求，包括数字转型议程、保护性安全政策框架和信息安全手册。此外，ARC 还将继续支持流动性和协作性日益增强的工作场所的发展。

四、澳大利亚政府正式宣布将成立国家航天局

2017 年 9 月，联邦工业部代理部长卡什宣布澳大利亚将成立国家航天局。她表示，航天业正在全球迅速发展，澳洲将全面加入日益增长的全球航天领域，壮大自己的国内航天工业并努力保证澳洲的航天业长期持续发展。她认为，成立国家航天局将能确保澳大利亚制订一个长期的战略计划，支持航天技术的开发和应用，并发展澳大利亚国内的航天工业。同时该机构将是澳大利亚在国内协调航天业的支柱，并成为澳大利亚参与国际航天业的门户。

澳大利亚工业部部长西诺迪诺斯在 2017 年 7 月宣布对成立澳大利亚航天局进行评审。从该评审得到的反馈中可以看出，绝大多数人都认为澳洲应该设立国家航天局。参与该项评审并由澳大利亚科学与工业研究组织（CSIRO）前主席克

拉克负责的一个咨询小组，正在为成立航天局制定宪章，并将于 2018 年 3 月公布评审结果。全国有 400 多名专家接受了对成立航天局计划的咨询，咨询小组已收到近 200 份书面意见书，包括澳洲宇航员托马斯博士在内的一些著名科学家均呼吁澳洲应建立航天局。

近期，各州和行政区政府一直争取能在其管辖区范围内建立一个航天机构。2017 年 8 月，首都行政区政府和南澳政府宣布将联合竞标建立一个航天中心。按照协议，该航天中心的总部将设在堪培拉，业务基地将设在南澳。北领地也宣布将加入合作竞标。

工党对联邦政府成立国家航天局的声明表示欢迎。创新、工业与科学影子部长卡尔说："这是一个早该完成的计划，因为澳洲是经合组织国家中 2 个没有设立航天局的国家之一。科技界的每个人都说现在是建立一个国家航天机构的时候了。"在全球航天业中，目前澳大利亚仅占有 0.8% 左右的份额，未能在世界各地创造巨大机遇。澳大利亚政府预计，设立航天局可以使澳大利亚在 5 年内将航天业的规模扩大 1 倍，创造高达 1 万个高技能、高工资的工作，通过开发相关能力，使联邦政府在与各州合作发展这个国家的经济潜力中发挥作用。澳洲国立大学（ANU）已表示出在未来的航天局中扮演"关键角色"的兴趣。国立大学校长施密特认为，澳洲国立大学是全国的资源，拥有推动澳洲研究、航天工业及其技术发展的领先设施。

据估计，澳洲航天工业每年创造价值高达 40 亿澳元，目前约有 1.15 万名工作人员。

（执笔人：吴　玮）

⊙ 新 西 兰

2017 年，新西兰经济发展总体态势良好，在全球竞争力排名中仍居第 16 位，在全球创新指数中排名居第 21 位，较 2016 年的第 17 位有所下降。政府继续加大科学与创新投入力度，发布健康和初级产业部门研发战略，布局建设重点领域研究平台，太空产业成果引人注目，区域技术中心建设取得进展，国际科技合作亮点频现。2017 年 10 月，新西兰议会选举结果出炉，原执政党国家党在连续执政三届 9 年之后终于下野，工党、绿党和优先党三党以微弱优势获胜联合组阁，部分涉科政府主管部门正在酝酿调整重组，政坛变动给国家科技创新政策带来了较大的不确定性。

一、商业部门研发投入快速增长

根据 2017 年 12 月新西兰统计局发布的研发调查结果，2016 年度新西兰研发支出为 31.3 亿新元，较 2014 年增加 17%。研发强度为 1.25%，较 2014 年的 1.17% 有所提高，但仍远低于 OECD 国家平均 2.4% 的水平。其中，商业研发支出 16 亿新元，约占研发总支出的 51%，较 2014 年增加 29%；大学研发支出 8.8 亿新元，政府研发支出 6.5 亿新元，分别增加 7% 和 5%。商业研发支出的增长动力主要来自于服务业和制造业研发支出的大幅增加，其中服务业研发支出 8.3 亿新元，较 2014 年增加 32%，特别是计算机服务部门增加了 1.25 亿新元，增幅达 40%；制造业研发支出 6.7 亿新元，约占研发总支出的 20%，较 2014 年增加 29%。

从研发目的看，商业研发支出的重点是制造业（4.78 亿新元）、初级产业（2.66 亿新元）和信息通信服务业（2.58 亿新元），政府的研发支出主要用于支持初级产业（2.14 亿新元）和环境研究（2.23 亿新元），大学研发支出的重点是健康研究（1.87 亿新元）。从研究类型看，基础研究支出 7.25 亿新元，约占研发总支出的 23%；应用研究 13.25 亿新元，试验开发 10.83 亿新元。从研发资助来源看，商业资助 13.7 亿新元（其中 1.22 亿新元投向商业部门），政府资助 11.6 亿新元，大学资助 2.6 亿新元，海外研发资助 2.3 亿新元（其中 1.68 亿新元投向商业部门，较 2014 年增长 17%，投向母公司下属公司或分支机构的海外研发资助约占 70%）。

二、出台《新西兰健康研究战略 2017—2027 年》

2017 年 6 月，新西兰卫生部和商业、创新与就业部联合发布了《新西兰健康研究战略 2017—2027 年》。该战略以"研究卓越、透明、与毛利合作、协作取得影响"为指导原则，提出了新西兰健康研究创新系统的战略优先领域和行动计划，其目的是指导新西兰健康研究创新系统的政策制定、投资决策和运作过程，确保新西兰健康研究理事会的资助（预计到 2020 年，健康研究理事会的资助将达到年均 1.2 亿新元的水平）和其他研究资源投向最具影响力的健康研究，到 2027 年建设一个基于卓越研究的健康研究创新系统，提高新西兰全体人民的健康和福祉。

该战略提出的 4 个战略优先领域包括：资助能应对新西兰人民健康需求的研究；在健康部门创造一个有活力的研究环境；建设和强化将研究成果转化为政策和实践的途径；推进创新理念和商业机遇。商业、创新与就业部，卫生部和健康研究理事会将主导并确保这些优先领域得到贯彻实施。

针对这 4 个战略优先领域，该战略提出了具体 10 个行动计划：通过包容性的优先领域制定过程来确定优先资助领域；资助那些有益于毛利人在未来更加健康的研究；资助那些能获得对太平洋岛国人民更公平的成果的研究，帮助他们独立生活；发展和维持坚实的健康研究人力资源；使健康部门更深入地参与研究创新；加强临床研究环境和健康服务研究；推动并将研究成果转化融入泛健康部门；支持转化性和创新性理念；支持更多的产业伙伴关系；强化商业化创新平台。

三、发布《初级部门科学路线图》

2017 年 6 月，初级产业部联合商业、创新与就业部发布了《初级部门科学路线图》（以下简称《路线图》），用以指导初级产业部门未来 10 ～ 20 年的科学发展方向，引导初级产业部门凝聚共识，更好地将科学融入部门活动之中，通过科技创新加速初级产业部门的长期经济增长和环境可持续性，保持新西兰初级产业的全球竞争力，提高新西兰人民的福祉。

《路线图》强调了科学对于新西兰初级产业部门未来发展的重要性，并确定了 4 个重点领域：维持、保护和适应我们的自然资源；在环境、社会和文化接受的范围内提高生产力和盈利能力；为消费者提供高价值产品；整合初级生产系统、人员、社区和价值观。《路线图》概括了初级产业部门未来 20 年在这 4 个领域的研究和能力需求，并提出了为上述四大领域提供支撑的 8 个科学主题：增加值；利用数据的价值和力量；以先进技术创新；通过遗传学创新；通过毛利研究方法（Kaupapa Maori）创新；保护和维持资源；从复杂系统中派生价值；整合人与价值观。同时，《路线图》还提出了新西兰初级产业部门的科学能力建设和人才需求，强调了科学基础设施、国际科技合作、普及和提高科技素养的重要性。

《路线图》涉及一系列由初级产业部管理的基金/计划和商业、创新与就业部管理的基金/计划。初级产业部负责对《路线图》使用情况进行监测并评估其有效性。初级产业部号召科学资助者、提供者、教育工作者和产业界携起手来，针对《路线图》提出的科技需求达成共识，帮助大家确定共同发展的机会，并努力取得初级产业所需的成果。

四、太空产业进展引人注目

一是《外太空和高空活动法案》于 2017 年 12 月生效，标志着新西兰太空产业发展进入了新的阶段。《外太空和高空活动法案》适应迅速发展的太空技术、太空应用和相关市场需求，涵盖了超压气球等一系列高空活动，为新西兰太空产业提供了一个鼓励创新和产业发展的灵活的制度框架，在鼓励太空活动和最大限度地降低公共安全、国家安全和环境风险方面实现了平衡。

二是新西兰私营科技企业"火箭实验室"5 月在新西兰马希亚半岛成功发射世界首枚 3D 打印电池动力火箭"Electron"，使新西兰成为发射火箭进入天空的第 11 个国家，也为新西兰太空产业发展增添了动力。"火箭实验室"的该次发射是全球首个从私人发射场把火箭射上天空的创举，发射的火箭体长 17 米，发射升空的速度超过每小时 27 000 千米，设计可将 150 千克的物体运送到地球低轨道。其制造成本低、发射周期短、发射费用低廉。时任经济发展部部长西蒙·布里奇斯称，此次发射是新西兰太空产业发展的重要里程碑，将为新西兰在材料研发等有关太空产业领域带来很多机会，并会吸引其他太空产业相关公司在新西兰建立公司，为新西兰带来更大的经济助力。

五、推进重点领域研究平台建设

2016 年，新西兰内阁批准同意商业、创新与就业部设立战略科学投资基金，重点支持使命导向型重点研发计划和支撑性基础设施。在战略科学投资基金的资助下，新西兰重点布局建设先进研究平台，集成人力、设施、信息和知识等资源，打造独特且与时俱进的科学和创新能力。

一是在基因研究领域，2017年8月，商业、创新与就业部宣布将在未来7年里投入3500万新元，建设新西兰先进基因研究平台 (Genomics Aotearoa)。该平台是一个跨研究机构的战略联盟，由奥塔哥大学主导，奥克兰大学、梅西大学、皇家农业研究所、环境研究所、土地管理研究所、植物食品研究所及其他32个协作机构参与。通过密切联系世界领先的基因研究中心，促进新西兰基因科学家和利益相关方的有效合作，产生世界级的基因研究成果，提升新西兰的基因研究能力。

二是在南极研究领域，商业、创新与就业部将在未来3年里投入2100万新元，为新西兰南极科学和战略性研究提供长期稳定支撑。主要目标包括：增加对于气候变化和生态系统恢复等问题的科学理解；保护新西兰在南极学术活动中的战略性利益；优化南极科学和南极相关支出的价值和影响。新西兰希望通过南极科学平台巩固与其他重点国家的合作伙伴关系，从而保持其在南极条约体系中的影响力，并响应伴随罗斯海海洋保护区建立而产生的新的科学需求。

三是在自然灾害监测领域，商业、创新与就业部将在未来4年里投入1950万新元，使新西兰能够对海啸、火山、地震和其他灾害进行7天24小时不间断监测，及时提供减轻、预备、响应和从自然灾害恢复所需的关键信息，研究开发自然灾害建模和监测工具，从而增强新西兰应对这些危害的能力。

四是加强新西兰研究教育网络 (REANNZ) 建设，商业、创新与就业部将在未来7年里投入2100万新元，建设超高速 (1 ～ 100 G/S) 宽带网络，为数据密集型研究和高性能科学应用提供基础设施支撑。

六、区域创新中心建设取得进展

2015年，新西兰商业、创新与就业部宣布启动区域研究所计划，目标是通过建立区域性创新中心，最大化地开发当地独特的商业、技术和经济增长机遇，提高重点地区、重点产业的研发强度和创新能力。迄今为止，商业、创新与就业部已经支持建立了4个区域性研究所，分别是马尔堡地区的葡萄栽培和酿酒学研究所、奥塔哥中部地区的空间科学技术中心、西海岸矿物材料研究所和丰盛湾植物技术创新地区研究所。其中，空间科学技术中心于2017年7月正式对外运营，成为新西兰第1个投入运营的区域研究中心。该中心以有限公司形式运作，业务覆盖了从数据设计、捕获、管理、分发到培训和技术支持等地球观测数据全生命周期，旨在通过运营和研发活动，向区域产业界宣传推广地球观测数据的应用，使新西兰区域产业界受益。2017 年 12 月，该中心获得首个订单，帮助坎特伯雷北部交通基础设施恢复局利用卫星影像修复受地震损坏的道路。

七、新澳签署《科学研究和创新合作协定》

2017 年 2 月，新西兰与澳大利亚两国政府正式签署《科学研究和创新合作协定》，并制订了具体工作计划。双方决定在研究基础设施规划和投资方面进行沟通协调，合作开展科学研究和创新项目，包括大科学项目；在计量标准研究方面开展长期战略合作，促进科学家交流、知识转移和信息共享，以及在国际慢性病联盟、平方公里阵列、英联邦国家与地区创新咨询委员会等国际组织和国际大科学计划框架下开展更紧密的合作，为共同打造跨塔斯曼创新生态系统创造条件，为实现两国单一经济市场议程做出贡献。

八、政府换届，后续影响有待观察

2017 年 10 月，由工党、绿党和优先党联合执政的新一届政府宣誓就职。为了妥善安排三党的高层，新一届政府任命了新的农业部长、林业部长和渔业部长，此举意味着新西兰初级产业部（农、林、渔业的政府主管部门）分拆在即。2018 年有可能对上届政府合并多个部门成立的超级部——商业、创新与就业部做出进一步调整。另外，从这 3 个党派的竞选承诺看，工党与原执政党国家党在

党则更强调新西兰本土制造和创新。为维持三党联合执政的稳定性，新一届政府在环境和气候变化方面有可能推动出台更强力的政策和措施，具体政策调整和影响还有待进一步观察。

（执笔人：任洪波）